Packt>

金融科技系列

U0202791

Python
算法交易实战
Learn Algorithmic Trading

［法］塞巴斯蒂安·多纳迪奥（Sebastien Donadio）　　［印］苏拉夫·戈什（Sourav Ghosh）◎著

刘江峰　瞿源◎译

人民邮电出版社

北　京

图书在版编目（CIP）数据

Python算法交易实战 / （法）塞巴斯蒂安·多纳迪奥
(Sebastien Donadio)，（印）苏拉夫·戈什
(Sourav Ghosh) 著；刘江峰，瞿源译. — 北京：人民
邮电出版社，2022.8
（金融科技系列）
ISBN 978-7-115-58266-9

Ⅰ. ①P… Ⅱ. ①塞… ②苏… ③刘… ④瞿… Ⅲ. ①
软件工具—程序设计 Ⅳ. ①TP311.561

中国版本图书馆CIP数据核字(2021)第259520号

版 权 声 明

- ◆ 著　　　[法] 塞巴斯蒂安·多纳迪奥（Sebastien Donadio）
　　　　　　　[印] 苏拉夫·戈什（Sourav Ghosh）
　　译　　　刘江峰　瞿　源
　　责任编辑　胡俊英
　　责任印制　王　郁　焦志炜
- 人民邮电出版社出版发行　　北京市丰台区成寿寺路 11 号
　　邮编　100164　　电子邮件　315@ptpress.com.cn
　　网址　https://www.ptpress.com.cn
　　北京七彩京通数码快印有限公司印刷
- ◆ 开本：800×1000　1/16
　　印张：19　　　　　　　　2022 年 8 月第 1 版
　　字数：371 千字　　　　　2025 年 5 月北京第 5 次印刷
　　著作权合同登记号　图字：01-2020-2154 号

定价：89.80 元
读者服务热线：(010)81055410　印装质量热线：(010)81055316
反盗版热线：(010)81055315

内容提要

在现代社会，仅仅凭借比别人更快来获得显著的交易优势已越来越难，还需要依靠复杂的交易信号、预测模型和交易策略。本书基于 Python 讲解算法交易的相关知识和实践技巧，旨在引导读者深入了解现代电子交易市场和市场参与者的运作方式，构建有效的算法交易系统。

全书内容分为 10 章，从算法交易的基础原理、通过技术分析解读市场、通过基础机器学习预测市场、人类直觉驱动的经典交易策略、复杂的算法策略、管理算法策略中的风险、用 Python 构建交易系统、连接到交易所、在 Python 中创建回测器、适应市场参与者和环境几个方面介绍了算法交易中的核心知识点，并通过 Python 演示了具体编程实现。

本书适合软件工程师、金融交易员、数据分析师以及任何想开始"算法交易之旅"的读者阅读。

作者简介

　　塞巴斯蒂安·多纳迪奥（Sebastien Donadio）是 Tradair 公司的首席技术官，负责技术指导。他具有丰富的专业技术从业经验，曾担任 HC Technologies 公司的软件工程负责人、高频 FX 公司的合伙人和技术总监、Sun Trading 公司的定量交易策略软件开发者。他还拥有 Bull SAS 公司的研究经验，并且曾在法国兴业银行（Société Générale）担任 IT 信用风险经理。在过去的十年中，他曾在美国芝加哥大学、纽约大学和哥伦比亚大学教授过各种计算机科学课程。他的主要爱好是技术，除此之外，他还是一名潜水教练和经验丰富的攀岩运动员。

　　苏拉夫·戈什（Sourav Ghosh）在过去十年中曾在多家高频算法交易公司工作。他为世界各地的交易所建立和部署了极低延迟、高吞吐量的算法交易系统，涉及多个资产类别。他擅长统计套利做市策略，以及全球流动性最强的期货合约的配对交易策略。他在美国芝加哥一家贸易公司担任高级量化开发人员，拥有美国南加州大学的计算机科学硕士学位。他感兴趣的领域包括计算机结构、金融科技、概率论和随机过程、统计学习和推理方法，以及自然语言处理。

审稿人简介

　　纳塔拉吉·达斯古普塔（Nataraj Dasgupta）是 RxDataScience 公司的高级分析副总裁。他从事 IT 行业超过 20 年，曾在菲利普·莫里斯（Philip Morris）公司、国际商业机器（IBM）公司、瑞银投资银行（UBS Investment Bank）和普渡制药（Purdue Pharma）公司的技术和分析部门工作。他在普渡制药公司领导数据科学团队，开发了该公司屡获殊荣的大数据和机器学习平台。在加入普渡制药公司之前，他在瑞银集团担任副总监，负责外汇交易部门的高频交易和算法交易技术的工作。除了在 RxDataScience 担任职务外，他还撰写了 *Practical Big Data Analytics*，并与人合著了 *Hands-on Data Science with R*，目前还供职于英国伦敦帝国理工学院。

　　拉坦拉尔·马哈坦（Ratanlal Mahanta）目前在 bittQsrv 担任量化分析师，bittQsrv 是一家为投资者提供量化模型的全球量化研究公司。他在量化交易的建模和模拟方面有多年的经验，拥有计算金融学硕士学位，他的研究领域包括量化交易、最优执行和高频交易。他在金融行业有 10 多年的工作经验，擅长解决市场、技术、研究和设计交叉方面的难题。

　　吉里·皮克（Jiri Pik）是一位人工智能架构师和策略师，曾与大型投资银行、对冲基金等合作。他曾在众多行业中设计并交付了许多具有突破性的交易、投资组合和风险管理系统，以及决策支持系统。他的咨询公司 Jiri Pik-RocketEdge 可为客户提供经过认证的专业知识、判断力和快速执行力。

前言

在现代社会，仅仅凭借比别人更快来获得显著的竞争优势已越来越难，还需要依靠复杂的交易信号、预测模型和交易策略。本书希望能为广大读者提供相关知识和可参考的实践经验，能够引导读者深入了解现代电子交易市场和市场参与者的运作方式，以及如何使用 Python 设计、构建实用并能带来赢利的算法交易业务所需的知识。

本书介绍算法交易和配置执行任务所需的环境。你将学习算法交易业务的关键组件，以及在着手构建自动化交易项目之前需要提出的问题。

通过阅读本书，读者能够学习如何开发量化交易信号和交易策略，掌握一些著名交易策略的运作和实施方法，还将了解、实施和分析更复杂的交易策略，包括波动率策略、经济发布策略和统计套利交易策略，以及学习如何使用算法从头开始构建一个交易机器人。

现在，请你准备好与市场建立联系，开始研究、实施、评估，并安全地在实际市场中操作算法交易策略。

目标读者

本书的目标读者是软件工程师、金融交易员、数据分析师、企业家，以及任何想开始"算法交易之旅"的人。如果你想了解算法交易的工作原理、交易系统的所有组成部分、黑盒和灰盒交易所需的协议和算法，以及如何建立完全自动化且可带来赢利的交易业务，那么本书就是适合你的！

本书内容

第 1 章 "算法交易的基础原理"介绍什么是算法交易，以及算法交易与高频交易或低延迟交易之间的关系。本章将讨论从基于规则到人工智能的算法交易的演变，并将研究基本的算法交易概念、资产类别和工具。你将学习如何为算法决策打下基础。

第 2 章 "通过技术分析解读市场"涵盖一些流行的技术分析方法，并展示如何将其应用于市场数据分析。本章将介绍如何利用市场趋势、支持和阻力进行基本的算法交易。

第 3 章 "通过基础机器学习预测市场"介绍一些简单的回归和分类方法，并解释在交易中应用监督统计学习方法的优势。

第 4 章 "人类直觉驱动的经典交易策略"探讨一些基本的算法策略（动量、趋势、均值回归），并解释它们的工作原理以及优缺点。

第 5 章 "复杂的算法策略"通过研究更高级的方法（统计套利、配对交易）以及它们的优缺点来进一步介绍基本算法策略。

第 6 章 "管理算法策略中的风险"解释如何衡量和管理算法策略中的风险（市场风险、操作风险和软件实施缺陷）。

第 7 章 "用 Python 构建交易系统"描述基于前几章内容创建的算法支持交易策略的功能组件。本章将介绍用 Python 构建一个小型交易系统，并使用前几章中的算法构建一个能够进行交易的交易系统。

第 8 章 "连接到交易所"介绍交易系统的通信组件，将介绍使用 Python 中的 quickfix 库将交易系统连接到真实的交易所。

第 9 章 "在 Python 中创建回测器"介绍如何通过运行包含大量数据的测试来验证交易机器人的性能，从而改善交易算法。一旦实现模型后，就有必要测试交易机器人在交易基础设施中的行为是否符合预期。

第 10 章 "适应市场参与者和环境"讨论为什么在实时交易市场中部署策略时，其执行效果不如预期，并提供如何在策略本身或基础假设中解决这些问题的例子。本章还将讨论为什么表现良好的策略在性能方面会慢慢衰退，并提供一些简单的示例来说明如何解决此问题。

如何充分利用本书

在阅读本书之前，读者最好具备金融和 Python 的基础知识，结合本书在异步社区提供的代码和彩图资源，充分理解书中所讲的算法及交易知识，并参照相关示例进行实践。

使用约定

本书中使用了许多文本约定。

CodeInText：表示文本中的代码，如数据库表名、文件夹名、文件名、文件扩展名、路径名、虚拟 URL、用户输入等。举例说明："该代码将使用 `pandas_datareader` 包中的函数 `DataReader`。"

代码块设置如下：

```
import pandas as pd
from pandas_datareader import data
```

当我们希望引起你对代码特定部分的注意时，相关的内容将以粗体显示：

```
if order['action'] == 'to_be_sent':
        #Send order
        order['status']='new'
        order['action']='no_action'
        if self.ts_2_om is None:
```

粗体：表示新术语，重要词或你在屏幕上看到的单词。例如，菜单或对话框中的单词会出现在文本中。下面是一个示例："A mean reversion strategy that relies on the **Absolute Price Oscillator (APO)** trading signal indicator。"

 警告或重要说明。

 提示和技巧。

资源与支持

本书由异步社区出品，社区（https://www.epubit.com/）为您提供相关资源和后续服务。

配套资源

本书提供配套资源，要想获得该配套资源，请在异步社区本书页面中单击 配套资源 ，跳转到下载界面，按提示进行操作即可。注意：为保证购书读者的权益，该操作会给出相关提示，要求输入提取码进行验证。

提交勘误

作者和编辑尽最大努力来确保书中内容的准确性，但难免会存在疏漏。欢迎您将发现的问题反馈给我们，帮助我们提升图书的质量。

当您发现错误时，请登录异步社区，按书名搜索，进入本书页面，点击"提交勘误"，输入勘误信息，点击"提交"按钮即可。本书的作者和编辑会对您提交的勘误进行审核，确认并接受后，您将获赠异步社区的 100 积分。积分可用于在异步社区兑换优惠券、样书或奖品。

扫码关注本书

扫描下方二维码，您将会在异步社区微信服务号中看到本书信息及相关的服务提示。

与我们联系

我们的联系邮箱是 contact@epubit.com.cn。

如果您对本书有任何疑问或建议，请您发邮件给我们，并请在邮件标题中注明本书书名，以便我们更高效地做出反馈。

如果您有兴趣出版图书、录制教学视频，或者参与图书翻译、技术审校等工作，可以发邮件给我们；有意出版图书的作者也可以到异步社区在线提交投稿（直接访问 www.epubit.com/contribute 即可）。

如果您所在的学校、培训机构或企业，想批量购买本书或异步社区出版的其他图书，也可以发邮件给我们。

如果您在网上发现有针对异步社区出品图书的各种形式的盗版行为，包括对图书全部或部分内容的非授权传播，请您将怀疑有侵权行为的链接发邮件给我们。您的这一举动是对作者权益的保护，也是我们持续为您提供有价值内容动力之源。

关于异步社区和异步图书

"异步社区" 是人民邮电出版社旗下 IT 专业图书社区，致力于出版精品 IT 图书和相关学习产品，为作译者提供优质出版服务。异步社区创办于 2015 年 8 月，提供大量精品 IT 技术图书和电子书，以及高品质技术文章和视频课程。更多详情请访问异步社区官网 https://www.epubit.com。

"异步图书" 是由异步社区编辑团队策划出版的精品 IT 专业图书的品牌，依托于人民邮电出版社近 30 年的计算机图书出版积累和专业编辑团队，相关图书在封面上印有异步图书的 LOGO。异步图书的出版领域包括软件开发、大数据、AI、测试、前端、网络技术等。

异步社区

微信服务号

目录

第1部分 基础知识和环境配置

第2部分 交易信息生成与交易策略

第3部分 算法交易策略

第 4 部分　建立交易系统

第5部分　算法交易的挑战

第 1 部分

基础知识和环境配置

在第 1 部分，本书将介绍算法交易的基础知识和如何配置执行本书任务所需的环境。在着手进行机器人交易项目之前，你将学习交易的关键组成部分以及需要提出的问题。

本部分包括以下内容。

- 第 1 章　算法交易的基础原理

01

第 1 章
算法交易的
基础原理

算法交易也称自动交易，旨在通过一个包含一套指令的程序来达到交易目的。与人类交易者相比，这种交易可以更快地产生利润和损失。在本章中，你或许将第一次接触到自动化交易。我们将带领你完成实现第一个交易机器人的不同步骤，你将学习交易世界及其背后的技术交易组成部分。本章还将详细介绍所使用的工具，在结束本章学习后，你将能够用 Python 编写自己的第一个本地交易策略。

本章将介绍以下主题。

- 为什么要交易。
- 介绍算法交易和自动化。
- 算法交易系统的组成部分。
- 配置你的第一个编程环境。
- 实施你的第一个本地策略。

1.1 为什么要交易

从"罗马时代"到今天，交易是人类社会固有的一部分。在价格低的时候购买原材料，在价格高的时候转卖，一直是许多文化的一部分。在古罗马，富有的罗马人利用罗马广场来交换货币、债券和进行投资。在 14 世纪，商人在威尼斯进行政府债务谈判。最早的证券交易所于 1531 年在比利时的安特卫普创建，商人们曾在此定期聚会以交换期票和债券。这个过程让人们付出了高昂的代价，但也带来了丰厚的回报。1602年，荷兰的投资者们参与了这个高潜在回报率的高昂项目。同一时期，一种著名的郁金香销往世界各地，为投资者和销售方创造了一个有利可图的市场。由于许多人参与这种花的价格的"投机"，因此，一种期货合约就这样产生了。

所有这些事件都有一个共同的根源：有钱人愿意赚更多的钱。如果我们想回答"我们为什么要交易？"这一问题，答案是为了赚更多的钱。然而，几乎所有前文列举的历史例子都以非常糟糕的结局收场。这些投资被证明是不良投资，或者说，在大多数情况下价值被高估了，交易者最终亏损了。对于本书的读者来说，这实际上是一个很好的教训。即使交易听起来是有利可图的，也要始终牢记赢利能力的短暂性，并且还要考虑投资带来的固有风险。

1.2　有关现代交易的基本概念

本节将介绍交易的基本知识，以及驱动市场价格和供求关系的因素。

正如 1.1 节中提到的，长期以来，交易就已经存在了，当时人们希望彼此交换商品，并在此过程中获利。现代市场仍然是由供求关系的基本经济原理驱动的。当需求大于供给时，商品或服务的价格可能会上涨，以反映商品或服务相对于需求的短缺。相反，如果市场上充斥着某一产品的大量卖家，价格可能会下降。因此，市场总是试图反映特定产品的可用供需之间的均衡价格。稍后我们将看到这是当今市场价格发现的基本驱动力。随着现代市场和可用技术的发展，价格发现变得越来越有效。

直观地讲，你可能会得出这样的结论：随着在线零售业务的发展，所有卖方的产品价格都变得越来越有效，而最好的报价始终是客户所购买的价格，因为信息（价格发现）是非常容易获得的。现代交易也是如此。随着技术和法规的进步，越来越多的市场参与者可以获取完整的市场数据，从而使得价格发现的效率比过去提高了很多。当然，市场参与者接收信息的速度，做出反应的速度，能够接收和处理数据的粒度，以及每个市场参与者从接收到的数据中得出交易见解的复杂程度，是现代交易的竞争所在，我们将在后文中介绍。但首先要介绍有关现代交易的一些基本概念。

1.2.1　市场板块

在本小节中，我们将简单介绍什么是不同类型的市场部门，以及它们与资产类别有何不同。

市场板块是指可以进行交易的不同种类的基础产品。其中较受欢迎的市场板块是商品（金属、农产品）、能源（石油、天然气）、股票（不同公司的股票）、利率债券（用债务换取的息票，会产生利息，因此而得名）、外汇（与不同货币之间的现金汇率相关），如图 1-1 所示。

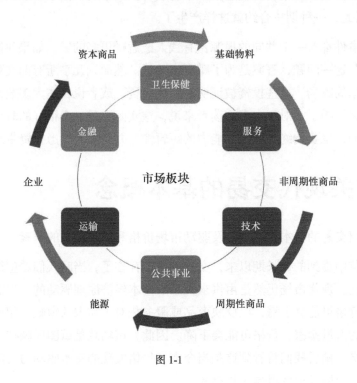

图 1-1

1.2.2 资产类别

资产类别是指在不同的交易所中可用于交易的不同种类的实际工具。比如在 1.2.1 小节中提到的股票、利率债券、外汇，我们可以拥有这些基础衍生品的金融工具。衍生品是建立在其他工具之上的工具，并且有一些额外的限制条件，我们将在本节中进行探讨。较流行的两种衍生品是期货和期权，它们在许多衍生品电子交易所中都有大量的交易。

我们可以拥有与标的物，如商品、能源、股票、利率债券、外汇等相关的期货合约，这些合约与标的物的价格相关，但有不同的特点和规则。对期货合约的简单理解是，它是买方和卖方之间的合约，卖方承诺在未来某个日期（也称到期日）出售一定数量的标的物，买方同意在特定日期以特定价格接受约定数量的标的物。

例如，黄油生产者可能希望保护自己免受未来可能出现的牛奶价格暴涨的影响，而黄油的生产成本直接取决于牛奶的价格，在这种情况下，黄油生产者可以与牛奶生产者签订协议，希望牛奶生产者在未来以一定的价格向他们提供足够的牛奶。相反，牛奶生产者可能会担心未来可能发生牛奶买家不足的情况，并可能希望通过与黄油生产者达成协议，希望黄油生产者在未来以一定的价格至少购买一定数量的牛奶来降低风险，因为牛奶是易变质的，所以销售不足意味着牛奶生产者将蒙受较大损失。这是一个非常简单的期货合约交易的例子，现代的期货合约要比这个例子中的复杂得多。

与期货合约类似，我们可以对标的物，如商品、能源、股票、利率债券、外汇等建立期权合约，这些合约与标的物的价格挂钩，但具有不同的特点和规则。与期货合约相比，期权合约的不同之处在于，期权合约的买卖双方可以选择拒绝在特定的金额、特定的日期、特定的价格的买卖。为了保障参与期权交易的交易双方，就有了溢价的概念。溢价是指买入或卖出期权合约所预先支付的最低金额。

如果相关产品的价格在到期前上涨，拥有看涨期权或购买权（而不是到期时的购买权）的一方就赚钱，因为现在这一方可以在到期时行使其期权，以低于当前市场价格的价格买入标的产品。相反，如果标的产品的价格在到期前下跌，这一方现在可以选择退出而不行使其期权，从而只损失他们支付的期权费。认沽期权与此类似，但它只赋予认沽合约的持有人在到期时卖出的权利，而没有卖出的义务。

本书不会太深入地研究不同的金融产品和衍生品，因为这不是本书的重点，但这个简短的介绍是为了说明这样一个概念：有很多不同的可交易金融产品，它们在规则和复杂性方面有很大的不同。

1.2.3 现代交易市场的基本情况

由于本书主要是为了介绍现代算法交易，因此本书将着重尝试讲解现代电子交易所是如何出现的。人们在交易所里互相大喊大叫，并打出手势来传达他们以一定价格买卖产品的意图的日子已经一去不复返了。这些仍然是电影中有趣的想法，但现代交易看起来却明显不同了。

当今大多数交易都是通过不同的软件以电子交易的方式完成的。市场数据提供程序（market data feed handlers）可以处理和理解由交易所传播的市场数据，以反映限价簿（limit book）和市场价格（出价和要约）的真实情况。市场数据以交易所和市场参与者事先商定的特定市场数据协议（market data protocol，如 FIX/FAST、ITCH 和 HSVF）发布。然后，同样的软件可以将这些信息反馈给人们或者通过算法做出决定。接下来，这些决策又被类似的软件——订单输入网关（order entry gateways）传达给交易所，并通过发送特定的订单类型（GTD、GTC、IOC 等），告知交易所我们对特定产品的兴趣，以及对以特定价格买入或卖出该产品的兴趣。这就需要了解市场和市场参与者事先约定的订单输入协议（FIX、OMEX、OUCH 等）。

在与可用的市场参与者进行匹配后，该匹配通过订单输入网关再次回传给软件，并回传给交易算法或人们，从而完成交易，通常是完全电子化的。这种往返的速度根据市场、市场参与者和算法本身的不同而有很大差异，有时耗费的时长可以短至 10ms 以下，慢的话耗费的时长也可以控制在几秒内，稍后将详细讨论。

图 1-2 为描述性的视图，说明信息从电子交易所流向相关的市场参与者，以及信息回流到交易所的情况。

如图 1-2 所示，电子交易所维护着客户购买订单（出价）和客户要价订单（请求）的账本，并使用市场数据协议发布市场数据，向所有市场参与者提供账本的状态。客户端的市场数据提供处理程序对传入进行解码，并建立一个限价订单簿，以反映电子交易所看到的订单簿的状态。然后通过客户端的交易算法进行传播，再通过订单输入网关生成外发订单流。外发订单流通过订单输入协议传给电子交易所。这又会产生进一步的市场数据流，因此交易信息可持续循环。

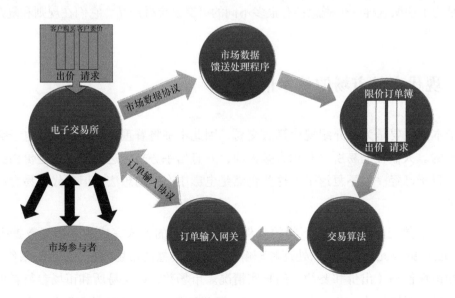

图 1-2

1.3 了解算法交易概念

本节将讲解很多新的概念，如交换订单簿（由市场参与者发出的不同种类的订单组成）、交换匹配算法、交换市场数据协议和交换订单输入协议等。接下来正式对这些概念进行更详细的讨论。

1.3.1 交换订单簿

交换订单簿保存了客户下达的所有买入和卖出订单，它跟踪所有传入订单的属性——价格、合同或股票数量、订单类型和市场参与者标识。买入订单（或出价）从最高价（最好的价格）到最低价（最差的价格）排序。就匹配而言，价格较高的出价有较高的优先权。相同价格的出价的优先级取决于匹配算法。最简单的先进先出（First In First Out，FIFO）算法采用的是直观的规则，即按照相同价格的订单进来的顺序进行优先级排序。这在后面我们讨论复杂的交易算法如何利用速度和智能来获得更高的订单优先级，以及对赢利的影响时，将非常重要。卖出订单（或要价）从最低价（最好的价格）到最高价（最差的价格）排序。同样，对于相同价格的要价，匹配优先级的方法取决于交易所对特定产品采用的匹配算法，这部分我们将在后文更详细地阐述。市场参与者可以下达新的订单，取消现有订单，或者修改价格和股票或合约数量等订单属性。针对市场参与者发出的每一个订单，交易所都会生成公开的市场数据。利用交易所公开的市场数据，市场参与者可以准确地了解交易所的订单簿是什么样的（取决于交易所选择隐藏哪些信息，但我们暂时忽略这种细微差别）。

1.3.2 交换匹配算法

当收到的出价等于或高于最佳（最低价）的要价订单时，就会发生匹配。反之，当收到的要价等于或低于最佳（最高价）的要价订单时，则发生匹配。输入的进取订单将继续与账本中现有的被动订单进行匹配，直到满足这两个条件之一。要么是新的激进订单完全匹配，要么是剩余订单的价格比传入订单的价格更差，因此，匹配不能发生。这是因为一个基本规则，即订单的价格不能以低于其入市时的限价进行匹配。现在，就同一价位的订单而言，匹配的顺序是由交易采用什么匹配算法规则决定的。

1．先进先出匹配

前面简单介绍了先进先出算法，我们通过表 1-1 的例子来展开。假设当交易所竞价单 A、B、C 在该时间顺序以 10.00 美元（1 美元合人民币 6.8 元左右）的价格输入时，订单簿的状态如下。那么，在同样的价格下，订单 A 的优先级高于订单 B，订单 B 的优先级高于订单 C，竞价订单 D 价格低至 9.00 美元。同样，在要价方面，订单 X 是以 11.00 美元的价格进入的，先于订单 Y（价格也是 11.00 美元）。因此，订单 X 比订单 Y 有更高的优先权，然后问询订单 Z 是以更差的价格 12.00 美元进入的。

表 1-1

竞价单	要价
Order A：以 10.00 美元购买 1 股	Order X：以 11.00 美元出售 1 股
Order B：以 10.00 美元购买 2 股	Order Y：以 11.00 美元出售 2 股
Order C：以 10.00 美元购买 3 股	Order Z：以 12.00 美元出售 2 股
Order D：以 9.00 美元购买 1 股	

假设在先进先出模式下，4 股以 10.00 美元的价格的入场卖单 K 将与 1 股的订单 A、2 股的订单 B、1 股的订单 C 依次匹配。匹配结束后，订单 C 仍有剩余的 2 股，价格为 10.00 美元，将拥有最高优先权。

2．按比例匹配

按比例匹配有各种不同的方式，通常实现方式也略有不同。在本书的范围内，我们提供了这种匹配算法背后的一些知识，并提供了一个假设的匹配方案。

按比例匹配的基本模式是，在相同的价格下，倾向于大单而不是小单，并且忽略订单的输入时间。这使市场的微观结构发生了相当大的变化，市场参与者倾向于输入较大的订单以获得优先权，而不是尽可能快地输入订单。

考虑一个如之前所示的市场状态。在表 1-2 这个例子中，假设的订单数量被提高了 100 倍。这里，买单 A、B 和 C 的价格也相同，均为 10.00 美元。然而，当一个数量为 100 的卖出订单以 10.00 美元的价格进入时，订单 C 得到了 70 份合约的成交量，订单 B 得到了 20 份合约的成交量，订单 A 得到了 10 份合约的成交量，这与它们在该级别的大小成正比。这是个过于简化的例子，不包括与部分匹配大小有关的复杂情况，也不包括相同大小的订单之间的打破平局相关的复杂性，等等。同样地，有些交易的所有者会按比例和先进先出的方式进行混合，一部分进场的激进订单使用按比例匹配，一部分按先进先出的顺序匹配。但这应该可以作为一个很好的例子来让我们对按比例匹配与先进先出匹配的不同进行基本理解。对按比例匹配及其影响的详细研究超出了本书的范围，这里不再详述。

表 1-2

竞价单	要价
Order A：以 10.00 美元购买 100 股	Order X：以 11.00 美元出售 100 股
Order B：以 10.00 美元购买 200 股	Order Y：以 11.00 美元出售 200 股
Order C：以 10.00 美元购买 700 股	Order Z：以 12.00 美元出售 200 股
Order D：以 9.00 美元购买 100 股	

1.3.3　限价订单簿

限价订单簿与交换订单簿在本质上非常相似。不同的是，限价订单簿是由市场参与者根据交易所公开的市场数据而建立的，以响应市场参与者向其发送订单。限价订单簿是所有算法交易中的核心概念之一，也是所有其他交易形式中经常出现的概念。其目的是以一种有意义的方式收集和安排出价和报价，以深入了解在任何特定时间在场的市场参与者，并深入了解均衡价格是多少。我们将在第 2 章深入研究技术分析时重新讨论这些问题。根据交易所决定通过公开市场数据向所有市场参与者提供的信息，市场参与者建立的限价订单簿可能与交易所匹配引擎的订单簿略有不同。

1.3.4　交换市场数据协议

由于交换市场数据协议不是本书的重点，因此对这一主题的严格处理超出了本书的范围。市场数据协议是从交易所到所有市场参与者的外发通信流，这些通信流都有完善的文档，可供新的市场参与者建立他们的应用程序来订阅、接收、解码、检查错误和网络损失。这些协议的设计考虑到了延迟、吞吐量、容错、冗余和许多其他要求。

1.3.5　市场数据提供处理程序

市场数据提供处理程序是市场参与者为与具体的交易所市场数据协议接口建立的软件。这些软件能够订阅、接收、解码、检查错误和网络损失，并在设计时考虑到了延迟、吞吐量、容错、冗余和许多其他要求。

1.3.6   订单类型

大多数交易所支持从市场参与者那里接受各种订单，我们将在本小节讨论几种常见的类型。

1．IOC 订单（立即或取消）

这些订单永远不会被添加到账本中。它们要么与现有的恢复订单进行匹配，以 IOC 订单量为上限，要么取消其余的输入订单。如果在 IOC 订单的价格上没有可以与之匹配的剩余订单，那么 IOC 订单将被全部取消。IOC 订单的好处是不会停留在账本的匹配中，也不会在交易算法中造成订单管理的额外复杂性。

2．GTD 订单（Good Till Day）

这些订单会被添加到账本中。如果它们与账本中现有的休眠订单完全匹配，那么它们就不会被添加，否则订单上的剩余数量（如果没有部分匹配，可以是整个原始数量）就会被添加到账本中，并作为休眠订单，让进场的订单可以与之匹配。GTD 订单的好处是可以利用 FIFO 匹配算法，比刚出现在账本上的订单有更好的优先级，但在交易算法中需要更复杂的订单管理。

3．止损单

止损单是指在市场上以某一特定价格（称为止损价）成交之前不出现在账面上的订单，在成交后，它们将变成预先指定价格的常规 GTD 订单。这些订单作为退出单是很好的选择（无论是清算亏损的头寸还是实现赢利的头寸的利润）。在后文解释了什么是有亏损或赢利的头寸以及什么是退出头寸之后，将重新审视这些订单。

1.3.7   交换订单输入协议

交换订单输入协议是指市场参与者的应用程序如何发送订单请求（新建、取消、修改）以及交易所如何回复这些请求。

1.3.8   订单输入网关

订单输入网关是市场参与者的客户端应用程序，通过订单输入协议与交易所匹配引擎进行通信。这些应用程序必须以可靠的方式处理订单流，向交易所发送订单，修改和取消这些订单，并在这些订单被接受、取消、执行等情况下获得通知。通常情况下，市场参与者会运行订单输入网关的变体，这些变体只接收订单执行的通知，以检查与主要订单输入网关订单流的一致性，被称为 drop-copy 网关。

1.3.9　头寸和损益管理

被执行的订单会使市场参与者以执行的金额和执行的价格在被执行的工具上拥有头寸（限价订单可以比输入的价格更好，但不会更差）。买方执行的称为"有多头头寸"，而卖方执行的称为"有空头头寸"。当完全没有头寸时，称为"平仓"。当市场价格高于头寸价格时，持有多头头寸买方就会赚钱；当市场价格低于头寸价格时，买方就会亏损。反之，空头则是当市场价格低于头寸价格时，持有空头头寸的卖方就会赚钱；当市场价格高于头寸价格时，卖方就会亏损。因此，也就有了众所周知的低买高卖、高买更高卖等观点。

多次买入执行，或多次卖出执行不同的金额和价格，导致总的头寸价格是执行价格和数量的成交量的加权平均值。这被称为仓位的成交量加权平均价格（Volume Weighted Average Price，VWAP）。未平仓的头寸要标明市场价格，以了解该头寸的未实现损益（Profit and Loss，PnL）是多少。这意味着将当前的市场价格与头寸的价格进行比较，市场价格上涨的多头头寸被认为是未实现利润，反之则被认为是未实现亏损。类似的术语也适用于空头头寸。当未平仓的头寸被平仓时，就实现了损益，也就是说你卖出平仓多头头寸，买入平仓空头头寸。在这一点上，PnL 被赋予了术语实现 PnL。任何时候的总 PnL 是迄今为止已实现的 PnL 和未平仓头寸的未实现 PnL 的总和（按市场价格）。

1.4　从直觉到算法交易

在这里，我们将讨论交易思想是如何产生的，以及如何将其转化为算法交易策略。从根本上来说，所有的交易想法在很大程度上都是由人类的直觉驱动的。如果市场一直在涨或跌，你可能凭直觉认为它将继续朝同一个方向发展，这就是趋势跟踪交易策略背后的基本理念。相反，你可能会认为，如果价格大幅上涨或下跌，那么价格可能会被错误定价并可能朝相反的方向发展，这就是均值回归交易策略背后的基本理念。直观上，你也可能会认为彼此非常相似的或者松散地相互依赖的工具会一起变化，这就是基于相关交易或成对交易背后的理念。由于每个市场参与者对市场都有自己的看法，所以最终的市场价格是大多数市场参与者的看法的反映。如果你的观点与大多数市场参与者的观点一致，那么在特定的情况下，该特定的策略就是能带来赢利的。当然，没有任何一个交易理念可以一直正确，一个策略是否能带来赢利，取决于这个理念正确的频率与不正确的频率。

1.4.1　为什么需要自动化交易

从历史上看，人类交易者实施这种基于规则的交易来手动输入订单、持仓，并在一天中带来赢利或亏损。随着时间的推移和技术的进步，他们已经从在场上大喊大叫地与其他交易者一起执行订单，到打电话给经纪人并通过电话输入订单，再到拥有可以通过点击界面输入订单的图形用户界面（Graphical User Interface，GUI）应用程序。

这种人工方法有很多弊端，例如因为人们对市场的反应迟钝，所以他们会错过信息或对新信息反应迟钝，也不能很好地扩展规模或同时专注于多件事情。人们很容易犯错，他们会分心，会害怕亏损也会感受到赚钱的喜悦。这些缺点都会导致他们偏离计划的交易策略，从而严重限制交易策略的赢利能力。

计算机极其擅长基于规则的重复性任务。当设计和编程正确时，它们可以极快地执行指令和算法，并且可以在很多工具上无缝扩展和部署。它们对市场数据的反应速度极快，而且不会分心，也不会犯错（除非它们的程序不正确，这是软件错误，而不是计算机本身的缺点）。它们没有情绪，所以不会偏离它们的程序。所有这些优点使计算机自动交易系统在正确的情况下非常有利可图，这也是算法交易的起点。

1.4.2　算法交易的演变——从基于规则的交易到全自动算法交易

让我们以一个简单的趋势跟踪交易策略为例，看看交易是如何从手动方式演变到全自动算法交易策略的。从历史上看，人类交易者习惯于使用简单的图表应用程序，以用来检测趋势何时开始或持续。这些可以是简单的规则，例如，如果一只股票在一周内每天都上涨 5%，那么我们就应该买入并持有（持有多头头寸），或者如果股票的价格在 2 小时内下跌了 10%，那么我们应该卖空并等待它进一步下跌。这在过去会是经典的手动交易。正如我们之前所讨论的，计算机非常擅长遵循重复性的规则算法。更简单的规则更容易编程，需要的开发时间也更少，但计算机软件几乎只受限于为计算机编程的软件开发人员所能处理的复杂性。在本章的最后，我们将讨论一个用 Python 编写的现实交易策略，但现在，我们将继续介绍在此之前需要的所有思想和概念。

下面是一些可实现趋势跟踪的伪代码，这是基于人类直觉交易的理念的。然后可以根据应用的需要将其翻译成我们所选择的任何语言。

可以使用趋势跟踪，也就是说，当价格在 2 小时内变化 10%时进行买入或卖出。这个变量用于跟踪我们在当前市场上的头寸。

```
Current_position_ = 0;
```

这是头寸的预期利润阈值。如果头寸的利润高于这个阈值，我们就把头寸和未实现的利润"平掉"，使之变成实现的利润。

```
PROFIT_EXIT_PRICE_PERCENT = 0.2;
```

这是头寸的最大亏损阈值。如果一个头寸的亏损超过了这个阈值，我们就会将头寸平掉，并将未实现的亏损转化为已实现的亏损。如果头寸亏损，为什么要平仓呢？想法很简单，就是不要把所有的钱都赔在一个不良头寸上，而是要尽早减少损失，这样我们才有资本继续交易。当深入探讨风险管理实践时，我们将对此进行更多介绍。现在，我们定义一个参数，该参数是根据头寸的入场价与价格变化定义的最大头寸亏损。

```
LOSS_EXIT_PRICE_PERCENT = -0.1;
```

请注意，在我们看到的阈值中，期望在获利或赢利的头寸上赚的钱比期望在亏损的头寸上亏的钱多。这并不总是对称的，当我们在后文更详细地研究这些交易策略时，将讨论获利和亏损头寸的分布问题。这是一个方法或回调，在每次市场价格变化时都会被调用。我们需要检查根据我们的信号是否应入场，以及一个未平仓的头寸是否需要因为 PnL 被平仓。

```
def OnMarketPriceChange( current_price, current_time ):
```

首先，检查头寸是否持平以及价格是否上涨了 10%以上。这是"做多"的入场信号，此时我们会发出买单并更新头寸。从技术上讲，在交易所确认订单匹配之前，我们不应该更新自己的头寸，但是为了简化伪代码，我们将忽略这种复杂性，并在后面解决它。

```
If Current_position_ == 0 AND ( current_price - price_two_hours_ago ) / current_price > 10%:
  SendBuyOrderAtCurrentPrice();
  Current_position_ = Current_position_ + 1;
```

现在，检查头寸是否持平以及价格是否已经下跌超过 10%。这是"做空"的入场信号，此时我们会发出卖单并更新头寸。

```
Else If Current_position_ == 0 AND ( current_price - price_two_hours_ago ) / current_price < -10%:
        SendSellOrderAtCurrentPrice();
        Current_position_ = Current_position_ - 1;
```

如果目前的策略是做多，而且市场价格已经向有利的方向发展，请检查此头寸的赢利是否超过了预定的阈值。在这种情况下，我们就会发出卖单以平仓，将未实现的利润转化为已实现的利润。

```
If Current_position_ > 0 AND current_price - position_price > PROFIT_EXIT_PRICE_PERCENT:
    SendSellOrderAtCurrentPrice();
    Current_position_ = Current_position_ - 1;
```

如果目前的策略是做多，而市场价格已经对我们不利，请检查此头寸的损失是否超过了预定的阈值。在这种情况下，我们将发出卖单来平仓，并将未实现的损失转化为已实现的损失。

```
Else If Current_position_ > 0 AND current_price - position_price < LOSS_EXIT_PRICE_PERCENT:
    SendSellOrderAtCurrentPrice();
    Current_position_ = Current_position_ - 1;
```

如果目前的策略是做空，而市场价格已经向有利的方向发展，要检查此头寸的赢利是否超过了预定的阈值。在这种情况下，我们会通过买单来平仓，将未实现的利润转化为已实现的利润。

```
Else If Current_position_ < 0 AND position_price - current_price > PROFIT_EXIT_PRICE_PERCENT:
    SendBuyOrderAtCurrentPrice();
    Current_position_ = Current_position_ - 1;
```

如果目前的策略是做空，而市场价格已经对我们不利，请检查此头寸的损失是否超过了预定的阈值。在这种情况下，我们将通过买单来平仓，并将未实现的损失转化为已实现的损失。

```
Else If Current_position_ < 0 AND position_price - current_price < LOSS_EXIT_PRICE_PERCENT:
    SendBuyOrderAtCurrentPrice();
    Current_position_ = Current_position_ - 1;
```

1.5 算法交易系统的组成部分

在前文中，我们提供了整个算法交易设置的顶层视图，以及所涉及的许多不同组件。实际上，设置一个完整的算法交易分为两个部分，如图 1-3 所示。

- 核心基础设施涉及面向交易所的市场数据协议集成、市场数据源处理程序、内部市场数据格式归一化、历史数据记录、工具定义记录和发布、交易所订单录入协议、交易所订单录入网关、核心侧风险系统、面向券商的应用、后台对账应用、解决合规要求等。

- 算法交易策略组件涉及使用归一化的市场数据、建立订单簿、从传入的市场数据和订单流信息中产生信号、不同信号的聚合、建立在统计预测能力（alpha）之上的高效执行逻辑、策略内部的头寸和 PnL 管理、策略内部的风险管理、回测、历史信号和交易研究平台。

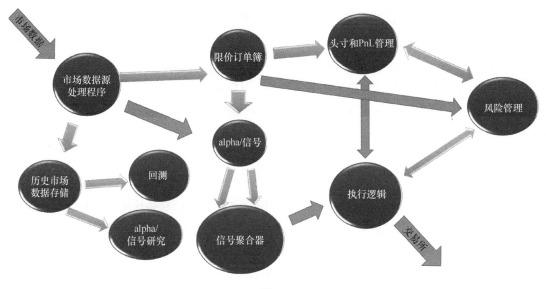

图 1-3

1.5.1　市场数据订阅

这些组件负责与发布标准化数据的馈送处理程序组件进行交互。这些标准化数据可以通过网络或使用本地馈送处理程序的各种进程间通信（Inter-Process Communication，IPC）机制来传递。我们在此不做详细介绍。在这方面，低延迟交付和可扩展性是主要的设计决策。

1.5.2　限价订单簿

一旦交易策略得到标准化的市场数据，它就会使用这些数据来建立和维护每个工具的限价订单簿。根据限价订单簿的复杂程度，它可以简单到告诉我们每方有多少市场参与者，也可以复杂到跟踪市场参与者的订单优先级，以及跟踪我们自己在限价订单簿中的订单。

1.5.3　信号

一旦限价订单簿建立起来，每次新的市场数据信息更新时，我们就会使用新的信息建立信号。信号的名称多种多样，例如信号、指标、预测器、计算器、特征、alpha 等，但它们的含义大致相同。

交易信号是指从传入的市场数据信息、限价订单簿或交易信息中得出的定义明确的情报，它能使交易策略相对于其他市场参与者获得统计上的优势，从而提高赢利能力。这也是很多交易团队集中大量时间和精力的领域之一。其关键在于建立大量的信号，以便在竞争中占据优势，同时不断调整现有的信号并添加新的信号，以应对不断变化的市场条件和市场参与者。我们将在第 2 章中重新讨论这个问题，因为这是本书的重点之一。

1.5.4　信号聚合器

通常情况下，算法交易系统结合了很多不同种类的信号，以获得比单一信号更大的优势。这种方法实质上是将不同的信号组合起来，这些信号在不同的市场条件下具有不同的预测能力或优势。有许多不同的方法来组合各种信号。你可以使用经典的统计学习方法来生成线性或非线性组合，以输出代表某个信号组合的分类或回归输出值。机器学习不是本书的重点，因此我们避免太深入地探讨这个话题，但会在后文中进行简要介绍。

1.5.5　执行逻辑

算法交易的另一个关键组成部分是根据信号快速、有效地管理订单，从而在竞争中获得优势。重要的是以快速且智能的方式对不断变化的市场数据、不断变化的信号值做出反应。很多时候，速度和复杂度是两个相互冲突的目标，好的执行逻辑会试图以最佳的方式平衡这两个目标。向其他市场参与者掩饰我们的意图或才智也是极其重要的，这样我们才能获得最佳的执行力。

请记住，因为其他市场竞争者可以观察发送到交易所的订单，并评估它可能产生的潜在影响，所以这个组件需要足够智能，不能让人看出我们的交易策略是什么。就执行逻辑设计而言，滑点和费用也是非常重要的因素。

滑点是指交易的预期价格与实际执行的价格之间的差异，发生这种情况主要有两个原因。

- 如果订单到达交易所的时间比预期的晚（延迟），那么它最终可能要么根本没有执行，要么执行的价格比你预期的要差。

- 如果订单非常大，以至于它以多种价格执行，那么整个执行的 VWAP 可能与订单发出时观察到的市场价格有很大差异。

滑点显然会造成可能没有正确考虑到的损失，此外还会造成清算头寸困难。随着交易算法的头寸规模的扩大，滑点会成为一个更大的问题。

费用是高效执行订单的另一个问题。通常情况下，交易所费用和经纪人费用与订单规模和总交易量成正比。

同样，随着交易算法的头寸规模的扩大，交易量通常会增加，费用也会增加。很多时候，一个好的交易策略可能会因为交易量过大，积累了大量的交易费用而最终无利可图。同样，一个好的执行逻辑应寻求将支付的费用降到最低。

1.5.6　头寸和损益管理

所有的算法交易策略都需要有效地跟踪和管理其头寸和损益。根据实际的交易策略，这通常会有不同的复杂性。

对于更复杂的交易策略，如配对交易（曲线交易是另一种类似的策略），你必须跟踪多个工具的头寸和损益，而且这些头寸和损益经常会相互抵消，并在确定真实头寸和损益方面引入复杂性或不确定性。我们将在第 4 章中详细讨论这些策略时，对这些问题进行探讨，但现在，我们不会太详细地讨论这个问题。

1.5.7　风险管理

良好的风险管理是算法交易的基石。不良的风险管理会将潜在的可带来赢利的策略变成无利可图的策略。还有一个更大的风险是违反交易所的规章制度，这往往会导致法律诉讼和巨额罚款。最后，高速自动算法交易最大的风险之一是设计不当的计算机软件容易出现缺陷和错误。由于高速自动算法交易系统失控而导致整个公司倒闭的例子很多。因此，风险管理系统的建设需要有极强的健壮性、丰富的功能和多层冗余，还需要有非常高层级的测试、压力测试和严格的变更管理，以最大限度地降低风险系统失效的可能性。在本书的第 6 章中，我们将专门介绍最佳的风险管理实践，以便最大限度地提高交易策略的赢利能力，同时避免常见的可导致公司亏损或破产的陷阱。

1.5.8　回测

在研究自动交易策略的预期行为时，一个好的算法交易研究系统的关键组成部分是一个好的回测器。回测器用于模拟自动交易策略行为，并根据历史记录的市场数据检索预期损益、预期风险敞口和其他指标的统计数据。基本思路是回答这样一个问题：给定历史数据，一个特定的交易策略会有什么样的表现？这是通过以下方式构建的：准确记录历史市场数据，具有可重新回放历史记录的框架，具有可以接受潜在交易策略的模拟订单流的框架，并可模拟交易所在历史市场数据中在指定的其他市场参与者面前如何匹配这个策略的订单流。通过回测可以尝试不同的交易策略，看看在部署到市场之前，哪些想法是可行的。

建立和维护一个高精度的回测器是建立算法交易研究系统中最复杂的任务之一。它必须准确地模拟诸如软件延迟、网络延迟、准确的订单 FIFO 优先级、滑点、费用等，在某些情况下，还必须模拟所考虑的策略的订单流对市场造成的影响（其他市场参与者在这个策略的订单流和交易活动存在的情况下可能做出的反应）。我们将在本章结尾处重新讨论回测问题，然后在本书后文中再次回顾。最后，我们将解释在设置和校准回测器时面临的实际问题，它们对算法交易策略的影响，以及哪种方法可以最大限度地减少不正确的回测造成的损失。

1.6　为什么选择 Python

Python 是世界上使用非常广泛的编程语言（约有 1/3 的新软件开发都使用这种语言），如图 1-4 所示。

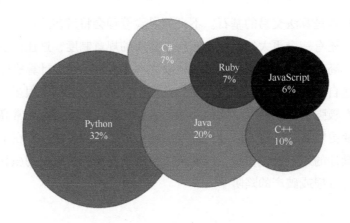

图 1-4

这种语言非常简单、易学。Python 是一种带有类型推断的解释型高级编程语言，与 C/C++ 不同。在 C/C++ 中，你需要关注内存管理和所使用的机器的硬件特性来编写代码，而 Python

仅关注内部的实现。因此，使用这种类型的语言将便于对编码交易算法的关注。Python 是通用的，它几乎可以用于任何领域的任何应用开发。由于 Python 已经被广泛使用多年，程序员社区足够大，可以为你的交易策略获得许多关键的库，从数据分析、机器学习、数据提取、运行时到通信，开源库非常多。此外，在软件工程方面，Python 还包括其他语言中使用的范式，如面向对象、函数式和动态类型。Python 的在线资源几乎是无限的，大量的书籍将推动你在任何领域使用 Python。Python 不是交易中唯一使用的语言。我们最好使用 Python（或最终使用 R）来进行数据分析和创建交易模型。我们将在交易中使用 C、C++或 Java 来编写代码，这些语言将把源代码编译成可执行代码或字节码，因此代码的运行速度将比 Python 或 R 代码的快很多倍。这 3 种语言比 Python "快"，我们也会用它们来创建库。我们将把这些库封装起来，与 Python（或 R）一起使用。

在选择 Python 时，我们还需要选择语言的版本。2020 年之后，Python 2.x 将不再被维护。因此，如果你是一个新的程序员，建议学习 Python 3 而不是 Python 2。

Python 和 R 都是协助量化研究人员（或量化开发人员）创建交易算法的较流行的语言。它们为数据分析或机器学习提供了大量的支持库。在这两种语言之间进行选择，将取决于你在社区的哪一方。我们总是把 Python 和通用语言联系在一起，它的语法通俗易懂，简单明了。而 R 则主要以统计学家为终端用户，通过强调数据可视化来开发的。虽然 Python 也能给你同样的可视化体验，但 R 是为此而设计的。

和 Python 相比，R 没有明显的更新。它是由两位创始人 Ross Ihaka 和 Robert Gentleman 在 1995 年发布的，而 Python 是由 Guido Van Rossum 在 1991 年发布的。现在，R 主要用于学术和研究领域。

与其他许多语言不同，Python 和 R 可以让我们用几行代码写出一个统计模型。一般不可能 "二选一"，因为它们都有各自的优势，很容易互补使用。开发人员创建了众多的库，能够让人轻松地将一种语言与另一种语言结合使用而不会遇到任何困难。

1.6.1 选择 IDE——PyCharm 或 Jupyter Notebook

虽然 RStudio 成了 R 的标准 IDE（集成开发环境），但在 PyCharm 和 Jupyter Notebook 之间的选择则更具挑战性。首先，我们需要谈谈这两个 IDE 的特点。PyCharm 由捷克 JetBrains 公司开发，是一个文本编辑器，提供代码分析、图形化调试器和高级单元测试器。Jupyter Notebook 是一个开源软件，它为以下 3 种语言创建了一个基于 Web 的交互式计算环境：Julia、

Python 和 R。这款软件通过给你一个基于 Web 的界面，让你可逐行运行 Python 代码，来帮助你编写 Python 代码。

这两款 IDE 的最大区别在于，PyCharm 成了程序员们的参考 IDE，因为版本控制系统和调试器是这款产品的重要组成部分。此外，PyCharm 可以轻松处理大量的代码库，并且有大量的插件。

当数据分析是唯一的动机时，Jupyter Notebook 是一个友好的选择，而 PyCharm 缺乏友好的用户界面，无法逐行运行代码进行数据分析。PyCharm 提供的功能是 Python 编程世界中较常用的。

1.6.2　第一个算法交易

你现在可能觉得自己已经迫不及待地想赚钱了，你也可能在想什么时候可以开始赚钱呢？我们已经谈到了我们将在本书中解决的问题。在本小节中，我们将开始建立第一个交易策略，叫作"低买高卖"。

建立一个交易策略需要时间，并且要经过许多步骤。

（1）你需要一个原始的想法。这一部分将使用一个众所周知的赚钱策略：我们买入的资产价格低于我们将用来出售它的价格。为了说明这个想法，我们将使用谷歌股票。

（2）一旦有了想法，我们需要用数据来验证这个想法。在 Python 中，我们可以使用很多包来获取交易数据。

（3）然后，需要使用大量的历史数据来回测交易策略，假设这个规则：过去有效的东西在未来会有效。

1.6.3　设置你的工作区

在本书中，我们选择 PyCharm 作为 IDE。我们将使用这个工具来完成所有的例子。

1.6.4　PyCharm

一旦 PyCharm 加载完毕，你将需要创建一个项目并选择一个解释器。正如我们之前所讨论的，你需要选择 Python 3。在编写本书的时候，最新的版本是 Python 3.7.0，但是你可以自由地从比这个版本更高的版本开始。当项目打开后，你需要创建一个 Python 文件，文件命名为 buylowsellhigh.py。这个文件将包含你的第一个 Python 程序的代码。

1.6.5　获取数据

很多库都可以帮助下载财务数据，不过我们选择的是使用 pandas 库。这个库以数据处理和分析而闻名。我们将使用 DataReader 函数，它能够连接到雅虎、谷歌等许多金融新闻服务器，然后下载本书例子中需要的数据。DataReader 在本例中需要 4 个参数。

（1）第 1 个是你想用来分析的符号（我们的例子用 GOOG 代表谷歌）。

（2）第 2 个是指定检索数据的来源，然后你要指定获取数据的范围。

（3）第 3 个指定获取历史数据的起始数据。

（4）第 4 个也是最后一个参数，指定历史数据的结束数据。

```
# loading the class data from the package pandas_datareader
from pandas_datareader import data
# First day
start_date = '2014-01-01'
# Last day
end_date = '2018-01-01'
# Call the function DataReader from the class data
goog_data = data.DataReader('GOOG', 'yahoo', start_date, end_date)
```

变量 goog_data 是包含 2014 年 1 月 1 日至 2018 年 1 月 1 日谷歌数据的数据框。如果输出 goog_data 变量，你会看到以下内容。

```
print(goog_data)
Date        High        Low       ... Volume      Adj Close
2010-01-04  312.721039  310.103088 ... 3937800.0  311.349976
2010-01-05  311.891449  308.761810 ... 6048500.0  309.978882
2010-01-06  310.907837  301.220856 ... 8009000.0  302.164703
2010-01-07  303.029083  294.410156 ... 12912000.0 295.130463
```

如果你想看到所有的列，则应该改变 pandas 库的选项来允许显示 4 个以上的列。

```
import pandas as pd
pd.set_printoptions(max_colwidth, 1000)
pd.set_option('display.width', 1000)
Date         High        Low         Open        Close       Volume     Adj Close
2010-01-04   312.721039  310.103088  311.449310  311.349976  3937800.0  311.349976
```

```
2010-01-05  311.891449  308.761810  311.563568  309.978882   6048500.0  309.978882
2010-01-06  310.907837  301.220856  310.907837  302.164703   8009000.0  302.164703
2010-01-07  303.029083  294.410156  302.731018  295.130463  12912000.0  295.130463
```

按照之前的输出，共有 6 列。

- High：该股票在该交易日的最高价。

- Low：该股票在该交易日的最低价。

- Open：该股票在交易日开始时的价格（前一个交易日的收盘价）。

- Close：该股票在收盘时的价格。

- Volume：有多少股票成交。

- Adj Close：该股票的收盘价，调整了公司行动的股票价格（简称股价），这个价格考虑到了股票分红和股息。

调整后的收盘价是我们在这个例子中使用的价格。事实上，由于它考虑到了分红和股息，我们将不需要手动调整价格。

1.6.6　准备数据——信号

交易策略（或交易算法）的主要部分是决定何时交易（买入、卖出证券或其他资产）。触发发送订单的事件称为信号。一个信号可以使用多种输入。这些输入可能是市场信息、新闻或社交网站。任何数据的组合都可以是信号。

以 1.6.2 小节的低买高卖为例，我们将计算连续两天的调整收盘价的差值。如果调整后的收盘价的数值为负数，说明前一天的价格比第二天的价格高，此时我们可以买入，因为现在的价格比较低。如果这个值为正，这意味着我们可以卖出，因为价格更高。

在 Python 中，我们将构建一个 pandas 数据框，来获得与包含数据的数据框相同的维度。这个数据框将被称为 goog_data_signal。

```
goog_data_signal = pd.DataFrame(index=goog_data.index)
```

在创建这个数据框之后，我们将复制用来建立交易信号的数据。在这种情况下，我们将从 goog_data 数据框中复制 Adj Close 列的值。

```
goog_data_signal['price'] = goog_data['Adj Close']
```

根据交易策略，我们需要有一列 daily_difference 来存储连续两天的差值。为了创建这个列，我们将使用数据框对象中的 diff 函数。

```
goog_data_signal['daily_difference'] = goog_data_signal['price'].diff()
```

作为明智的检查，我们可以使用 print 函数来显示 goog_data_signal 的内容。

```
print(goog_data_signal.head())
Date         price    daily_difference
2014-01-02  552.963501              NaN
2014-01-03  548.929749        -4.033752
2014-01-06  555.049927         6.120178
2014-01-07  565.750366        10.700439
2014-01-08  566.927673         1.177307
```

我们可以观察到，daily_difference 列在 1 月 2 日有一个非数字值，因为它在这个数据框的第一行。

我们将根据 daily_difference 列的值来创建信号。如果该值为正，我们将给出 1，否则，该值将保持为 0。

```
goog_data_signal['signal'] = 0.0
goog_data_signal['signal'] = np.where(goog_data_signal['daily_difference']
>; 0, 1.0, 0.0)
Date         price daily_difference signal
2014-01-02  552.963501              NaN 0.0
2014-01-03  548.929749        -4.033752 0.0
2014-01-06  555.049927         6.120178 1.0
2014-01-07  565.750366        10.700439 1.0
2014-01-08  566.927673         1.177307 1.0
```

读取列信号，当我们需要买入的时候为 0，当我们需要卖出的时候为 1。

由于我们不想在市场不断下跌时继续买入，也不想在市场上涨时继续卖出，所以会通过限制自己在市场上的头寸数量来限制下单的数量。头寸就是你在市场上的股票或资产的存量。例如，买入一只谷歌股票，这意味着你在市场上有一只股票的头寸。如果卖出这只股票，你在市场上就不会有任何头寸。

为了简化例子和限制市场上的头寸，将不可能连续买入或卖出多于一次。因此，我们将对列信号应用 diff 函数。

```
goog_data_signal['positions'] = goog_data_signal['signal'].diff()
Date         price daily_difference signal  positions
2014-01-02  552.963501              NaN 0.0        NaN
2014-01-03  548.929749        -4.033752 0.0        0.0
2014-01-06  555.049927         6.120178 1.0        1.0
```

```
2014-01-07   565.750366       10.700439 1.0       0.0
2014-01-08   566.927673        1.177307 1.0       0.0
2014-01-09   561.468201       -5.459473 0.0      -1.0
2014-01-10   561.438354       -0.029846 0.0       0.0
2014-01-13   557.861633       -3.576721 0.0       0.0
```

我们将在 1 月 6 日以 555.049927 美元的价格买入一股谷歌的股票，然后以 561.468201 美元的价格卖出这股股票。这笔交易的利润是 561.468201−555.049927=6.418274。

1.6.7　信号可视化

虽然创建信号只是建立交易策略过程的开始，但需要将策略的长期表现可视化。我们将通过使用 Matplotlib 库来绘制使用的历史数据的图表。这个库在 Python 世界里是很有名的，它可以让我们轻松地绘制图表。

- 我们先导入这个库：

```
import matplotlib.pyplot as plt
```

- 接下来，将定义一个包含图表的图形：

```
fig = plt.figure()
ax1 = fig.add_subplot(111, ylabel='Google price in $')
```

- 现在，将在最初选择的天数范围内绘制价格：

```
goog_data_signal['price'].plot(ax=ax1, color='r', lw=2.)
```

- 下一步，每买入一只谷歌的股票时，将绘制一个向上的箭头：

```
ax1.plot(goog_data_signal.loc[goog_data_signal.positions ==1.0].index,goog_data_signal.price
[goog_data_signal.positions == 1.0], '^', markersize=5,color='m')
```

- 接下来，每卖出一只谷歌股票时，将绘制一个向下的箭头：

```
ax1.plot(goog_data_signal.loc[goog_data_signal.positions ==-1.0].index, goog_data_signal.price
[goog_data_signal.positions == -1.0], 'v', markersize=5,color='k')
plt.show()
```

这段代码将返回以下输出，如图 1-5 所示。

到此为止，我们介绍了交易思路，实现了触发买入和卖出订单的信号，还谈到了限制策略的方法（将头寸限制在市场上的一只股票）。当这些步骤都满意后，下面的步骤就是回测。

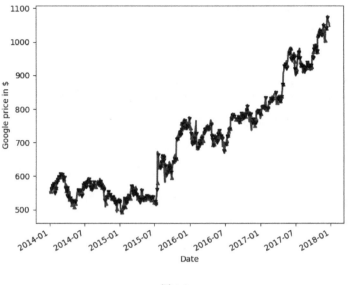

图 1-5

1.6.8 回测

回测是一个关键阶段，以获得可反映交易策略有效性的统计数据。正如之前了解到的，回测依赖于过去预测未来的假设。这个阶段将提供你或你的公司认为重要的统计数据，如以下几个方面。

- **赢利和亏损**（P 和 L）：应用该策略所赚的钱，不含交易费用。

- **净利润和亏损**（P 和 L 的净额）：应用该策略所赚的钱与交易费用。

- **曝光率**：投入的资金。

- **交易次数**：一个交易时段内的交易次数。

- **年化收益率**：一年的交易回报率。

- **夏普比率**：风险调整后的回报率。这个很重要，因为它会将策略的回报率与无风险策略进行比较。

虽然这部分内容将在后文详细介绍，但在本小节中，我们将讨论在给定的时间段内用初始资金测试策略。

为了进行回溯测试，将用一个仅包括一种股票的投资组合（债券和股票等金融资产的组合）：谷歌（GOOG）。我们将以 1000 美元开始这个投资组合：

```
initial_capital = float(1000.0)
```

现在，我们将为头寸和投资组合各创建一个数据框：

```
positions = pd.DataFrame(index=goog_data_signal.index).fillna(0.0)
portfolio = pd.DataFrame(index=goog_data_signal.index).fillna(0.0)
```

接下来，我们将把 GOOG 的头寸存储在下面的数据框中：

```
positions['GOOG'] = goog_data_signal['signal']
```

然后，我们将投资组合的 GOOG 头寸的金额存储在这一个数据框中：

```
portfolio['positions'] = (positions.multiply(goog_data_signal['price'], axis=0))
```

接下来，我们将计算非投资资金（现金）：

```
portfolio['cash'] = initial_capital_(positions.diff().multiply(goog_data_signal['price'],
axis=0)).cumsum()
```

将头寸和现金相加，计算出总投资额：

```
portfolio['total'] = portfolio['positions'] + portfolio['cash']
```

如图 1-6 所示，可以很容易地确定我们的策略是可带来赢利的。

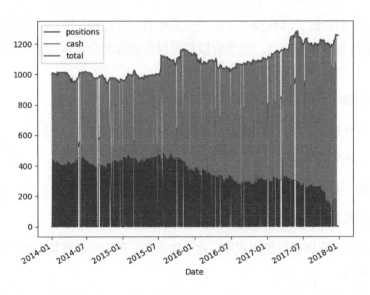

图 1-6

当创建一个交易策略时，我们有一笔初始资金（现金）。我们将用这笔现金（持有量）进行投资。这个投资的持有价值是基于其市场价值的。如果我们拥有一只股票，而这只股票的价格上涨，持有价值就会增加。当决定卖出时，我们就会把这次卖出对应的持有价值移到现金上。资产的总和就是现金和持股的总和。如图 1-6 所示，该策略是可带来赢利的，因为现金在最后是增加的。这样可以让你检查自己的交易思路是否能让你赚钱。

1.7　总结

在这一章中，你已经了解了交易世界，也了解了人们为什么要进行交易，并有能力描述关键的行为和交易系统，在你作为一个算法交易设计师的一生中你将与之互动。你也接触到了将在本书中用来构建交易机器人的工具。最后，你遇到了算法交易的第一次实施，通过编写第一个交易策略，实现了低买高卖的经济理念。我们观察到，这个策略远不是一个可以带来赢利且安全的策略。

在第 2 章中，我们将讨论如何使策略更高级，如何与更复杂的交易思想相联系，同时用 Python 实现这些策略。

第 2 部分

交易信息生成与交易策略

在第 2 部分中，你将了解到定量交易信号和交易策略是如何开发的，同时学习可用于市场研究和算法策略的设计。

本部分包括以下内容。

- 第 2 章　通过技术分析解读市场
- 第 3 章　通过基础机器学习预测市场

02

第 2 章

通过技术分析
解读市场

　　本章将介绍一些流行的技术分析方法,并展示在分析市场数据时如何应用它们。我们将使用市场趋势、支撑和阻力等方法执行基本的算法交易。

　　你可能在考虑,如何提出自己的策略,过去是否有可行的、较为直接的策略可供参考。

　　正如本书第 1 章中所描述的那样,人类交易资产的行为已有数十个世纪的历史了。为了增加利润或者有时只是为了保持相同的利润,就已经制定了许多策略。在这个零和博弈中,竞争是非常激烈的,因为它需要在交易模型和技术方面不断创新。在这场争夺最大份额的竞赛中,最重要的是要了解分析的基础,以便制定交易策略。在预测市场时,我们假设过去会在未来重演。那么为了预测未来的价格和数量,技术分析师则会研究历史市场数据。而市场数据以行为经济学和定量分析为基础分为两个主要领域。

　　一是图表模式。技术分析的这一方面基于识别交易模式并预测将来何时会重现,但这通常更难以实现。

　　二是技术指标。使用数学计算来预测金融市场的方向。技术指标非常多,足以单独编写一本有关该主题的书,它们由几个不同的主要领域组成:趋势、动量、交易量、波动率以及支撑和阻力。我们将以支撑和阻力策略为例,说明一种著名的技术分析方法。

　　本章将介绍以下主题。

- 基于趋势和动量指标设计交易策略。

- 基于基本技术分析创建交易信号。

- 在交易工具中贯彻高级概念，如季节性。

2.1　基于趋势和动量指标设计交易策略

基于趋势的交易策略和基于动量的交易策略非常相似。如果我们可以用一个比喻来说明两者的区别，那么基于趋势的交易策略使用的是速度，而基于动量的交易策略使用的是加速度。对于基于趋势的交易策略，我们会研究价格的历史数据。如果这个价格在过去固定的天数中持续上涨，我们就会假设价格会不断上涨，从而开出多头仓位。

基于动量的交易策略是一种基于过去行为强度发送订单的技术。价格动量是指价格的运动量。其基本规则是预测一个资产价格在某一方向上有强劲的走势，而且在未来会一直朝同一方向发展。我们将回顾一些表达市场动量的技术指标，前文提及的支撑和阻力是预测未来行为的指标示例。

支撑指标和阻力指标

在第 1 章中，我们解释了基于供求关系的价格演变原理。当供给增加时，价格下降；当需求上升时，价格上升。当价格出现下跌时，我们预计价格下跌情况会因为需求的集中而暂停。这个虚拟的极限被称为支撑线。由于价格变低，所以更容易找到买家。反之，当价格开始上升时，我们预计由于供应的集中，这种上升会暂停。这就是所谓的阻力线。它基于同样的原理，表明高价会导致卖家卖出。这就利用了投资者遵循这种价格低时买入，价格高时卖出的市场心理。

为了说明一个技术指标的例子（在本节中指支撑和阻力指标），我们将使用第 1 章中的数据。由于将多次使用该数据进行测试，因此请将该数据存储到磁盘上。这样可以帮助你节省重演数据的时间。为了避免股票分割带来的复杂性，我们将只取没有拆分的日期。因此，仅保留 620 天。让我们来看看下面的代码：

```
import pandas as pd
from pandas_datareader import data

start_date = '2014-01-01'
end_date = '2018-01-01'
SRC_DATA_FILENAME='goog_data.pkl'

try:
    goog_data2 = pd.read_pickle(SRC_DATA_FILENAME)
```

```
except FileNotFoundError:
    goog_data2 = data.DataReader('GOOG', 'yahoo', start_date, end_date)
    goog_data2.to_pickle(SRC_DATA_FILENAME)

goog_data=goog_data2.tail(620)
lows=goog_data['Low']
highs=goog_data['High']

import matplotlib.pyplot as plt

fig = plt.figure()
ax1 = fig.add_subplot(111, ylabel='Google price in $')
highs.plot(ax=ax1, color='c', lw=2.)
lows.plot(ax=ax1, color='y', lw=2.)
plt.hlines(highs.head(200).max(),lows.index.values[0],lows.index.values[-1],linewidth=2,
color='g')
    plt.hlines(lows.head(200).min(),lows.index.values[0],lows.index.values[-1],linewidth=2,
color='r')
    plt.axvline(linewidth=2,color='b',x=lows.index.values[200],linestyle=':')
    plt.show()
```

这段代码适用于以下内容。

- 检索了 2014 年 1 月 1 日至 2018 年 1 月 1 日期间雅虎财经网站的财务数据。

- 我们使用最大值和最小值来创建支撑和阻力极限，如图 2-1 所示。

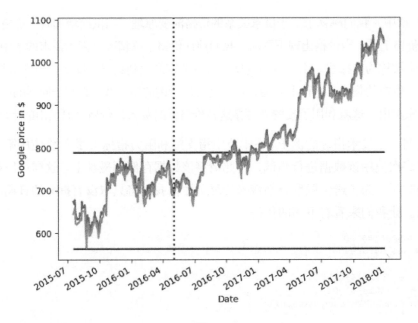

图 2-1

图 2-1 适用于以下情况（可参考下载版彩图解读细节）。

- 我们绘制了 GOOG（Google）价格的高点和低点。

- 绿线代表阻力位，红线代表支撑位。

- 为了绘制这些线，我们使用每日 GOOG 价格的最高点和 GOOG 价格的最低点。

- 在第 200 天（虚线垂直蓝线）之后，我们将在到达支撑线时买入，在到达阻力线时卖出。在这个例子中，我们使用了 200 天，这样我们就有足够的数据来估计趋势。

- 据观察，GOOG 价格将在 2016 年 8 月左右到达阻力线。这意味着，有了进入空仓（卖出）的信号。

- 一旦交易，在等待摆脱这个空头头寸时，GOOG 价格将到达支撑线。

- 有了这些历史数据，很容易注意到这种情况不会发生。这将导致在上涨的市场中带着空头仓位，却没有任何卖出信号，从而造成巨大的损失。

- 这就意味着，即使基于支撑线或阻力线的交易思路在经济行为上有很强的依据，但在现实中，我们也需要对这种交易策略进行修改才能使其发挥作用。

- 移动支撑线或阻力线以适应市场的演变将是交易策略效率的关键。

图 2-2 显示了 3 个固定大小的时间窗口，我们添加了认为足够接近极限（支撑位和阻力位）的容差。

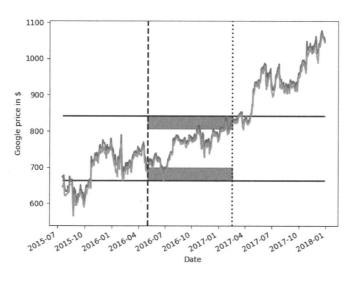

图 2-2

如果在第一个窗口之后采取新的 200 天窗口，支撑位或阻力位将被重新计算。我们观察到，由于价格不会回到支撑位，因此交易策略不会摆脱 GOOG 的头寸（而市场持续上涨）。

由于算法无法摆脱头寸，所以需要添加更多的参数来改变行为，以便输入头寸。以下参数可以添加到算法中以改变其头寸。

- 可以有一个较短的滚动窗口。

- 可以计算价格到达支撑线或阻力线的次数。

- 可以加上一个容忍度，认为支撑线或阻力线可以达到该值的一定百分比。

在创建交易策略时，这个阶段是至关重要的。你将从使用历史数据观察交易理念的表现开始，然后增加这个策略的参数数量，以适应更现实的测试案例。

在我们的例子中，可以再引入两个参数。

- 价格到达支撑线或阻力线所需的最少次数。

- 定义我们认为接近支撑线或阻力线的容忍度。

现在让我们看一下代码：

```python
import pandas as pd
import numpy as np
from pandas_datareader import data

start_date = '2014-01-01'
end_date = '2018-01-01'
SRC_DATA_FILENAME='goog_data.pkl'

try:
    goog_data = pd.read_pickle(SRC_DATA_FILENAME)
    print('File data found...reading GOOG data')
except FileNotFoundError:
    print('File not found...downloading the GOOG data')
    goog_data = data.DataReader('GOOG', 'yahoo', start_date, end_date)
    goog_data.to_pickle(SRC_DATA_FILENAME)

goog_data_signal = pd.DataFrame(index=goog_data.index)
goog_data_signal['price'] = goog_data['Adj Close']
```

在代码中，通过使用 pandas_datareader 库及类来收集数据。现在，让我们看一下将要实现交易策略的代码的另一部分：

```python
def trading_support_resistance(data, bin_width=20):
    data['sup_tolerance'] = pd.Series(np.zeros(len(data)))
```

```
    data['res_tolerance'] = pd.Series(np.zeros(len(data)))
    data['sup_count'] = pd.Series(np.zeros(len(data)))
    data['res_count'] = pd.Series(np.zeros(len(data)))
    data['sup'] = pd.Series(np.zeros(len(data)))
    data['res'] = pd.Series(np.zeros(len(data)))
    data['positions'] = pd.Series(np.zeros(len(data)))
    data['signal'] = pd.Series(np.zeros(len(data)))
    in_support=0
    in_resistance=0
    for x in range((bin_width - 1) + bin_width, len(data)):
        data_section = data[x - bin_width:x + 1]
        support_level=min(data_section['price'])
        resistance_level=max(data_section['price'])
        range_level=resistance_level-support_level
        data['res'][x]=resistance_level
        data['sup'][x]=support_level
        data['sup_tolerance'][x]=support_level + 0.2 * range_level
        data['res_tolerance'][x]=resistance_level - 0.2 * range_level

        if data['price'][x]>=data['res_tolerance'][x] and\
                                data['price'][x] <= data['res'][x]:
            in_resistance+=1
            data['res_count'][x]=in_resistance
        elif data['price'][x] <= data['sup_tolerance'][x] and \
                                data['price'][x] >= data['sup'][x]:
            in_support += 1
            data['sup_count'][x] = in_support
        else:
            in_support=0
            in_resistance=0
        if in_resistance>2:
            data['signal'][x]=1
        elif in_support>2:
            data['signal'][x]=0
        else:
            data['signal'][x] = data['signal'][x-1]

  data['positions']=data['signal'].diff()

trading_support_resistance(goog_data_signal)
```

前面的代码适用于以下内容。

- trading_support_resistance 函数定义了价格的时间窗口，用来计算阻力和支撑水平。

- 支撑位和阻力位的计算方法是取最高价和最低价然后相减，并加上20%的保证金。

- 我们用 diff 函数来计算何时下单。

- 当价格低于或高于支撑位或阻力位时，将进入多头头寸或空头头寸。为此，对于多头头寸我们将有 1，对于空头头寸我们将有 0。

使用代码将显示代表订单发出时间的图表：

```python
import matplotlib.pyplot as plt

fig = plt.figure()
ax1 = fig.add_subplot(111, ylabel='Google price in $')
goog_data_signal['sup'].plot(ax=ax1, color='g', lw=2.)
goog_data_signal['res'].plot(ax=ax1, color='b', lw=2.)
goog_data_signal['price'].plot(ax=ax1, color='r', lw=2.)
ax1.plot(goog_data_signal.loc[goog_data_signal.positions == 1.0].index,
         goog_data_signal.price[goog_data_signal.positions == 1.0],
         '^', markersize=7, color='k',label='buy')
ax1.plot(goog_data_signal.loc[goog_data_signal.positions == -1.0].index,
         goog_data_signal.price[goog_data_signal.positions == -1.0],
         'v', markersize=7, color='k',label='sell')
plt.legend()
plt.show()
```

代码运行后将返回图 2-3 所示的输出，显示了一个为期 20 天的滚动窗口，用于计算阻力位和支撑位。

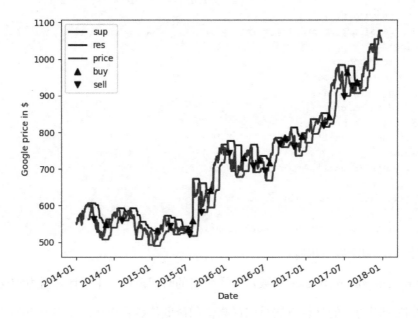

图 2-3

从图 2-3 中可以看出，当价格连续 2 天停留在阻力位容忍度时，就会发出买单；当价格连续 2 天停留在支撑位容忍度时，就会发出卖单。

在本节中，我们学习了基于趋势的交易策略和基于动量的交易策略的区别，并且实施了一个非常好用的基于支撑位和阻力位的动量交易策略。现在我们将探索新的思路，通过使用更多的技术分析来创建交易策略。

2.2 基于基本技术分析创建交易信号

本节将向你展示如何基于基本技术分析来建立交易信号。我们将从最常见的方法之一——简单移动平均线开始，并在此过程中讨论更多的先进技术。以下是将涵盖的信号。

- 简单移动平均线（Simple Moving Average，SMA）。
- 指数移动平均线（Exponential Moving Average，EMA）。
- 绝对价格振荡器（Absolute Price Oscillator，APO）。
- 异同移动平均线（Moving Average Convergence Divergence，MACD）。
- 布林带（Bollinger Bands，BBANDS）。
- 相对强弱指标（Relative Strength Indicator，RSI）。
- 标准偏差（Standard Deviation，STDEV），也称为标准差。
- 动量（Momentum，MOM）。

2.2.1 简单移动平均线

简单移动平均线，即 SMA，是一种基本的技术分析指标。简单移动平均线，从它的名字你可能已经猜到，它的计算方法是将某一工具在一定数量时间段的价格加起来除以时间段数。基本上就是一定数量时间段内的价格平均值，每个价格的权重相等。时长平均的时间段通常称为回顾期或历史记录。我们来看看下面的简单移动平均线的公式。

$$SMA = \frac{\sum_{i=1}^{N} P_i}{N}$$

P_i：时间段 i 的价格。

N：价格数或时间段数。

让我们实现一个简单的移动平均线，计算一个以 20 天为时间段的平均值。然后将 SMA 值与每日价格进行比较，应该很容易观察到 SMA 所达到的平滑性。

简单移动平均数的实现

在本节中，代码将演示如何实现一个简单的移动平均线，使用一个列表（history）来维护价格的移动窗口，以及一个列表（sma_values）来维护 SMA 值。

```python
import statistics as stats

time_period = 20 # number of days over which to average
history = [] # to track a history of prices
sma_values = [] # to track simple moving average values

for close_price in close:
  history.append(close_price)
  if len(history) > time_period: # we remove oldest price because we only average over last 'time_period' prices
    del (history[0])

  sma_values.append(stats.mean(history))

goog_data = goog_data.assign(ClosePrice=pd.Series(close,
index=goog_data.index))
goog_data = goog_data.assign(Simple20DayMovingAverage=pd.Series(sma_values,
index=goog_data.index))
close_price = goog_data['ClosePrice']
sma =goog_data['Simple20DayMovingAverage']

import matplotlib.pyplot as plt

fig = plt.figure()
ax1 = fig.add_subplot(111, ylabel='Google price in $')
close_price.plot(ax=ax1, color='g', lw=2., legend=True)
sma.plot(ax=ax1, color='r', lw=2., legend=True)
plt.show()
```

在前面的代码中，适用于以下内容：

- 我们使用 Python 统计包来计算历史值的平均值；

- 最后，使用 Matplotlib 将 SMA 与实际价格绘制在一起，以观察行为。

图 2-4 所示为以上代码的输出。

在图 2-4 中，我们不难发现，20 天均线起到了预期的平滑作用，并且均匀了实际股价的微观波动，从而产生了较为稳定的价格曲线。

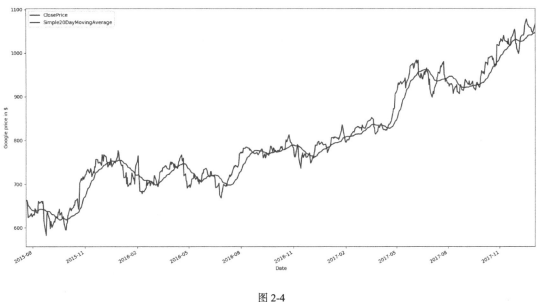

图 2-4

2.2.2　指数移动平均线

指数移动平均线，即 EMA，是时间序列数据中非常著名且应用广泛的技术分析指标。

EMA 类似于简单移动平均线，但是它并不是对历史记录上所有的价格赋予同等权重，而是将更高的权重放在最近的价格观测值上，将更早的价格观测值的权重降低。这是在努力捕捉新的价格观测值，因为新的价格比旧的价格有更多最新信息。也可以对旧的价格观测值赋予更高的权重，而对新的的价格观测值赋低较低的权重。这将试图体现长期趋势比短期波动的价格变动拥有更多信息的想法。

权重取决于 EMA 所选择的时间周期，时间周期越短，EMA 对新的价格观测值反应越大，即 EMA 对新的价格观测值收敛得越快，而对旧的观测值遗忘得越快，这也称为**快速** EMA。时间周期越长，EMA 对新的价格观测值的反应越小，即 EMA 对新的价格观测值收敛得越慢，而对旧的观测值遗忘得越慢，这也称为**慢速** EMA。

根据对 EMA 的描述，将其表述为：先对新的价格观测值施加一个权重系数 μ，再对 EMA 的当前值施加一个权重系数，即可得到新的 EMA 值。由于权重系数之和应该为 1，以保持 EMA 单位与价格单位相同，所以应用于 EMA 值的权重系数变成了 1-μ。因此，我们根据旧的 EMA 值和新的价格观测值，得到以下两个新的 EMA 值的公式，这两个公式的定义是一样的，只是以两种不同的形式编写：

$$EMA = \left(P - EMA_{\text{old}}\right) \times \mu + EMA_{\text{old}}$$

或者，有以下内容：

$$EMA = P \times \mu + \left(1 - \mu\right) \times EMA_{\text{old}}$$

P：工具的当前价格。

EMA_{old}：当前价格观察之前的 EMA 值。

μ：平滑常数，通常设置为 $2/(n+1)$。

n：时间段数（类似于我们在简单移动平均线中使用的时间段）。

指数移动平均线的实现

让我们实现一个以 20 天作为时间段的指数移动平均线。我们将使用默认的平滑系数 $2/(n+1)$ 来实现。与 SMA 类似，EMA 也实现了对正常日线价格的平滑化。EMA 的优点是允许我们用更高的权重对最近的价格进行加权，而不是像 SMA 那样进行均匀加权。

通过下面的代码中，将看到指数移动平均线的实现：

```
num_periods = 20 # number of days over which to average
K = 2 / (num_periods + 1) # smoothing constant
ema_p = 0
ema_values = [] # to hold computed EMA values

for close_price in close:
  if (ema_p == 0): # first observation, EMA = current-price
    ema_p = close_price
  else:
    ema_p = (close_price - ema_p) * K + ema_p

  ema_values.append(ema_p)

goog_data = goog_data.assign(ClosePrice=pd.Series(close,
index=goog_data.index))
goog_data =
goog_data.assign(Exponential20DayMovingAverage=pd.Series(ema_values,index=goog_data.index))
close_price = goog_data['ClosePrice']
ema = goog_data['Exponential20DayMovingAverage']

import matplotlib.pyplot as plt
```

```
fig = plt.figure()
ax1 = fig.add_subplot(111, ylabel='Google price in $')
close_price.plot(ax=ax1, color='g', lw=2., legend=True)
ema.plot(ax=ax1, color='b', lw=2., legend=True)
plt.savefig('ema.png')
plt.show()
```

前面的代码适用以下内容。

- 用一个列表（ema_values）来跟踪到目前为止计算出的 EMA 值。

- 在每一次新观察到收盘价上，我们都会衰减与旧的 EMA 值的差值，并更新旧的 EMA 值，以找到新的 EMA 值。

- 最后，Matplotlib 的图显示了 EMA 价格和非 EMA 价格之间的差异。

图 2-5 展示了上述代码的输出结果。

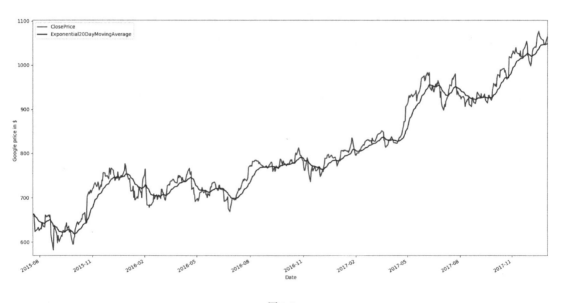

图 2-5

从图 2-5 中可以看出，EMA 与 SMA 具有非常相似的平滑效果，正如预期的那样，它降低了原始价格的噪声。然而在 EMA 中，除了参数之外，还有一个额外的参数 μ，可以控制新的价格观测值与旧的价格观测值的相对权重。这使我们可以通过改变参数来构建不同的 EMA 变体，即使对于相同的参数 N，也可以构建快速和慢速 EMA。我们将在后文中更多地探讨快速和慢速 EMA。

2.2.3 绝对价格振荡器

绝对价格震荡器，即 APO，是建立在价格移动平均线之上的一类指标，可用于捕捉价格的特定短期偏差。

绝对价格震荡器是通过寻找快速指数移动平均线和慢速指数移动平均线之间的差异来计算的。直观地说，它是想衡量较快的 EMA（EMA_{fast}）与较慢的 EMA（EMA_{slow}）的偏离程度。通常将巨大的差异解释为两种情况之一。

工具价格开始出现趋势或爆发，或者工具价格远离其均衡价格，换句话说，超买或超卖。

$$APO = EMA_{fast} \times EMA_{slow}$$

绝对价格振荡器的实现

现在我们来实现绝对价格震荡器，较快的 EMA 使用周期为 10 天，较慢的 EMA 使用周期为 40 天，两个 EMA 的默认平滑系数分别为 2/11 和 2/41。

```python
num_periods_fast = 10 # time period for the fast EMA
K_fast = 2 / (num_periods_fast + 1) # smoothing factor for fast EMA
ema_fast = 0

num_periods_slow = 40 # time period for slow EMA
K_slow = 2 / (num_periods_slow + 1) # smoothing factor for slow EMA
ema_slow = 0

ema_fast_values = [] # we will hold fast EMA values for visualization
purposes
ema_slow_values = [] # we will hold slow EMA values for visualization
purposes
apo_values = [] # track computed absolute price oscillator values

for close_price in close:
  if (ema_fast == 0): # first observation
    ema_fast = close_price
    ema_slow = close_price
  else:
    ema_fast = (close_price - ema_fast) * K_fast + ema_fast
    ema_slow = (close_price - ema_slow) * K_slow + ema_slow

  ema_fast_values.append(ema_fast)
  ema_slow_values.append(ema_slow)
  apo_values.append(ema_fast - ema_slow)
```

当价格迅速远离长期 EMA（突破）时，上述代码将生成具有较高正值和负值的 APO 值，可以有趋势启动的解释，这可能具有趋势启动超买/超卖的解释。现在，让我们将快速和慢速

EMA 进行可视化，并将生成的 APO 值可视化。

```
goog_data = goog_data.assign(ClosePrice=pd.Series(close,
index=goog_data.index))
goog_data =
goog_data.assign(FastExponential10DayMovingAverage=pd.Series(ema_fast_values,
index=goog_data.index))
goog_data =
goog_data.assign(SlowExponential40DayMovingAverage=pd.Series(ema_slow_values,
index=goog_data.index))
goog_data = goog_data.assign(AbsolutePriceOscillator=pd.Series(apo_values,
index=goog_data.index))
close_price = goog_data['ClosePrice']
ema_f = goog_data['FastExponential10DayMovingAverage']
ema_s = goog_data['SlowExponential40DayMovingAverage']
apo = goog_data['AbsolutePriceOscillator']

import matplotlib.pyplot as plt

fig = plt.figure()
ax1 = fig.add_subplot(211, ylabel='Google price in $')
close_price.plot(ax=ax1, color='g', lw=2., legend=True)
ema_f.plot(ax=ax1, color='b', lw=2., legend=True)
ema_s.plot(ax=ax1, color='r', lw=2., legend=True)
ax2 = fig.add_subplot(212, ylabel='APO')
apo.plot(ax=ax2, color='black', lw=2., legend=True)
plt.show()
```

前面的代码将返回图 2-6 所示的输出。

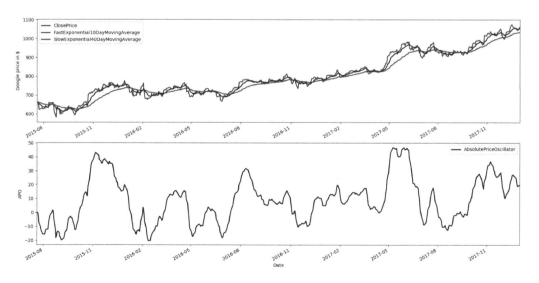

图 2-6

这里有一个观察就是快速 EMA 和慢速 EMA 之间的行为差异。快速 EMA 对新的价格观测结果反应较快，慢速 EMA 对新的价格观测结果反应较慢，衰减较慢。当价格向上突破时，APO 值为正，APO 值的大小反映了突破的幅度。当价格向下突破时，APO 值为负，APO 值的大小反映了突破的幅度。在本书后文中，我们将在实际的交易策略中使用这个信号。

2.2.4　异同移动平均线

异同移动平均线，即 MACD，是基于价格移动平均线的另一类指标。它比 APO 更进一步。

异同移动平均线是由 Gerald Appel 创造的。从本质上讲，它与绝对价格振荡器相似，因为它确定了快速指数移动平均线和慢速指数移动平均线之间的差异。然而，在 MACD 的情况下，我们将平滑指数移动平均线应用于 MACD 值，以获得 MACD 指标的最终信号输出。也可以选择查看 MACD 值与 MACD 值的 EMA 值（信号）之间的差异，并将其可视化为直方图。一个正确配置的 MACD 信号可以成功捕捉到趋势工具价格的方向、幅度和持续时间：

$$MACD = EMA_{\text{Fast}} - EMA_{\text{Slow}}$$

$$MACD_{\text{Signal}} = EMA_{\text{MACD}}$$

$$MACD_{\text{Histogram}} = MACD - MACD_{\text{Signal}}$$

异同移动平均线的实现

让我们来实现一个异同移动平均线信号，其中快速 EMA 周期为 10 天，慢速 EMA 周期为 40 天，默认平滑系数分别为 2/11 和 2/41：

```
num_periods_fast = 10 # fast EMA time period
K_fast = 2 / (num_periods_fast + 1) # fast EMA smoothing factor
ema_fast = 0

num_periods_slow = 40 # slow EMA time period
K_slow = 2 / (num_periods_slow + 1) # slow EMA smoothing factor
ema_slow = 0

num_periods_macd = 20 # MACD EMA time period
K_macd = 2 / (num_periods_macd + 1) # MACD EMA smoothing factor
ema_macd = 0

ema_fast_values = [] # track fast EMA values for visualization purposes
ema_slow_values = [] # track slow EMA values for visualization purposes
macd_values = [] # track MACD values for visualization purposes
```

```
macd_signal_values = [] # MACD EMA values tracker

macd_histogram_values = [] # MACD - MACD-EMA

for close_price in close:
 if (ema_fast == 0): # first observation
   ema_fast = close_price
   ema_slow = close_price
 else:
   ema_fast = (close_price - ema_fast) * K_fast + ema_fast
   ema_slow = (close_price - ema_slow) * K_slow + ema_slow

   ema_fast_values.append(ema_fast)
   ema_slow_values.append(ema_slow)
   macd = ema_fast - ema_slow # MACD is fast_MA - slow_EMA

 if ema_macd == 0:
   ema_macd = macd
 else:
   ema_macd = (macd - ema_macd) * K_slow + ema_macd # signal is EMA of MACD values

 macd_values.append(macd)
 macd_signal_values.append(ema_macd)
 macd_histogram_values.append(macd - ema_macd)
```

在前面的代码中，适用于以下情况。

- EMA_{MACD} 时间周期使用了 20 天，默认平滑系数为 2/21。

- 我们还计算了 $MACD_{Histogram}$ 值（$MACD-EMA_{MACD}$）。

让我们看一下绘制和可视化不同信号的代码，看看我们可以从中了解到什么：

```
goog_data = goog_data.assign(ClosePrice=pd.Series(close,
index=goog_data.index))
goog_data =
goog_data.assign(FastExponential10DayMovingAverage=pd.Series(ema_fast_values,
index=goog_data.index))
goog_data =
goog_data.assign(SlowExponential40DayMovingAverage=pd.Series(ema_slow_values,
index=goog_data.index))
goog_data =
goog_data.assign(MovingAverageConvergenceDivergence=pd.Series(macd_values,
index=goog_data.index))
goog_data =
goog_data.assign(Exponential20DayMovingAverageOfMACD=pd.Series(macd_signal_
values, index=goog_data.index))
goog_data =
goog_data.assign(MACDHistorgram=pd.Series(macd_historgram_values,
index=goog_data.index))
```

```
close_price = goog_data['ClosePrice']
ema_f = goog_data['FastExponential10DayMovingAverage']
ema_s = goog_data['SlowExponential40DayMovingAverage']
macd = goog_data['MovingAverageConvergenceDivergence']
ema_macd = goog_data['Exponential20DayMovingAverageOfMACD']
macd_histogram = goog_data['MACDHistorgram']

import matplotlib.pyplot as plt

fig = plt.figure()
ax1 = fig.add_subplot(311, ylabel='Google price in $')
close_price.plot(ax=ax1, color='g', lw=2., legend=True)
ema_f.plot(ax=ax1, color='b', lw=2., legend=True)
ema_s.plot(ax=ax1, color='r', lw=2., legend=True)
ax2 = fig.add_subplot(312, ylabel='MACD')
macd.plot(ax=ax2, color='black', lw=2., legend=True)
ema_macd.plot(ax=ax2, color='g', lw=2., legend=True)
ax3 = fig.add_subplot(313, ylabel='MACD')
macd_histogram.plot(ax=ax3, color='r', kind='bar', legend=True,
use_index=False)
plt.show()
```

上述的代码将返回图 2-7 所示的输出。

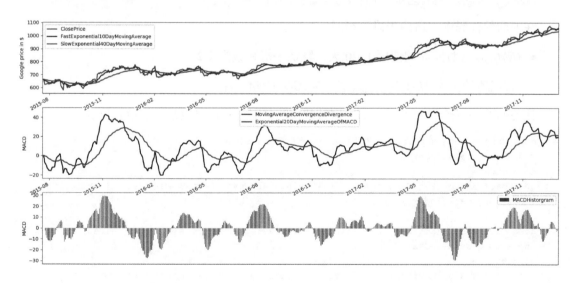

图 2-7

正如预期的那样，MACD 信号与 APO 信号非常相似，除此之外，EMA_{MACD} 是在原始 $MACD$ 值的基础上增加了一个平滑因子，通过平滑原始 $MACD$ 值的噪声来捕捉持久的趋势周期。最后，$MACD_{Histogram}$ 是两个序列中的差值，它可以捕捉到趋势开始或反转的时间段，

以及当 $MACD_{Histogram}$ 值在反转迹象后保持正值或负值时持久趋势的幅度。

2.2.5　布林带

布林带，即 BBANDS，也是建立在移动平均线之上的，但结合了近期的价格波动，使该指标对不同的市场情况有更强的适应性。现在我们就来详细讨论一下这个问题。

布林带是一个由 John Bollinger 开发的著名技术分析指标，它用于计算价格的移动平均线（你可以使用简单移动平均线、指数移动平均线或任何其他变体）。此外，它还通过将移动平均线作为平均价格来计算回溯期内价格的标准偏差。然后，创建一个上限区间（移动平均线加上一些标准价格偏差）以及一个下限区间（移动平均线减去多个标准价格偏差）。这个带通过将价格的移动平均线作为参考价格来代表价格的预期波动性。现在，当价格在这些带之外移动时，可以解释为突破或趋势信号，或者是超买或卖出均线回复信号。

让我们看看计算上布林带 $BBAND_{Upper}$ 和下布林带 $BBAND_{Lower}$ 的公式。首先，两者都取决于中间布林带 $BBAND_{Middle}$，它是前 n 个时间段（在本例中为最近 n 天）的简单移动平均线，用 $SMA_{n\text{-periods}}$ 表示。然后，通过在 $BBAND_{Middle}$ 上加或减（$\beta\delta$）来计算上下限，其中 δ 是标准偏差的乘积，β 是我们选择的标准偏差系数。选择的 β 值越大，信号的布林带宽就越大，所以它只是交易信号中控制信号宽度的一个参数。

$$BBAND_{Middle}=SMA_{n\text{-periods}}$$

$$BBAND_{Upper}=BBAND_{Middle}+（\beta\delta）$$

$$BBAND_{Lower}=BBAND_{Middle}-（\beta\delta）$$

在此，适用于以下情况。

β：我们选择的标准偏差系数

要计算标准偏差，首先要计算方差：

$$\sigma^2 = \frac{\sum_{i=1}^{n}\left(P_i - SMA\right)^2}{n}$$

然后标准偏差就是方差的平方根：

$$\sigma = \sqrt{\sigma^2}$$

布林带的实现

我们将以 20 天作为 SMA（$BBAND_{Middle}$）的时间段来实现布林带的可视化。

```python
import statistics as stats
import math as math

time_period = 20 # history length for Simple Moving Average for middle band
stdev_factor = 2 # Standard Deviation Scaling factor for the upper and lower bands

history = [] # price history for computing simple moving average
sma_values = [] # moving average of prices for visualization purposes
upper_band = [] # upper band values
lower_band = [] # lower band values

for close_price in close:
  history.append(close_price)
  if len(history) > time_period: # we only want to maintain at most
'time_period' number of price observations
    del (history[0])

sma = stats.mean(history)
sma_values.append(sma) # simple moving average or middle band

variance = 0 # variance is the square of standard deviation

for hist_price in history:
  variance = variance + ((hist_price - sma) ** 2)

stdev = math.sqrt(variance / len(history)) # use square root to get standard deviation
 upper_band.append(sma + stdev_factor * stdev)
 lower_band.append(sma - stdev_factor * stdev)
```

在前面的代码中，用 stdev 因子 $\beta=2$，从中间带计算出上限和下限，以及计算的标准偏差。

现在，让我们添加一些代码来可视化布林带，并进行一些观察：

```python
goog_data = goog_data.assign(ClosePrice=pd.Series(close,index=goog_data.index))
goog_data =
goog_data.assign(MiddleBollingerBand20DaySMA=pd.Series(sma_values,index=goog_data.index))
goog_data =
goog_data.assign(UpperBollingerBand20DaySMA2StdevFactor=pd.Series(upper_band,
index=goog_data.index))
goog_data =
goog_data.assign(LowerBollingerBand20DaySMA2StdevFactor=pd.Series(lower_band,
index=goog_data.index))
close_price = goog_data['ClosePrice']
mband = goog_data['MiddleBollingerBand20DaySMA']
uband = goog_data['UpperBollingerBand20DaySMA2StdevFactor']
lband = goog_data['LowerBollingerBand20DaySMA2StdevFactor']
```

```
import matplotlib.pyplot as plt

fig = plt.figure()
ax1 = fig.add_subplot(111, ylabel='Google price in $')
close_price.plot(ax=ax1, color='g', lw=2., legend=True)
mband.plot(ax=ax1, color='b', lw=2., legend=True)
uband.plot(ax=ax1, color='g', lw=2., legend=True)
lband.plot(ax=ax1, color='r', lw=2., legend=True)
plt.show()
```

前面的代码将返回图 2-8 所示的输出。

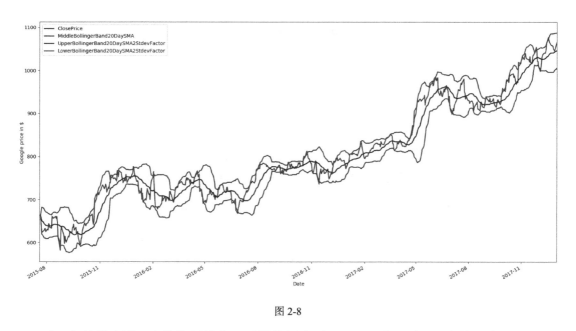

图 2-8

对于布林带来说，当价格保持在上下限范围内时，不必过多地关注。当价格穿越上限时，一种解释是价格正在向上突破，并将继续向上突破；另一种解释是交易工具已经超买，我们应该期待反弹回落。

当价格穿越下限时，一种解释是价格正在下跌，并将继续下跌；另一种解释是交易工具已经超卖，我们应该期待反弹回升。无论哪种情况，布林带都能帮助量化并捕捉这种情况发生的准确时间。

2.2.6 相对强弱指标

相对强弱指标，即 RSI（Relative Strength Indicator），与基于价格移动平均线的指标有很大不同，相对强度指标基于价格在不同时期的变化来捕捉价格变动的强度或幅度。

相对强弱指标是由 J.Welles Wilder 开发的，它包括一个回溯期，可用来计算该期间的收益或价格上涨的平均值的幅度，以及该期间的损失或价格下跌的平均值的幅度。然后，它计算出 RSI 值，将信号值归一化使其保持在 0～100，并试图捕捉是否有更多的收益相对于损失，或者是否有更多的损失相对于收益。RSI 值超过 50% 表示上升趋势，而 RSI 值低于 50% 表示下降趋势。

在最近的 n 个期间，适用以下条件：

$$Price > PreviousPrice => Absolute\ LossOver\ Period = 0$$

否则，适用于以下条件：

$$Absolute\ LossOver\ Period = PreviousPrice - Prices$$

$$Price < PreviousPrice => AbsoluteGainOverPeriod = 0$$

否则，适用于以下条件：

$$AbsoluteGainOverPeriod = Price - Previous\ Pricer$$

$$RelativeStrength\,(RS) = \frac{\dfrac{\sum|GainOverLastNPeriods|}{n}}{\dfrac{\sum|LossesOverLastNPeriods|}{n}}$$

$$RelativeStrength\,(RS) = \frac{\sum|GainOverLastNPeriods|}{\sum|LossesOverLastNPeriods|}$$

$$RelativeStrengthIndicator\,(RSI) = 100 - \frac{100}{(1 + RS)}$$

相对强弱指标的实现

现在，让我们在数据集上实现并可视化相对强弱指标：

```
import statistics as stats

time_period = 20 # look back period to compute gains & losses

gain_history = [] # history of gains over look back period (0 if no gain,
```

```
magnitude of gain if gain)
loss_history = [] # history of losses over look back period (0 if no loss,
magnitude of loss if loss)
avg_gain_values = [] # track avg gains for visualization purposes
avg_loss_values = [] # track avg losses for visualization purposes

rsi_values = [] # track computed RSI values

last_price = 0 # current_price - last_price > 0 => gain.current_price last_price < 0 => loss.

for close_price in close:
  if last_price == 0:
    last_price = close_price

 gain_history.append(max(0, close_price - last_price))
 loss_history.append(max(0, last_price - close_price))
 last_price = close_price

 if len(gain_history) > time_period: # maximum observations is equal to lookback period
    del (gain_history[0])
    del (loss_history[0])

 avg_gain = stats.mean(gain_history) # average gain over lookback period
 avg_loss = stats.mean(loss_history) # average loss over lookback period
 avg_gain_values.append(avg_gain)
 avg_loss_values.append(avg_loss)

 rs = 0
 if avg_loss > 0: # to avoid division by 0, which is undefined
   rs = avg_gain / avg_loss
   rsi = 100 - (100 / (1 + rs))
   rsi_values.append(rsi)
```

上述的代码，适用以下内容。

- 用 20 天作为计算平均收益和损失的时间段，然后根据公式将其归一化为 0～100 的
  数值。

- 对于价格一直在稳步上升的数据集，很明显的数值始终超过 50%或更多。

现在，来看看可视化最终信号以及所涉及的组件的代码：

```
goog_data = goog_data.assign(ClosePrice=pd.Series(close,
index=goog_data.index))
goog_data =
```

```
    goog_data.assign(RelativeStrengthAvgGainOver20Days=pd.Series(avg_gain_values,index=goog_
data.index))
    goog_data =
    goog_data.assign(RelativeStrengthAvgLossOver20Days=pd.Series(avg_loss_values,index=goog_
data.index))
    goog_data =
    goog_data.assign(RelativeStrengthIndicatorOver20Days=pd.Series(rsi_values,
    index=goog_data.index))
    close_price = goog_data['ClosePrice']
    rs_gain = goog_data['RelativeStrengthAvgGainOver20Days']
    rs_loss = goog_data['RelativeStrengthAvgLossOver20Days']
    rsi = goog_data['RelativeStrengthIndicatorOver20Days']

    import matplotlib.pyplot as plt

    fig = plt.figure()
    ax1 = fig.add_subplot(311, ylabel='Google price in $')
    close_price.plot(ax=ax1, color='black', lw=2., legend=True)
    ax2 = fig.add_subplot(312, ylabel='RS')
    rs_gain.plot(ax=ax2, color='g', lw=2., legend=True)
    rs_loss.plot(ax=ax2, color='r', lw=2., legend=True)
    ax3 = fig.add_subplot(313, ylabel='RSI')
    rsi.plot(ax=ax3, color='b', lw=2., legend=True)
    plt.show()
```

前面的代码将返回图 2-9 所示的输出。

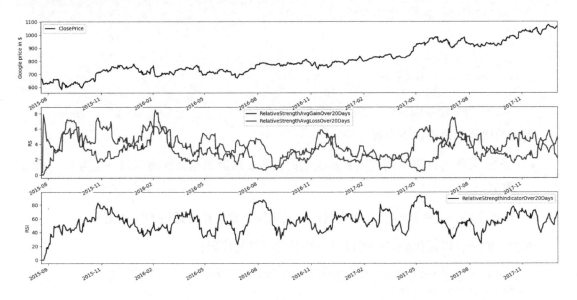

图 2-9

从对应用于数据集的 RSI 信号的分析中，可以得出的第一个观察结果是，在 20 天的时间段内，平均涨幅（AverageGain）往往超过了同一时间段内的平均亏损（AverageLoss），这在直观上是有意义的，因为该股票一直是一只非常成功的股票，其价值或多或少地持续增长。基于此，RSI 指标也在股票生命周期的大部分时间内保持在 50%以上，再次反映了该股票在其生命周期内的持续收益。

2.2.7　标准偏差

标准偏差，即 STDEV，是衡量价格波动性的一个基本指标，它可与很多其他技术分析指标结合使用以改善价格波动性。

标准偏差是一个标准的衡量标准。通过计算各个价格与平均价格的平方差，然后找到所有这些平方差的平均值来得到的值被称为方差，而标准偏差是通过取方差的平方根得到的。较大的 STDEV 是市场波动较大或预期价格变动较大的标志，因此交易策略需要将这种波动性的增加考虑到风险估计和其他交易行为中。

要计算标准偏差，首先要计算方差：

$$\sigma^2 = \frac{\sum_{i=1}^{n}\left(P_i - SMA\right)^2}{n}$$

然后，标准偏差就是方差的平方根：

$$\sigma = \sqrt{\sigma^2}$$

SMA：*n* 个时间段的简单移动平均数。

标准偏差的实现

让我们来看看下面的代码，它演示了标准偏差的实现。

我们要导入所需的统计数据和数学库来进行基本的数学运算。用变量 time_period 定义回送周期，并将在历史记录中存储过去的价格，同时将在 sma_values 和 stddev_values 中存储 SMA 和标准偏差。在代码中，先计算方差，然后计算标准偏差。最后，将结果附加到 goog_data 数据框中以显示图表：

```
import statistics as stats
import math as math


time_period = 20 # look back period
```

```
history = [] # history of prices
sma_values = [] # to track moving average values for visualization purposes
stddev_values = [] # history of computed stdev values
for close_price in close:
  history.append(close_price)
  if len(history) > time_period: # we track at most 'time_period' number of prices
    del (history[0])

  sma = stats.mean(history)
  sma_values.append(sma)

  variance = 0 # variance is square of standard deviation
  for hist_price in history:
    variance = variance + ((hist_price - sma) ** 2)

  stdev = math.sqrt(variance / len(history))
  stddev_values.append(stdev)

goog_data = goog_data.assign(ClosePrice=pd.Series(close,
index=goog_data.index))
goog_data =
goog_data.assign(StandardDeviationOver20Days=pd.Series(stddev_values,
index=goog_data.index))
close_price = goog_data['ClosePrice']
stddev = goog_data['StandardDeviationOver20Days']
```

前面的代码将构建最终的可视化效果：

```
import matplotlib.pyplot as plt

fig = plt.figure()
ax1 = fig.add_subplot(211, ylabel='Google price in $')
close_price.plot(ax=ax1, color='g', lw=2., legend=True)
ax2 = fig.add_subplot(212, ylabel='Stddev in $')
stddev.plot(ax=ax2, color='b', lw=2., legend=True)
plt.show()
```

前面的代码将返回图 2-10 所示的输出。

在这里，标准偏差量化了过去 20 天内价格变动的波动性。当谷歌股价在过去 20 天内暴涨、暴跌或经历重大的变化时，波动率就会飙升。我们将在后文中重新审视标准偏差这个重要的波动率衡量指标。

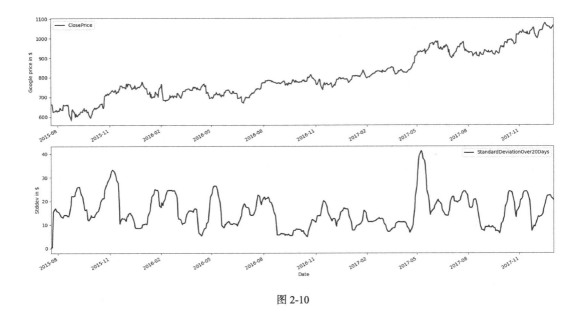

图 2-10

2.2.8 动量

动量，即 MOM，是衡量价格移动速度和幅度的重要指标。它通常是基于趋势或突破的交易算法的一个关键指标。

在简单的形式中，动量只是当前价格和过去一些固定时间段的价格之间的差异。如果动量值连续为正，则说明呈现上升趋势；如果动量值连续为负，则说明呈现下降趋势。通常情况下，我们使用 MOM 指标的简单移动平均线或指数移动平均线来检测持续趋势，如下所示：

$$MOM = Price_t - Price_{t-n}$$

在此，适用于以下条件。

- $Price_t$：时刻 t 的价格。
- $Price_{t-n}$：时间段 $t-n$ 的价格。

动量的实现

现在，让我们来看一下演示动量实现的代码：

```
time_period = 20 # how far to look back to find reference price to compute momentum

history = [] # history of observed prices to use in momentum calculation
mom_values = [] # track momentum values for visualization purposes
```

```
for close_price in close:
  history.append(close_price)
  if len(history) > time_period: # history is at most 'time_period' number of observations
    del (history[0])

  mom = close_price - history[0]
  mom_values.append(mom)
```

这维护了过去价格的列表记录，并在每一次新的观察中，都会将动量计算为当前价格与几天前价格 time_period 之间的差，在本例中，这个差值是 20 天。

```
goog_data = goog_data.assign(ClosePrice=pd.Series(close,index=goog_data.index))
goog_data =
goog_data.assign(MomentumFromPrice20DaysAgo=pd.Series(mom_values,index=goog_data.index))
close_price = goog_data['ClosePrice']
mom = goog_data['MomentumFromPrice20DaysAgo']

import matplotlib.pyplot as plt

fig = plt.figure()
ax1 = fig.add_subplot(211, ylabel='Google price in $')
close_price.plot(ax=ax1, color='g', lw=2., legend=True)
ax2 = fig.add_subplot(212, ylabel='Momentum in $')
mom.plot(ax=ax2, color='b', lw=2., legend=True)
plt.show()
```

前面的代码将返回图 2-11 所示的输出。

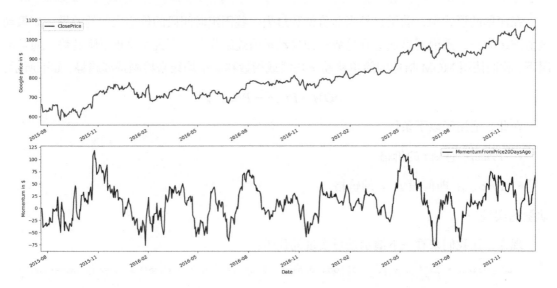

图 2-11

动量的曲线图向我们展示了以下内容。

- 当股价与 20 天前的价格相比变化较大时，动量值就会达到峰值。

- 在这里，大多数动量值都是正值，主要是因为，正如我们在 2.2.7 小节所讨论的那样，该股票的价值一直在增加，并且时常有较大的上升动量值。

- 在股价价值下降的短暂时期，我们可以观察到负的动量值。

在本节中，我们学习了如何根据技术分析创建交易信号。在 2.3 节中，我们将学习如何在交易工具中贯彻高级概念，如季节性。

2.3 在交易工具中贯彻高级概念，如季节性

在交易中，我们收到的价格是在恒定时间间隔上的数据点的集合，称为时间序列。它们是与时间相关的，可以有增加或减小的趋势和季节性趋势，换句话说，有特定时间段的变化。与其他零售产品一样，金融产品在不同季节也会遵循趋势和季节性。季节性影响有多种：周末、月度、节假日。

在本节中，我们将使用 2001—2018 年的 GOOG 数据来研究基于月份的价格变化。

（1）编写代码并将数据按月重新分组，计算并返回月度收益，然后在直方图中比较这些收益。我们会观察到 GOOG 在 10 月的回报率较高。

```python
import pandas as pd
import matplotlib.pyplot as plt
from pandas_datareader import data

start_date = '2001-01-01'
end_date = '2018-01-01'
SRC_DATA_FILENAME='goog_data_large.pkl'

try:
  goog_data = pd.read_pickle(SRC_DATA_FILENAME)
  print('File data found...reading GOOG data')
except FileNotFoundError:
  print('File not found...downloading the GOOG data')
  goog_data = data.DataReader('GOOG', 'yahoo', start_date,
end_date)
  goog_data.to_pickle(SRC_DATA_FILENAME)

goog_monthly_return=goog_data['Adj Close'].pct_change().groupby(
  [goog_data['Adj Close'].index.year,goog_data['Adj Close'].index.month]).mean()
```

```
goog_montly_return_list=[]

for i in range(len(goog_monthly_return)):
  goog_montly_return_list.append\
      ({'month':goog_monthly_return.index[i][1],
        'monthly_return': goog_monthly_return[i]})

goog_montly_return_list=pd.DataFrame(goog_montly_return_list,
columns=('month','monthly_return'))
goog_montly_return_list.boxplot(column='monthly_return', by='month')

ax = plt.gca()
labels = [item.get_text() for item in ax.get_xticklabels()]
labels=['Jan','Feb','Mar','Apr','May','Jun','Jul','Aug','Sep','Oct','Nov','Dec']
ax.set_xticklabels(labels)
ax.set_ylabel('GOOG return')
plt.tick_params(axis='both', which='major', labelsize=7)
plt.title("GOOG Monthly return 2001-2018")
plt.suptitle("")
plt.show()
```

前面的代码将返回图 2-12 所示的输出，代表 GOOG 的月度收益。

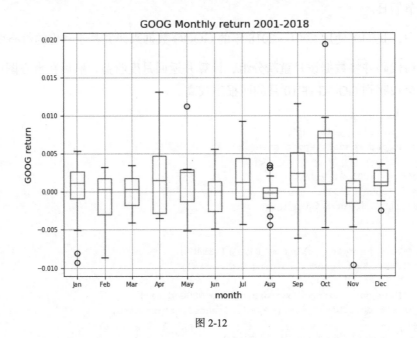

图 2-12

在图 2-12 中，我们观察到有重复的模式。10 月似乎是收益最高的月份，不像 11 月，我们观察到收益下降。

（2）由于它是一个时间序列，我们将研究它的平稳性（均值、方差随时间保持不变）。在下面的代码中检查这个属性，因为下面的时间序列模型是在时间序列平稳的假设下工作的，例如：

- 恒定均值；

- 恒定方差；

- 时间无关的自协方差。

```
# Displaying rolling statistics
def plot_rolling_statistics_ts(ts, titletext,ytext, window_size=12):
    ts.plot(color='red', label='Original', lw=0.5)
    ts.rolling(window_size).mean().plot(color='blue',label='Rolling Mean')
    ts.rolling(window_size).std().plot(color='black', label='Rolling Std')

    plt.legend(loc='best')
    plt.ylabel(ytext)
    plt.title(titletext)
    plt.show(block=False)

plot_rolling_statistics_ts(goog_monthly_return[1:],'GOOG prices rolling mean and standard
deviation','Monthly return')

plot_rolling_statistics_ts(goog_data['Adj Close'],'GOOG prices rolling mean and standard
deviation','Daily prices',365)
```

前面的代码将返回图 2-13 和图 2-14 所示输出，我们将使用两个不同的时间序列来比较其差异。

- 其中一张显示的是 GOOG 的日价格，另一张显示的是 GOOG 的月收益。

- 我们观察到，当使用日价格而不是使用日收益时，滚动平均数和滚动方差并不恒定。

- 这意味着代表日价格的第一个时间序列不是固定的。因此，我们需要使这个时间序列保持平稳。

- 一个时间序列的非平稳性，一般可以归结为两个因素：趋势和季节性。

图 2-13 显示了 GOOG 的日价格。

观察 GOOG 日价格的图，可以说明以下几点。

- 可以看到价格随着时间的推移在增长，这是一种趋势。

- 观察到的 GOOG 日价格的波动效应来自季节性。

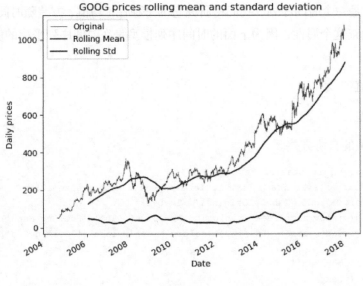

图 2-13

- 当一个时间序列平稳时，我们可通过建模从初始数据中去除趋势和季节性。

- 一旦找到一个可以预测没有季节性和趋势的数据的未来值的模型，我们就可以应用季节性和趋势值来得到实际的预测数据。

图 2-14 展示了 GOOG 的月收益。

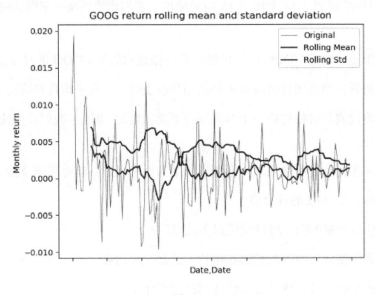

图 2-14

对于使用 GOOG 日价格的数据，只需从日价格中减去移动平均线，就可以消除趋势，从而得到图 2-15。

- 现在可以观察到趋势消失了。

- 此外，去除季节性因素可以应用差异化。

- 对于差异化，我们将计算连续两天的差值，然后将差值作为数据点。

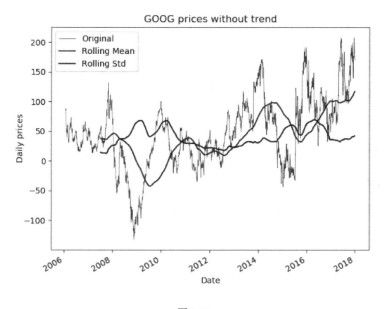

图 2-15

 建议大家看一本关于时间序列的书，以便进行更深入的分析：*Practical Time Series Analysis: Master Time Series Data Processing, Visualization, and Modeling Using Python*。

（3）为了证实我们的理解，代码使用了流行的统计检验——增强的 Dickey-Fuller 检验。

- 这可以确定时间序列中是否存在单位根。

- 如果存在单位根，则时间序列不是平稳的。

- 这个检验的零假设是序列有单位根。

- 如果拒绝零假设，这意味着没有找到单位根。

- 如果不能拒绝零假设，可以说时间序列不是平稳的。

```
def test_stationarity(timeseries):
  print('Results of Dickey-Fuller Test:')
  dftest = adfuller(timeseries[1:], autolag='AIC')
  dfoutput = pd.Series(dftest[0:4], index=['Test Statistic', 'p-
value', '#Lags Used', 'Number of Observations Used'])
  print (dfoutput)

test_stationarity(goog_data['Adj Close'])
```

（4）这个检验结果的 p 值为 0.99。因此，该时间序列不是平稳的。让我们来看看另一个检验。

```
test_stationarity(goog_monthly_return[1:])
```

这个检验结果的 p 值小于 0.05。因此，我们不能说时间序列不平稳，我们建议在研究金融产品时使用日收益。在稳定的例子中，我们注意到是不需要进行上述变换处理的。

（5）时间序列分析的最后一步是预测时间序列，有两种可能的情况。

① 严格的稳定序列，不存在数值间的依赖关系。我们可以用常规的线性回归来预测值。

② 数值之间有依赖性的序列。我们将被迫使用其他统计模型。在本章中，选择重点使用自动回归综合移动平均数（AutoRegression Integrated Moving Averages，ARIMA）模型，这个模型有 3 个参数。

- 自回归（Autoregressive，AR）项(p)是因变量的标志。例如对于 3，$x(t)$的预测因素是 $x(t-1)+x(t-2)+x(t-3)$。

- 移动平均（Moving average，MA）项(q)是预测误差的标志。例如对于 3，$x(t)$的预测因子是 $e(t-1)+e(t-2)+e(t-3)$，其中 $e(i)$是移动平均数与实际值的差值。

- 微分（d）是在数值之间应用微分 d 次，正如我们在研究 GOOG 日价格时所解释的那样。如果 $d=1$，就用两个连续值之间的差值进行。

$AR(p)$ 和 $MA(q)$ 的参数值可以分别用自相关函数（Autocorrelation Function，ACF）和部分自相关函数（Partial Autocorrelation Function，PACF）找到。

```
from statsmodels.graphics.tsaplots import plot_acf
from statsmodels.graphics.tsaplots import plot_pacf
from matplotlib import pyplot

pyplot.figure()
pyplot.subplot(211)
plot_acf(goog_monthly_return[1:], ax=pyplot.gca(),lags=10)

pyplot.subplot(212)
```

```
plot_pacf(goog_monthly_return[1:],ax=pyplot.gca(),lags=10)

pyplot.show()
```

现在，让我们看一下代码的输出，如图 2-16 所示。

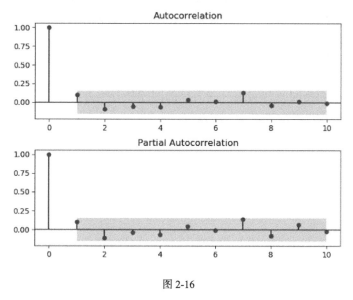

图 2-16

在观察图 2-15 和图 2-16 时，你可以在 0 的两侧画出置信区间。我们将利用这个置信区间来确定 AR(p)和 MA(q)的参数值。

- q：当 ACF 第一次越过上置信区间时，滞后值为 $q=1$。

- p：当 PACF 第一次越过上置信区间时，滞后值为 $p=1$。

（6）这两张图建议使用 $q=1$ 和 $p=1$，我们将在下面的代码中应用 ARIMA 模型。

```
from statsmodels.tsa.arima_model import ARIMA
model = ARIMA(goog_monthly_return[1:], order=(2, 0, 2))
fitted_results = model.fit()
goog_monthly_return[1:].plot()
fitted_results.fittedvalues.plot(color='red')
plt.show()
```

如上述代码所示，将 ARIMA 模型应用于时间序列，它代表的是月收益。

2.4 总结

在本章中，我们基于供求关系的直观想法（这些是驱动市场价格的基本力量）探讨了产生交易信号的概念，如支撑和阻力，还简要探讨了如何利用支撑和阻力来实施简单的交易策略。然后，研究了各种技术分析指标，解释了它们背后的直觉，并实施和可视化了它们在不同价格变动中的行为。接下来介绍并实现了高级数学方法背后的思想，如自回归（AR）、移动平均线（MA）、微分（D）、自动相关函数（ACF）和部分自相关函数（PACF），用于处理非稳定的时间序列数据集。最后，我们简单介绍了一个高级概念，如季节性，它解释了金融数据集中如何存在重复模式，基本的时间序列分析和稳定或非稳定时间序列的概念，以及如何建模显示这种行为的金融数据。

在第 3 章中，我们将回顾和实现一些简单的回归和分类方法，并了解将监督统计学习方法应用于交易的优势。

03

第3章

通过基础机器学习预测市场

在第 2 章中，我们学习了如何设计交易策略、创建交易信号以及实施高级概念，例如交易工具的季节性。更仔细地理解这些概念涉及广阔的领域，包括随机过程、随机漫步、鞅和时间序列分析，你可以按照自己的节奏去探索。

那么接下来讲什么呢？让我们了解一种更先进的预测和预报方法：统计推理和预测。这就是所谓的机器学习，其基本原理是在 19 世纪和 20 世纪初发展起来的，并且一直在发展。近来，由于可以获得极具成本效益的处理能力和易于获得的大型数据集，人们对机器学习算法及其应用的兴趣再度上升。机器学习是一个庞大的领域，处于线性代数、多元微积分、概率论、频率论和贝叶斯统计学的交叉点，而深入分析机器学习也超出了本书的范围。然而，机器学习方法在 Python 中非常容易理解并且相当直观，所以我们将解释这些方法背后的直觉，并看看它们如何在算法交易中应用。首先，让我们介绍一些基本概念和符号。

本章将介绍以下主题。

- 了解术语和符号。

- 使用线性回归方法创建预测模型。

- 使用线性分类方法创建预测模型。

3.1 了解术语和符号

为了快速拓宽思路并建立关于供求关系的"直觉",我们有一个简单且完全假设的数据集,其中包括从调查中获得的几个随机样本的身高(Height)、体重(Weight)和种族(Race)。让我们来看看这个数据集,如表 3-1 所示(1inch=25.4mm,1lb≈0.454kg)。

表 3-1

Height /inch	Weight /lb	Race
72	180	Asian
66	150	Asian
70	190	African
75	210	Caucasian
64	150	Asian
77	220	African
70	200	Caucasian
65	150	African

让我们来看看各个字段。

- 以英寸(inch)为单位的身高和以磅(lb)为单位的体重都是连续数据类型,因为它们可以取任何值,比如 65、65.123 和 65.3456667。

- Race 是一个分类数据类型的例子,在字段中可以使用的可能值的数量是有限的。在这个例子中,我们假设可能的值是 Asian、African 和 Caucasian。

现在,给定这个数据集,我们的任务是建立一个数学模型,该模型可以从我们提供的数据中学习。在这个例子中,我们试图学习的任务或目标是找到一个人的体重与身高和种族之间的关系。直觉上,很明显,身高将起到主要作用(高个子可能更重),而种族的影响应该很小。种族可能会对一个人的身高有一些影响,但是一旦知道了身高,知道他们的种族也能为预测一个人的体重提供较少的额外信息。在这个特殊的问题中请注意,数据集中除了他们的身高和种族之外,还提供了样本的体重。

由于我们是在试图学习如何预测已知的变量,因为这是一个监督学习问题。如果不提供体重变量,而要求我们根据身高和种族来预测某人是否比别人更重,这就是一个无监督学习问题。在本章的范围内,我们将只关注监督学习问题,因为这是机器学习在算法交易中较典型的使用案例。

在这个例子中需要解决的另一个问题是,在该示例中,我们试图将体重作为身高和种族的函数进行预测。所以我们正试图预测一个连续变量。这被称为回归问题,因为这种模型的输出是连续的值。如果我们的任务是预测一个人的种族作为其身高和体重的函数，那么在这种情况下，我们将试图预测一个分类变量类型。这就是所谓的分类问题，因为这种模型的输出将是一组有限的离散值中的一个值。

当我们开始解决这个问题时，将从一个已经可用的数据集开始，并在这个数据集上训练我们选择的模型。这个过程被称为训练模型。我们将使用提供的数据来猜测我们选择的学习模型的参数（我们将在后文详细说明这意味着什么）。这被称为参数学习模型的统计推理。还有一些非参数学习模型，需要我们尝试记住到目前为止所看到的数据，以便对新数据进行猜测。

一旦完成了模型的训练，我们将用它来预测还没有看到的数据的权重。很显然，这是我们感兴趣的部分。根据从未见过的数据，我们能否预测权重？这就是所谓的测试模型，用于测试的数据集被称为测试数据。使用一个通过统计推理学习到参数的模型，来对以前从未见过的数据进行预测，这个任务被称为统计预测或预测。

我们需要能够理解如何区分一个好的模型和一个坏的模型的指标。对于不同的模型，有几个众所周知的、好理解的性能指标。对于回归预测问题，我们应该尽量减少目标变量的预测值和实际值之间的差异。这个误差项被称为残差，残差越大意味着模型越差。在回归分析中，我们试图最小化这些残差的总和，或者最小化这些残差的平方和（平方和的作用是对大的离群值进行更强烈的"惩罚"，后文会详细介绍）。回归问题最常用的指标是 R^2，它可以跟踪解释方差与未解释方差的比率。

在根据身高和种族猜测体重的简单假设预测问题中，假设模型预测的体重是 170，实际体重是 160。在这种情况下，误差为 160-170=-10，绝对误差为|-10|=10，平方误差为 $(-10)^2=100$。在分类问题中，我们要确保预测值与实际值的离散值相同。当我们预测的标签与实际标签不同时，这就是误分类或误差。很明显，准确预测的数量越多，模型就越好，但它会更复杂。我们把有一些指标留到更高级的文本中，如混淆矩阵、接收器工作特性和曲线下面积。比方说，在修改后的根据身高和体重猜测种族的假设问题中，我们猜测的种族是 Caucasian，而正确的种族是 African。这就被认为是一个错误，我们可以把所有这样的错误汇总起来，找出所有预测的总误差。会在本书的后文更多地讨论这个问题。

到目前为止，我们一直在用假设的例子来进行讨论，让我们把目前遇到的术语联系起来，看看它是如何应用于金融数据集的。正如我们提到的，监督学习方法在这里是十分常见的，因为在历史金融数据中，我们能够从数据中测量价格的变动。我们只是想预测价格，如果一个价格从当前的价格上涨或下跌，那么这就是一个有两个预测标签——Price goes up 和 Price goes down 的分类问题。也可以有 3 个预测标签，如 Price goes up、Price goes down 和 Price remained the same。但是，如果我们想预测价格变动的幅度和方向，那么这是一个回归问题，输出的例子可以是 Price 变动+10.2 美元，也就是说预测价格会上涨 10.2 美元。训练数据集是由历史数据生成的，它可以是训练模型时没有用到的历史数据，也可以是实盘交易时的实际市场数据。我们除了用交易策略产生的 PnL 外，还可用我们上面列出的指标来衡量模型的准确性。在完成介绍之后，现在我们来详细了解一下这些方法，首先是回归方法。

探索我们的金融数据集

在开始应用机器学习技术建立预测模型之前，我们需要借助这里列出的步骤对数据集进行一些探索性的数据整理。当涉及将高级方法应用于金融数据集时，这往往是一个大而且被低估的前提条件。

（1）**获取数据**：我们将继续使用第 2 章中使用的股票数据。

```
import pandas as pd
from pandas_datareader import data

def load_financial_data(start_date, end_date, output_file):
    try:
        df = pd.read_pickle(output_file)
        print('File data found...reading GOOG data')
    except FileNotFoundError:
        print('File not found...downloading the GOOG data')
        df = data.DataReader('GOOG', 'yahoo', start_date, end_date)
        df.to_pickle(output_file)

    return df
```

在代码中，我们重新审视了如何下载数据并实现了 load_financial_data 方法，我们可以继续使用。如下所示的代码也可以调用它。

```
goog_data = load_financial_data( start_date='2001-01-01', end_date='2018-01-01', output_file='goog_data_large.pkl')
```

该代码将从 GOOG 股票数据中下载 2001—2018 年这 17 年的金融数据。现在，让我们继续下一步。

（2）**创建我们想要预测的目标或交易条件**：现在我们知道如何下载数据，我们需要对其进行操作以提取预测模型的目标（也称为响应或因变量）试图有效地预测。

在我们预测体重的假设例子中，体重是我们的响应变量。对于算法交易来说，常见的目标是能够预测未来的价格是多少，这样我们就可以在现在的市场上建立头寸，从而在未来获得利润。如果我们将响应变量建模为"未来价格–当前价格",那么我们就试图预测未来价格相对于当前价格的方向(是上涨,是下跌,还是保持不变),以及价格变化的幅度。所以这些变量可以是+10、+3.4、−4 等。这就是我们将用于回归模型的响应变量方法,我们将在后文更详细地研究它。响应变量的另一个变体是只预测方向但忽略幅度。换句话说,+1 表示未来价格上涨,−1 表示未来价格下跌,0 表示未来价格与当前价格保持不变。这就是我们将用于分类模型的响应变量方法,我们将在后文探讨。让我们用下面的代码来实现这些响应变量的生成:

```
def create_classification_trading_condition(df):
    df['Open-Close'] = df.Open - df.Close
    df['High-Low'] = df.High - df.Low
    df = df.dropna()
    X= df[['Open-Close', 'High-Low']]
    Y= np.where(df['Close'].shift(-1) > df['Close'], 1, -1)

    return (X, Y)
```

这段代码适用于以下情况。

- 如果明天的收盘价高于今天的收盘价,则分类响应变量为+1;如果明天的收盘价低于今天的收盘价,则分类响应变量为−1。

- 在本例中,我们假设明天的收盘价与今天的收盘价不一样,我们可以选择通过创建第 3 个分类值 0 来处理。

回归的响应变量是 Close price tomorrow-Close price today for each day。我们来看一下代码。

```
def create_regression_trading_condition(df):
    df['Open-Close'] = df.Open - df.Close
    df['High-Low'] = df.High - df.Low
    df = df.dropna()
    X = df[['Open-Close', 'High-Low']]
    Y = df['Close'].shift(-1) - df['Close']

    return (X, Y)
```

这段代码适用于以下情况。

- 如果明天价格上涨则响应变量为正值,如果明天价格下跌则响应变量为负值,如果价格不变则响应变量为零。

- 响应变量的大小反映了价格变动的幅度。

(3)**将数据集划分为训练数据集和测试数据集**:关于交易策略的一个关键问题是,它在交易策略未见过的市场条件或数据集上的表现如何。在未被用于训练预测模型的数据集上的交易表现通常被称为该交易策略的样本外表现。这些结果被认为代表了交易策略在真实市场中运行时的预期。一般来说，我们将所有可用的数据集划分为多个分区，然后对在一个数据集上训练的模型进行评估，而不是在训练它时使用的数据集上进行评估（之后还可以选择在另一个数据集上进行验证）。就模型而言，我们将把数据集划分为两个数据集：训练数据集和测试数据集。让我们来看一下代码：

```
from sklearn.model_selection import train_test_split

def create_train_split_group(X, Y, split_ratio=0.8):
    return train_test_split(X, Y, shuffle=False, train_size=split_ratio)
```

这段代码适用于以下情况。

- 我们使用了默认分割比例，将整个数据集的 80% 用于训练，剩下的 20% 用于测试。

- 有更高级的拆分方法来考虑基础数据的分布（比如我们希望避免最后得到的训练或测试数据集不能真正代表实际市场情况）。

3.2 使用线性回归方法创建预测模型

现在，我们知道了如何获得所需要的数据集，如何量化我们试图预测的东西（目标），以及如何将数据分成训练数据集和测试数据集来评估训练模型，让我们深入地将一些基本的机器学习技术应用到我们的数据集上。

- 首先，我们将从回归方法开始，它可以是线性的，也可以是非线性的。

- 普通最小二乘法（Ordinary Least Squares，OLS）是基本的线性回归方法，我们将从这里开始。

- 然后，我们将研究 LASSO 和 Ridge 回归，它们是 OLS 的扩展，但它们包括正则化和收缩特征（我们将在后文详细讨论这些方面）。

- 弹性网络是 LASSO 和 Ridge 两种回归方法的结合。

- 最后一种回归方法将是决策树回归，它能够拟合非线性模型。

3.2.1 普通最小二乘法

给定目标变量的 $m \times 1$ 个观测值，$m \times 1$ 行特征值，以及每一行 $1 \times n$ 的维度，OLS 试图找

到维度 $n \times 1$ 的权重，使目标变量与线性近似预测的预测变量之间的残差平方和最小。

- $\min \|X \cdot W - y\|_2^2$，这是方程 $X \cdot W = y$ 的最佳拟合度，其中 X 是特征值的 $m \times n$ 矩阵，W 是分配给 n 个特征值中每个特征值的权重或系数的 $n \times 1$ 矩阵或向量，y 是我们训练数据集上目标变量观测值的 $m \times 1$ 矩阵或向量。

下面是一个 $m=4$ 和 $n=2$ 的矩阵操作的例子：

$$\min \left\| \begin{bmatrix} x_{00} & x_{01} \\ x_{10} & x_{11} \\ x_{20} & x_{21} \\ x_{30} & x_{31} \end{bmatrix} \cdot \begin{bmatrix} w_0 \\ w_1 \end{bmatrix} - \begin{bmatrix} x_0 \\ x_1 \\ x_2 \\ x_3 \end{bmatrix} \right\|_2^2$$

- 直观地讲，对于单一特征变量和单一目标变量的 OLS，我们很容易理解，可把它想象成一条具有最佳拟合度的线。

- OLS 只是在更高的维度上概括了这个简单的想法，其中包含数万个观测值和数千个特征值。典型的设置要大更多（相对于特征值的数量而言，观测值要多很多），否则不能保证解决方案是唯一的。

- 在 $w = \dfrac{A^{\mathrm{T}} \cdot y}{A^{\mathrm{T}} \cdot A}$ 时，这个问题有闭合形式的解决方案，但是在实践中，这些都是通过迭代解决方案更好地实现的，但我们暂时跳过这些细节。

- 之所以我们更倾向于最小化误差项的平方和，是为了让大规模的离群值受到更严厉的惩罚，而不至于最后把整个拟合结果都丢掉。

OLS 除了假设目标变量是特征值的线性组合外，还有很多基本假设，比如特征值本身的独立性，以及正态分布的误差项。图 3-1 展示了一个非常简单的例子，显示了两个任意变量之间比较接近的线性关系。请注意，这并不是一种完美的线性关系，换句话说，并不是所有的数据点都完美地位于这条直线上，我们没有标注 X 和 Y，因为这些可以是任意变量。这里的重点是演示一个线性关系可视化的例子。让我们来看看图 3-1。

（1）首先，使用与 3.1 节介绍的相同的方法在代码中加载数据：

```
goog_data = load_financial_data(
    start_date='2001-01-01',
    end_date='2018-01-01',
    output_file='goog_data_large.pkl')
```

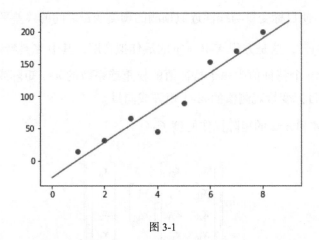

图 3-1

（2）现在，我们在下面的代码中创建并填充目标变量向量 *Y* 用于回归。请记住，我们在回归中试图预测的是价格从一天到另一天的变化幅度和方向：

```
goog_data,X,Y = create_regression_trading_condition(goog_data)
```

（3）在代码的帮助下，让我们快速为两个特征创建一个散点图：当天的高低价和当天的开盘收盘价与目标变量的对比，即"后一天的价格–今天的价格"（未来价格）。

```
pd.plotting.scatter_matrix(goog_data[['Open-Close', 'High-Low', 'Target']], grid=True,
diagonal='kde')
```

前面的代码将返回图 3-2 所示的输出。

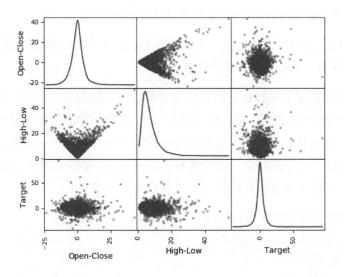

图 3-2

（4）最后，如代码所示，让我们将 80%的可用数据集拆分为训练特征值和目标变量集（X_train,Y_train），并将剩余 20%的数据集拆分为测试特征值和目标变量集（X_test,Y_test）。

```
X_train,X_test,Y_train,Y_test=create_train_split_group(X,Y,split_ra tio=0.8)
```

（5）现在，让我们拟合如下所示的 OLS 模型，并观察所获得的模型：

```
from sklearn import linear_model
ols = linear_model.LinearRegression()
ols.fit(X_train, Y_train)
```

（6）系数是通过拟合方法给两个特征分配的最优权重。我们将输出代码中所示的输出系数：

```
print('Coefficients: \n', ols.coef_)
```

这段代码将返回以下输出。让我们来看看这些系数：

```
Coefficients:
[[ 0.02406874 -0.05747032]]
```

（7）接下来的代码块量化了两个非常常见的指标，可用于测试刚刚建立的线性模型的拟合度。拟合度是指一个给定模型与训练和测试数据中观察到的数据点的拟合程度。一个好的模型能够很好地拟合大部分数据点，并且观测值和预测值之间的误差或偏差非常低。线性回归模型中较流行的两个指标，一个是 mean_squared_error，即 $\|X \cdot W - y\|_2^2$，这是我们在引入 OLS 时探讨的目标最小化；另一个指标是 R^2，这是一个非常流行的指标，可用于衡量拟合模型与基线模型相比预测目标变量的好坏，基线模型的预测输出总是基于训练数据的目标变量的均值，即 $\overline{y} = \dfrac{\sum_{i=1}^{n} y_i}{n}$。我们将跳过计算 R^2 的具体公式，但从直观上看，R^2 值越接近 1，拟合效果越好；R^2 值越接近 0，拟合效果越差。负的 R^2 值意味着模型的拟合度比基线模型差。R^2 值为负的模型通常说明训练数据或过程中存在问题，不能使用：

```
from sklearn.metrics import mean_squared_error, r2_score

# The mean squared error
print("Mean squared error: %.2f" % mean_squared_error(Y_train, ols.predict(X_train)))

# Explained variance score: 1 is perfect prediction
print('Variance score: %.2f' % r2_score(Y_train,ols.predict(X_train)))

# The mean squared error
print("Mean squared error: %.2f" % mean_squared_error(Y_test, ols.predict(X_test)))
```

```
# Explained variance score: 1 is perfect prediction
print('Variance score: %.2f' % r2_score(Y_test,
ols.predict(X_test)))
```

上述代码将返回以下输出：

```
Mean squared error: 27.36
Variance score: 0.00
Mean squared error: 103.50
Variance score: -0.01
```

（8）最后，如代码所示，让我们用它来预测价格并计算策略收益：

```
goog_data['Predicted_Signal'] = ols.predict(X)
goog_data['GOOG_Returns'] = np.log(goog_data['Close'] /
goog_data['Close'].shift(1))

def calculate_return(df, split_value, symbol):
    cum_goog_return = df[split_value:]['%s_Returns' %
symbol].cumsum() * 100
    df['Strategy_Returns'] = df['%s_Returns' % symbol] *
df['Predicted_Signal'].shift(1)
    return cum_goog_return

def calculate_strategy_return(df, split_value, symbol):
    cum_strategy_return =
df[split_value:]['Strategy_Returns'].cumsum() * 100
    return cum_strategy_return

cum_goog_return = calculate_return(goog_data,
split_value=len(X_train), symbol='GOOG')
cum_strategy_return = calculate_strategy_return(goog_data,
split_value=len(X_train), symbol='GOOG')

def plot_chart(cum_symbol_return, cum_strategy_return, symbol):
    plt.figure(figsize=(10, 5))
    plt.plot(cum_symbol_return, label='%s Returns' % symbol)
    plt.plot(cum_strategy_return, label='Strategy Returns')
    plt.legend()

plot_chart(cum_goog_return, cum_strategy_return, symbol='GOOG')

def sharpe_ratio(symbol_returns, strategy_returns):
    strategy_std = strategy_returns.std()
    sharpe = (strategy_returns - symbol_returns) / strategy_std
    return sharpe.mean()

print(sharpe_ratio(cum_strategy_return, cum_goog_return))
```

上述代码将返回以下输出：

```
2.083840359081768
```

现在让我们来看看由代码衍生出来的图 3-3。在这里，我们可以观察到只使用 Open-Close 和 High-Low 这两个特征的简单线性回归模型，其回报率为正。但是，它的回报率并没有超过实际股票的回报率，因为股票自成立以来一直在增值。但由于无法提前知道，所以线性回归模型是一个很好的投资策略，该模型不假设或不期望股价上涨。

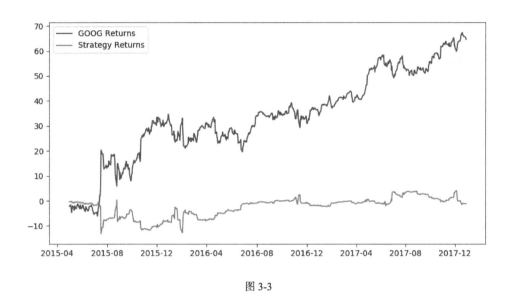

图 3-3

3.2.2 正规化和收缩——LASSO 和 Ridge 回归

我们已经介绍了 OLS，现在我们将尝试通过使用 LASSO 和 Ridge 回归的正则化和系数收缩来改进它。OLS 的问题之一是，偶尔对于某些数据集，分配给预测变量的系数可能会变得非常大。此外，OLS 可能最终会给所有预测变量分配非零的权重，最终预测模型中的预测变量总数可能会是一个非常大的数字。正则化试图解决两个问题，即预测变量过多和预测因子系数非常大。最终模型中预测变量过多是不利的，因为它除了需要更多的计算来预测外，还会导致过度拟合。系数很大的预测变量是不利的，因为几个系数很大的预测变量会压倒整个模型的预测，预测变量值的微小变化会导致预测输出的巨大波动。我们通过引入正则化和收缩的概念来解决这个问题。

正则化是在系数权重上引入一个惩罚项，并使其成为均方误差的一部分，试图将其最小化的技术。直观地说，这样做的目的是让系数值增长，但前提是 MSE 值有可比性地降低。相反，如果减少系数权重不会使 MSE 值增加太多，那么它将缩小这些系数。额外的惩罚项被称为正则化项，由于它导致系数的大小减小，所以被称为收缩。

根据涉及系数大小的惩罚项的类型，分为 L1 正则化或 L2 正则化。当惩罚项为所有系数的绝对值之和时，称为 L1 正则化（LASSO）；当惩罚项为所有系数的平方值之和时，称为 L2 正则化（Ridge）。也可以同时结合 L1 和 L2 正则化，这就是所谓的弹性净回归。为了控制因为这些正则化项而增加的惩罚，我们可调整正则化超参数。在弹性净回归的情况下，有两个正则化超参数，一个用于 L1 惩罚，另一个用于 L2 惩罚。

将 LASSO 回归应用于数据集，并在下面的代码中检查系数。在正则化参数为 0.1 的情况下，我们看到第一个预测因子被分配的系数大约是 OLS 分配系数的一半。

```
from sklearn import linear_model

# Fit the model
lasso = linear_model.Lasso(alpha=0.1)
lasso.fit(X_train, Y_train)

# The coefficients
print('Coefficients: \n', lasso.coef_)
```

此代码将返回以下输出：

```
Coefficients:
 [ 0.01673918 -0.04803374]
```

如果将正则化参数增加到 0.6，系数就会进一步缩小到[0. -0.00540562]，并且第一个预测因子被赋予 0 的权重，这意味着该预测因子可以从模型中删除。L1 正则化有这样一个额外的属性，就是可以将系数收缩到 0，因此有一个额外的优势，就是对特征选择很有用。换句话说，它可以通过删除一些预测因子来收缩模型的大小。

现在，让我们将 Ridge 回归应用到数据集上并观察系数：

```
from sklearn import linear_model

# Fit the model
ridge = linear_model.Ridge(alpha=10000)
ridge.fit(X_train, Y_train)

# The coefficients
print('Coefficients: \n', ridge.coef_)
```

此代码将返回以下输出：

```
Coefficients:
 [[ 0.01789719 -0.04351513]]
```

3.2.3 决策树回归

到目前为止，我们所看到的回归方法的缺点是它们都属于线性模型，也就是说，只有当预测变量和目标变量之间的基本关系是线性的时候，才能捕捉到它们之间的关系。

决策树回归可以捕捉非线性关系，从而可以建立更复杂的模型。决策树之所以得名，是因为它们的结构像一棵倒立的树，具有决策节点或分支，结果节点或叶子节点。从树的根部开始，然后在每一步中检查预测因子的值，并选择一个分支跟随到下一个节点。继续跟随分支，直到到达一个叶子节点，然后我们的最终预测就是该叶子节点的值。决策树可以用于分类问题或回归问题，但在这里，我们只将它用于回归问题。

3.3 使用线性分类方法创建预测模型

在本章的前文中，我们回顾了基于回归机器学习算法的交易策略。接下来，我们将重点介绍机器学习算法的分类和另一种利用已知数据集进行预测的监督学习方法。回归的输出变量不是数字（连续值），而是分类输出是一个分类（离散值）。我们将使用与回归分析相同的方法，通过寻找映射函数（f），使每当有新的输入数据（x）时，就可以预测数据集的输出变量（y）。

接下来，我们将回顾 3 种分类机器学习方法。

- K 近邻。
- 支持向量机。
- 逻辑回归。

3.3.1 K 近邻

K 近邻（K-Nearest Neighbor，KNN）是一种有监督的方法。与我们在本章前面看到的方法一样，目标是从一个未见的观测值 x 中找到一个预测输出值 y 的函数。与许多其他方法（如线性回归）不同，这种方法不使用任何关于数据分布的特定假设（它被称为非参数分类器）。

KNN 算法是基于将一个新的观测值与 K 个最相似的实例进行比较。它可以定义为两个数据点之间的距离度量。最常使用的方法之一是欧氏距离。下面是导数：

$$d(x,y)=(x_1-y_1)^2+(x_2-y_2)^2+\cdots+(x_n-y_n)^2$$

当我们回顾 Python 函数 KNeighborsClassifier 的文档时，我们可以观察到不同类型的参数：

其中一个是参数 p，它可以选择距离的类型。

- 当 p=1 时，使用曼哈顿距离。曼哈顿距离是两点之间的水平距离和垂直距离之和。
- 当 p=2（默认值）时，使用欧氏距离。
- 当 p>2 时，这是闵氏距离，它是曼哈顿和欧氏方法的推广。

$$d(x,y)=(|x_1-y_1|^p+|x_2-y_2|^p+\cdots+|x_n-y_n|^p)^{1/p}$$

该算法将计算一个新观测值与所有训练数据之间的距离。这个新的观测值将属于最接近这个新观测值的 K 点组。然后，计算每个类别的条件概率。新的观测值将被分配到概率最高的类别。这种方法的缺点是将新的观测值关联到给定组的时间。

在代码中，为了实现这个算法，我们将使用我们在本章前文中声明的函数。

（1）让我们获取 2001 年 1 月 1 日至 2018 年 1 月 1 日的数据：

```
goog_data=load_financial_data(start_date='2001-01-01',end_date='2018-01-01',output_file=
'goog_data_large.pkl')
```

（2）在创建规则时，该策略将采取多头头寸（+1）和空头头寸（−1），如下代码所示：

```
X,Y=create_trading_condition(goog_data)
```

（3）准备训练和测试数据集，如下代码所示：

```
X_train,X_test,Y_train,Y_test=create_train_split_group(X,Y,split_ratio=0.8)
```

（4）在这个例子中，我们选择一个 k=15 的 KNN。我们将使用训练数据集来训练这个模型，如下代码所示：

```
knn=KNeighborsClassifier(n_neighbors=15)
knn.fit(X_train, Y_train)

accuracy_train = accuracy_score(Y_train, knn.predict(X_train))
accuracy_test = accuracy_score(Y_test, knn.predict(X_test))
```

（5）模型建立后，我们要预测价格是上涨还是下跌，并将数值存储在原始数据框中，如下代码所示：

```
goog_data['Predicted_Signal']=knn.predict(X)
```

（6）为了比较使用 KNN 算法的策略，我们将使用不带 d 的 symbol='GOOG'的返回结果，如下代码所示：

```
goog_data['GOOG_Returns']=np.log(goog_data['Close']/goog_data['Close'].shift(1))

cum_goog_return=calculate_return(goog_data,split_value=len(X_train)
,symbol='GOOG')
cum_strategy_return=
calculate_strategy_return(goog_data,split_value=len(X_train))

plot_chart(cum_goog_return, cum_strategy_return,symbol='GOOG')
```

前面的代码将返回图 3-4 所示的输出。

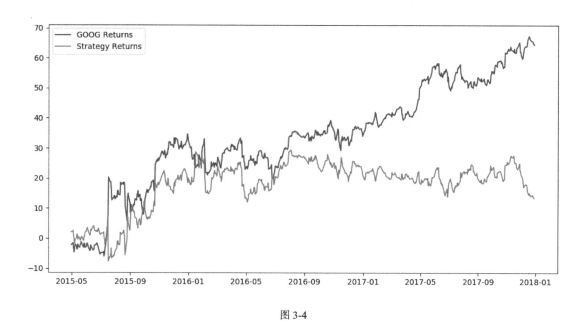

图 3-4

3.3.2　支持向量机

支持向量机（Support Vector Machine，SVM）是一种有监督的机器学习方法。如前文所述，我们可以以将这种方法用于回归，也可以用于分类。这个算法的原理是找到一个"超级计划"，把数据分成两类。

我们来看看下面的代码，可实现同样的功能：

```
# Fit the model
svc=SVC()
svc.fit(X_train, Y_train)

# Forecast value
goog_data['Predicted_Signal']=svc.predict(X)
goog_data['GOOG_Returns']=np.log(goog_data['Close']/goog_data['Close'].shift(1))

cum_goog_return=calculate_return(goog_data,split_value=len(X_train),symbol='GOOG')
cum_strategy_return=
calculate_strategy_return(goog_data,split_value=len(X_train))

plot_chart(cum_goog_return, cum_strategy_return,symbol='GOOG')
```

这个例子适用于以下情况。

- 我们没有实例化一个类来创建 KNN 算法，而是使用了 SVC 类。

- 类构造函数有几个参数，可根据要处理的数据调整方法的行为。

- 一个重要的参数是内核参数。这定义了构建"超级计划"的方法。

- 在这个例子中，我们只是使用构造函数的默认值。

现在，让我们看一下代码的输出，如图 3-5 所示。

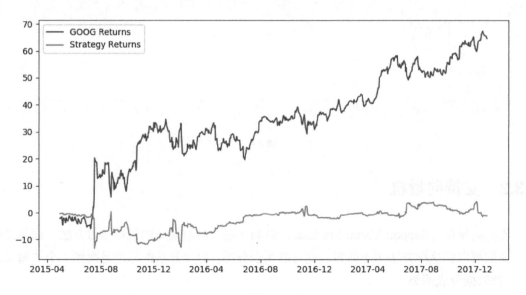

图 3-5

3.3.3 逻辑回归

逻辑回归是一种适用于分类的监督方法。在线性回归的基础上，逻辑回归利用逻辑函数sigmoid 对其输出进行变换，返回一个概率值以映射不同的类，如图 3-6 所示。

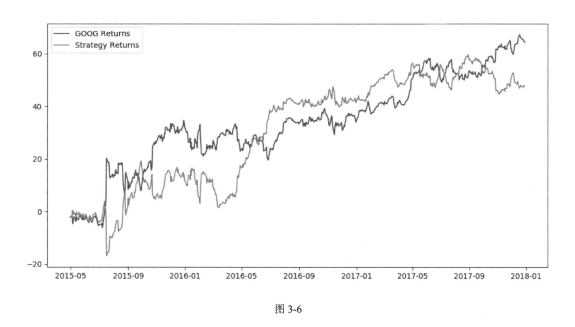

图 3-6

3.4 总结

通过本章，我们对如何在交易中使用机器学习有了基本的了解。首先学习了基本的术语和符号，学会了创建预测模型，以及使用线性回归方法预测价格变动。我们使用 Python建立了一些代码，看到了如何创建使用线性分类方法预测买入和卖出信号的预测模型。我们还演示了如何将这些机器学习方法应用到简单的交易策略中，介绍了可以用来创建交易策略的工具。

第 4 章将介绍有助于改进交易策略的交易规则。

第 3 部分
算法交易策略

在本部分中，你将了解一些著名的交易策略的运作和实施，并学习如何根据基本信息（趋势、季节性、市场中交易品种之间的相关性和事件之间的相关性）进行交易。

本部分包括以下内容。

- 第 4 章　人类直觉驱动的经典交易策略
- 第 5 章　复杂的算法策略
- 第 6 章　管理算法策略中的风险

04

第 4 章
人类直觉驱动的
经典交易策略

在前文中，我们使用了统计方法从历史数据中预测市场价格走势。你可能认为已知道如何操作数据，但如何将这些统计技术应用到实际交易中呢？在花了这么多时间研究数据之后，你可能还想知道一些可用于赚钱的关键交易策略。

在本章中，我们将讨论遵循人类直觉的基本算法策略，并将学习如何创建基于动量和趋势跟踪的交易策略，以及一种适用于具有均值回归行为的交易策略。我们还将讨论它们的优势和劣势。结束本章的学习后，你将知道如何使用一个想法来创建一个基本交易策略。

本章将介绍以下主题。

- 创建基于动量和趋势跟踪的交易策略。
- 创建适用于具有回归行为的交易策略。
- 创建在线性相关的交易工具组上运行的交易策略。

4.1 创建基于动量和趋势跟踪的交易策略

动量交易策略利用趋势来预测价格的未来。例如，如果某项资产的价格在过去20天内已经上涨，那么这个价格很可能会继续上涨。移动平均线策略是动量交易策略的一个例子。

动量交易策略假设未来将跟随过去遵循上升或下降的趋势（差异或趋势交易）。

动量投资已被使用了几十年：低价买入，高价卖出；高价买入，再更高价卖出；卖给输家，赢家乘胜追击。这是动量交易的起源。动量投资对金融产品上涨时采取短期头寸，下跌时卖出。当我们使用动量交易策略时，就试图走在市场的前面；我们快速交易，然后让市场得出同样的结论。越早意识到变化，可获得的赢利就越多。

当你开始研究动量交易策略时，需选择所关注的资产，同时考虑交易这些资产的风险。你需要确保在正确的时间进入，但也不能太晚改变仓位。这种策略最重要的缺点是时间和费用。如果你的交易系统太慢，将无法在竞争之前抓住赚钱的机会。除了这个问题，我们还要加上交易费用，这也是不可忽视的。从动量交易策略的本质来看，如果消息影响市场，这种模式的准确率是非常低的。

- 动量交易策略的优点在于这类策略很容易理解。

- 动量交易策略的缺点在于这类策略不考虑噪声和特殊事件，它倾向于消除先前的事件；由于订单数量多，交易费用可能会很高。

1．动量交易策略的例子

以下是一些动量交易策略的例子。

- **移动平均交汇**（moving average crossover）：这种动量交易策略的原理是围绕着计算资产价格的移动平均线，并检测价格何时从移动平均线的一侧移动到另一侧。这意味着，在当前价格与移动平均线相交时，动量就会发生变化。然而，这可能会导致过多的动量变化。为了限制这种影响，可以使用双移动平均交汇。

- **双移动平均交汇**（dual moving average crossover）：因为我们要限制切换的次数，所以引入一个额外的移动平均线，将会有一个短期移动平均线和一个长期移动平均线。通过这种实现，动量会向短期移动平均线的方向移动。当短期移动平均线越过长期移动平均线，并且其值超过长期移动平均线时，动量将向上，这可能导致采用多头头寸。如果运动方向相反，这可以导致采取空头头寸。

- **海龟交易**（turtle trading）：不同于其他两个实现方式，这种动量交易策略不使用任何移动平均线，而是依靠一些特定的天数（比如最高价的天数和最低价的天数）。

2．用 Python 实现

在接下来的 Python 实现中，我们将实现双移动平均交汇。这个策略基于移动平均线的指标，被广泛用于通过过滤不重要的噪声来平滑价格波动。

3.双移动平均线

接下来，我们将实现双移动平均线交易策略。使用与前文相同的代码模式来获取 GOOG 数据。

（1）这段代码将首先检查 goog_data_large.pkl 文件是否存在。如果该文件不存在，我们将从雅虎财经（Yahoo finance）获取 GOOG 数据：

```python
import pandas as pd
import numpy as np
from pandas_datareader import data

def load_financial_data(start_date, end_date,output_file):
    try:
        df = pd.read_pickle(output_file)
        print('File data found...reading GOOG data')
    except FileNotFoundError:
        print('File not found...downloading the GOOG data')
        df = data.DataReader('GOOG', 'yahoo', start_date,
end_date)
        df.to_pickle(output_file)
    return df

goog_data=load_financial_data(start_date='2001-01-01',end_date = '2018-01-01',
output_file='goog_data_large.pkl')
```

（2）接下来，我们将创建一个 double_moving_average 函数，该函数的参数固定返回数据帧的两个移动平均值的大小。

- short_mavg：短期移动平均线值。

- long_mavg：长期移动平均线值。

- signal：如果短期移动平均线值高于长期移动平均线值，则为真。

- orders：买单为 1，卖单为−1。

```python
def double_moving_average(financial_data, short_window, long_window):
    signals = pd.DataFrame(index=financial_data.index)
    signals['signal'] = 0.0
    signals['short_mavg'] = financial_data['Close'].\
        rolling(window=short_window, min_periods=1, center=False).mean()
    signals['long_mavg'] = financial_data['Close'].\
        rolling(window=long_window, min_periods=1, center=False).mean()
    signals['signal'][short_window:] =\
        np.where(signals['short_mavg'][short_window:]> signals['long_mavg'][short_window:],
1.0, 0.0)
```

```
        signals['orders'] = signals['signal'].diff()
        return signals

ts=double_moving_average(goog_data,20,100)
```

该代码将建立数据框 ts。

- 这个数据框将包含信号列、存储变长（值为 1）和变短（值为 0）的信号。

- 数据列 orders 将包含订单的一侧（买入或卖出）。

（3）现在我们将编写代码来显示代表双移动平均线交易策略订单的曲线：

```
fig = plt.figure()
ax1 = fig.add_subplot(111, ylabel='Google price in $')
goog_data["Adj Close"].plot(ax=ax1, color='g', lw=.5)
ts["short_mavg"].plot(ax=ax1, color='r', lw=2.)
ts["long_mavg"].plot(ax=ax1, color='b', lw=2.)

ax1.plot(ts.loc[ts.orders== 1.0].index, goog_data["Adj Close"][ts.orders == 1.0],'^',
markersize=7, color='k')

ax1.plot(ts.loc[ts.orders== -1.0].index, goog_data["Adj Close"][ts.orders == -1.0],'v',
markersize=7, color='k')

plt.legend(["Price","Short mavg","Long mavg","Buy","Sell"])
plt.title("Double Moving Average Trading Strategy")

plt.show()
```

前面的代码将返回图 4-1 所示的输出。图 4-1 表示 GOOG 价格和与此价格相关的两条移动平均线，每个订单用箭头表示。

图 4-1

4. 单纯的交易策略

现在，我们将根据价格上涨或下跌的次数来实现一个单纯的策略。这个策略是基于历史价格动量的。来看一下代码：

```python
def naive_momentum_trading(financial_data, nb_conseq_days):
    signals = pd.DataFrame(index=financial_data.index)
    signals['orders'] = 0
    cons_day=0
    prior_price=0
    init=True
    for k in range(len(financial_data['Adj Close'])):
        price=financial_data['Adj Close'][k]
        if init:
            prior_price=price
            init=False
        elif price>prior_price:
            if cons_day<0:
                cons_day=0
            cons_day+=1
        elif price<prior_price:
            if cons_day>0:
                cons_day=0
            cons_day-=1
        if cons_day==nb_conseq_days:
            signals['orders'][k]=1
        elif cons_day == -nb_conseq_days:
            signals['orders'][k]=-1

    return signals

ts=naive_momentum_trading(goog_data, 5)
```

这段代码适用于以下情况。

- 计算价格上涨的次数。

- 如果这个数字等于一个给定的阈值，假设价格会继续上升则买入。

- 如果假设价格将继续下跌则卖出。

我们将使用以下代码来显示交易策略的演变：

```python
fig = plt.figure()
ax1 = fig.add_subplot(111, ylabel='Google price in $')
goog_data["Adj Close"].plot(ax=ax1, color='g', lw=.5)

ax1.plot(ts.loc[ts.orders== 1.0].index,
         goog_data["Adj Close"][ts.orders == 1],
         '^', markersize=7, color='k')
```

```
    ax1.plot(ts.loc[ts.orders== -1.0].index,goog_data["Adj Close"][ts.orders == -1],'v',
markersize=7, color='k')

    plt.legend(["Price","Buy","Sell"])
    plt.title("Turtle Trading Strategy")

    plt.show()
```

这段代码将返回图 4-2 所示的输出，这条曲线代表单纯的动量交易策略的订单。

图 4-2

从图 4-2 中可以观察到以下情况。

- 单纯的交易策略不会产生很多订单。

- 如果有更多的订单，可以有更高的回报。为此，我们将使用以下策略来增加订单数量。

5. 海龟交易策略

在这个更高级的交易策略中，将在价格达到最后一个 window_size 天数的最高价格时（在这个例子中，我们将选择 50），创建一个多头信号。

（1）当价格达到最低点时，我们将创建一个空头信号。通过让价格越过过去 window_size 天数的移动平均线来出仓。这段代码通过创建一个列来存储高点、低点和滚动窗口 window_size 的平均线来启动 turtle_trading 函数。

```
def turtle_trading(financial_data, window_size):
    signals = pd.DataFrame(index=financial_data.index)
    signals['orders'] = 0
    # window_size-days high
    signals['high'] = financial_data['Adj Close'].shift(1).\
        rolling(window=window_size).max()
    # window_size-days low
    signals['low'] = financial_data['Adj Close'].shift(1).\
        rolling(window=window_size).min()
    # window_size-days mean
    signals['avg'] = financial_data['Adj Close'].shift(1).\
        rolling(window=window_size).mean()
```

（2）我们将编写代码来创建两个新列，并指定下单规则。

- 进入规则是股价大于 window_size 当天的最高值。

- 股价小于 window_size 当天的最低值。

```
signals['long_entry']= financial_data['Adj Close'] >signals.high
signals['short_entry']= financial_data['Adj Close'] <signals.low
```

（3）当股价越过过去 window_size 天数的均值时，将成为出局规则（下单出仓时）。

```
signals['long_exit'] = financial_data['Adj Close'] < signals.avg
signals['short_exit']= financial_data['Adj Close'] > signals.avg
```

（4）如下代码所示，为了画出代表订单的图表，当进入多头头寸时，我们将给出 1；当进入空头头寸时，将给出–1；而 0 表示不改变任何东西。

```
init=True
position=0
for k in range(len(signals)):
    if signals['long_entry'][k] and position==0:
        signals.orders.values[k] = 1
        position=1
    elif signals['short_entry'][k] and position==0:
        signals.orders.values[k] = -1
        position=-1
    elif signals['short_exit'][k] and position>0:
        signals.orders.values[k] = -1
        position = 0
    elif signals['long_exit'][k] and position < 0:
        signals.orders.values[k] = 1
        position = 0
    else:
        signals.orders.values[k] = 0
return signals
ts=turtle_trading(goog_data, 50)
```

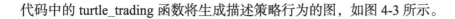

代码中的 turtle_trading 函数将生成描述策略行为的图，如图 4-3 所示。

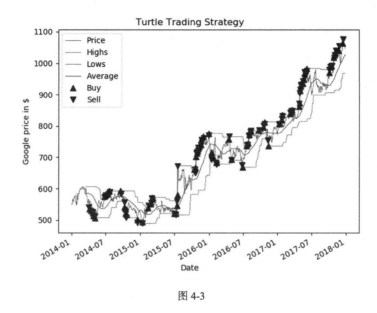

图 4-3

从图 4-3 中可以观察到以下几点。

- 单纯的动量交易策略和海龟交易策略之间的订单数量。

- 由于订单数量较多，这个策略比前一个单纯的交易策略提供了更多的潜在回报。

4.2 创建适用于具有回归行为的交易策略

说完了动量交易策略，现在来看看另一种非常流行的策略——均值回归交易策略，其基本原理是价格向均值回归。我们将找到一个时间，在这个时间里，价格或回报率等数值与过去的数值有很大不同。一旦确定了，将通过预测这个值将回到均值来下单。

回归策略相信数量的趋势最终会逆转，这与前面的策略相反。如果一只股票的回报率增长过快，它最终会回到平均水平。回归策略认为任何趋势都会回到平均值，无论是上升趋势还是下降趋势（差异或趋势交易）。

- 回归策略的优点在于这类策略很容易理解。

- 回归策略的缺点在于这类策略不考虑噪声或特殊事件，它倾向于消除先前的事件。

以下是回归策略的例子。

- **均值回归交易策略**（mean reversion strategy）：这种策略假设价格或回报的价值将返回到平均值。

- 与均值回归交易策略不同，配对交易-均值回归交易策略是基于两个工具之间的相关性。如果两只股票已经具有很高的相关性，在某一时刻相关性减弱，那么它将恢复到原来的水平（相关性均值）。如果价格较低的股票下跌，我们可以做多这只股票，做空另一只股票。

4.3 创建在线性相关的交易工具组上操作的交易策略

我们将通过一个配对交易策略的例子来实施。第一步是确定具有高相关性的配对，这可以基于潜在的经济关系（例如，具有类似商业计划的公司），也可以是由其他一些公司创建的金融产品，如 ETF。一旦弄清楚了哪些符号是相关的，我们就会根据这些相关性的值来创建交易信号。相关性的值可以是皮尔孙相关系数，也可以是 Z-score。

如果出现暂时的分歧，则会卖出表现优异的股票（上涨的股票），买入表现不佳的股票（下跌的股票）。如果这两只股票通过表现优异的股票回落，或表现欠佳的股票回升，或两者兼而有之，那么将会获利。如果两只股票一起上涨或下跌，而它们之间的价差没有变化，就不会赚钱。配对交易是一种市场中立的交易策略，因为它允许交易者从变化的市场条件中获利。

（1）让我们先创建一个函数，建立配对之间的协整，如下代码所示。`find_cointegrated_pairs` 函数将一个金融工具列表作为输入，并计算这些符号的协整值。这些值被存储在一个矩阵中，我们将使用这个矩阵来显示一个热图：

```
def find_cointegrated_pairs(data):
    n = data.shape[1]
    pvalue_matrix = np.ones((n, n))
    keys = data.keys()
    pairs = []
    for i in range(n):
        for j in range(i+1, n):
            result = coint(data[keys[i]], data[keys[j]])
            pvalue_matrix[i, j] = result[1]
            if result[1] < 0.02:
                pairs.append((keys[i], keys[j]))
    return pvalue_matrix, pairs
```

（2）接下来，如下代码所示，我们将使用 pandas 数据读取器加载金融数据。这一次同时加载许多符号。在此例使用 SPY（这个符号反映了市场走势）、APPL（技术）、ADBE（技术）、LUV（航空公司）、MSFT（技术）、SKYW（航空产业）、QCOM（技术）、HPQ（技术）、JNPR（技术）、AMD（技术）和 IBM（技术）。

由于本交易策略的目标是寻找协整的符号，因此根据行业缩小搜索空间。如果数据不在 multi_data_large.pkl 文件中，该函数将从雅虎财经网站加载文件的数据。

```python
import pandas as pd
pd.set_option('display.max_rows', 500)
pd.set_option('display.max_columns', 500)
pd.set_option('display.width', 1000)
import numpy as np
import matplotlib.pyplot as plt
from statsmodels.tsa.stattools import coint
import seaborn
from pandas_datareader import data


symbolsIds = ['SPY','AAPL','ADBE','LUV','MSFT','SKYW','QCOM',
              'HPQ','JNPR','AMD','IBM']


def load_financial_data(symbols, start_date,
end_date,output_file):
    try:
        df = pd.read_pickle(output_file)
        print('File data found...reading symbols data')
    except FileNotFoundError:
        print('File not found...downloading the symbols data')
        df = data.DataReader(symbols, 'yahoo', start_date,
end_date)
        df.to_pickle(output_file)
    return df
data=load_financial_data(symbolsIds,start_date='2001-01-01', end_date = '2018-01-01',
output_file='multi_data_large.pkl')
```

（3）调用 load_financial_data 函数后，再调用 find_cointegrated_pairs 函数，如下代码所示：

```python
pvalues, pairs = find_cointegrated_pairs(data['Adj Close'])
```

（4）我们将使用 seaborn 包来绘制热图，并调用 seaborn 包中的 heatmap 函数。热图将使用 x 轴和 y 轴上的符号列表，最后一个参数将屏蔽高于 0.98 的 p 值。

```python
seaborn.heatmap(pvalues, xticklabels=symbolsIds, yticklabels=symbolsIds, cmap='RdYlGn_r',
mask = (pvalues >= 0.98))
```

这段代码将返回图 4-4 所示的输出，这张图显示了返回的 p 值。

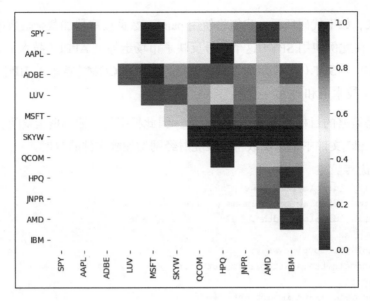

图 4-4

- 如果一个 p 值小于 0.02，则表示拒绝原假设。

- 这意味着两个不同符号所对应的两个价格序列可以协整。

- 这意味着两个符号的平均价差将保持相同。在热图上，我们可观察到哪些符号的 p 值小于 0.02。

图 4-4 代表了衡量一对符号之间的协整关系的热图。如果它是红色的，这意味着 p 值是 1，即不拒绝原假设，因此，没有显著的证据表明这对符号具有协整关系。在选择了即将用于交易的符号对之后，让我们来关注如何交易。

（5）首先，让我们人为地创建一对符号来了解如何交易。我们将使用以下库：

```
import numpy as np
import pandas as pd
from statsmodels.tsa.stattools import coint
import matplotlib.pyplot as plt
```

（6）如下代码所示，让我们创建一个符号返回，称之为 Symbol1。Symbol1 的价格的值从 10 开始，并且每天将根据随机返回（遵循正态分布）而变化。我们将使用 matplotlib.pyplot 包中的函数 plot 来绘制价格值：

```
# Set a seed value to make the experience reproducible
np.random.seed(123)
# Generate Symbol1 daily returns
Symbol1_returns = np.random.normal(0, 1, 100)
```

```
# Create a series for Symbol1 prices
Symbol1_prices = pd.Series(np.cumsum(Symbol1_returns),
name='Symbol1') + 10
Symbol1_prices.plot(figsize=(15,7))
plt.show()
```

（7）我们根据 Symbol 1 价格的行为建立 Symbol 2 价格，如下代码所示。除了复制 Symbol 1 价格的行为外，还将添加噪声。噪声是一个遵循正态分布的随机值。引入噪声的目的是模仿市场波动，它改变了两个符号价格之间的价差：

```
# Create a series for Symbol2 prices
# We will copy the Symbol1 behavior
noise = np.random.normal(0, 1, 100)
Symbol2_prices = Symbol1_prices + 10 + noise
ymbol2_prices.name = 'Symbol2'
plt.title("Symbol 1 and Symbol 2 prices")
Symbol1_prices.plot()
Symbol2_prices.plot()
plt.show()
```

该代码将返回图 4-5 所示的输出，显示了 Symbol 1 和 Symbol 2 的价格变化。

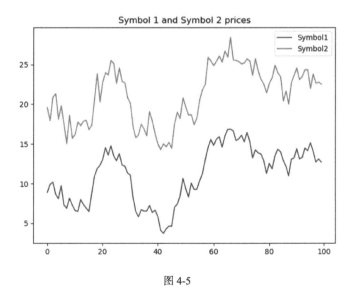

图 4-5

（8）在代码中，我们将使用 coint 函数来检查两个符号之间的协整关系。这需要两个列表或系列的值，并执行一个测试来检查两个系列是否具有协整关系：

```
score, pvalue, _ = coint(Symbol1_prices, Symbol2_prices)
```

在代码中，pvalue 包含 p 值。它的值是 1.0，这意味着我们可以拒绝原假设。因此，这两个符号具有协整关系。

（9）我们将定义 zscore 函数。这个函数返回一段数据与群体平均值的距离。这将帮助我们选择交易方向。如果这个函数的返回值为正，则意味着该符号价格高于平均价格。因此，预计其价格会下降，或者配对的符号价格会上升。在这种情况下，我们要做空这个符号，做多另一个符号。这段代码实现了 zscore 函数。

```
def zscore(series):
    return (series - series.mean()) / np.std(series)
```

（10）我们将使用两个符号价格之间的比率，并且需要设置当给定的价格远远偏离平均价格时的阈值。为此，将需要对一个给定的符号使用特定的值。如果我们有很多符号要进行交易，这就意味着要对所有的符号进行这种分析。因为想避免这种烦琐的工作，所以将通过分析两个价格的比率来代替。因此我们来计算 Symbol 1 价格与 Symbol 2 价格的比率。让我们来看一下代码：

```
ratios = Symbol1_prices / Symbol2_prices
ratios.plot()
```

此代码将返回图 4-6 所示的输出，其中显示了 Symbol 1 和 Symbol 2 价格之间的比率变化。

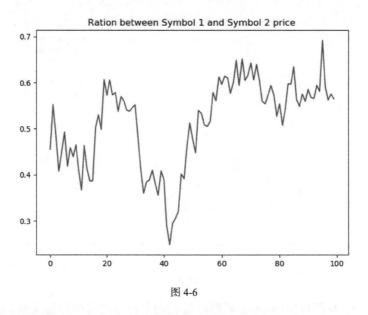

图 4-6

（11）让我们用下面的代码画出显示何时下单的图：

```
train = ratios[:75]
test = ratios[75:]

plt.axhline(ratios.mean())
plt.legend([' Ratio'])
```

```
plt.show()

zscore(ratios).plot()
plt.axhline(zscore(ratios).mean(),color="black")
plt.axhline(1.0, color="red")
plt.axhline(-1.0, color="green")
plt.show()
```

该代码将返回。图 4-7 所示输出，展示了以下内容。

* Z-score 的演变，水平线为–1（绿色）、+1（红色）和 Z-score 的平均值（黑色）[1]。

* Z-score 的平均值是 0。

* 当 Z-score 达到–1 或+1 时，将使用此事件作为交易信号。此处示例的+1 和–1 为示例值，正式情况下可以足以实际业务所需的任意值。

* 应该根据将要进行的研究来设置，并创建交易策略。

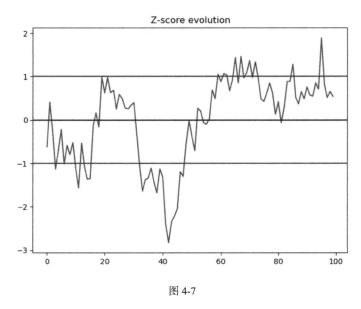

图 4-7

（12）每当 Z-score 达到其中一个阈值时，就有一个交易信号。如代码所示，我们将呈现一个图形，每次做多 Symbol 1 时用绿色标记，每次做空 Symbol 1 时用红色标记[1]：

```
ratios.plot()
buy = ratios.copy()
sell = ratios.copy()
buy[zscore(ratios)>-1] = 0
sell[zscore(ratios)<1] = 0
```

---

① 请读者登录异步社区（epubit.com）下载书籍彩图。

```
buy.plot(color="g", linestyle="None", marker="^")
sell.plot(color="r", linestyle="None", marker="v")
x1,x2,y1,y2 = plt.axis()
plt.axis((x1,x2,ratios.min(),ratios.max()))
plt.legend(["Ratio", "Buy Signal", "Sell Signal"])
plt.show()
```

前面的代码将返回图 4-8 所示的输出。

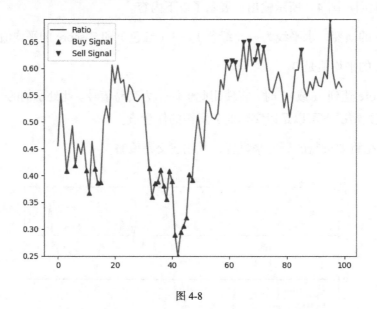

图 4-8

在这个例子中，做多 Symbol 1 意味着我们将发送 Symbol 1 的买单，同时发送 Symbol 2 的卖单。

（13）接下来，我们将编写以下代码，代表每个符号的买入和卖出订单。

```
Symbol1_prices.plot()
symbol1_buy[zscore(ratios)>-1] = 0
symbol1_sell[zscore(ratios)<1] = 0
symbol1_buy.plot(color="g", linestyle="None", marker="^")
symbol1_sell.plot(color="r", linestyle="None", marker="v")

Symbol2_prices.plot()
symbol2_buy[zscore(ratios)<1] = 0
symbol2_sell[zscore(ratios)>-1] = 0
symbol2_buy.plot(color="g", linestyle="None", marker="^")
symbol2_sell.plot(color="r", linestyle="None", marker="v")

x1,x2,y1,y2 = plt.axis()
plt.axis((x1,x2,Symbol1_prices.min(),Symbol2_prices.max()))
plt.legend(["Symbol1", "Buy Signal", "Sell Signal","Symbol2"])
plt.show()
```

图 4-9 显示了该策略的买入和卖出订单，可以看到只有当 zscore 高于+1 或低于−1 时才会下单。

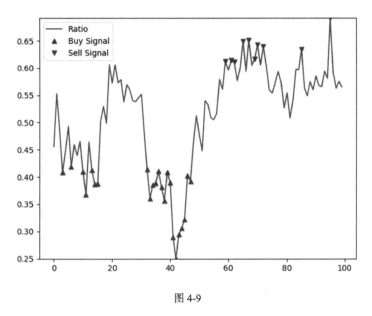

图 4-9

当分析结果提供了对协整关系的配对的理解之后，我们观察到以下配对表现出相似的行为。

- ADBE，MSFT。

- JNPR，LUV。

- JNPR，MSFT。

- JNPR，QCOM。

- JNPR，SKYW。

- JNPR，SPY。

（14）我们将使用 MSFT 和 JNPR 来实现基于真实符号的策略，并将用以下代码替换建立 Symbol 1 和 Symbol 2 的代码。下面的代码将得到 MSFT 和 JNPR 的真实价格：

```
Symbol1_prices = data['Adj Close']['MSFT']
Symbol1_prices.plot(figsize=(15,7))
plt.show()
Symbol2_prices = data['Adj Close']['JNPR']
Symbol2_prices.name = 'JNPR'
plt.title("MSFT and JNPR prices")
Symbol1_prices.plot()
```

```
Symbol2_prices.plot()
plt.legend()
plt.show()
```

前面的代码将返回图 4-10 所示的输出。

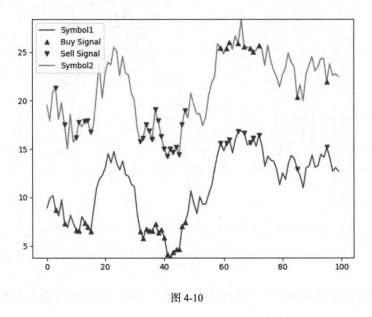

图 4-10

图 4-11 显示了 MSFT 和 JNPR 的价格，可以观察到这两个符号之间的走势有相似之处。

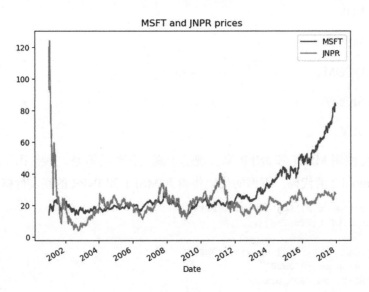

图 4-11

当通过从 JNPR 和 MSFT 获取实际价格来运行 Symbol 1 和 Symbol 2 的代码时，我们将得到以下曲线，如图 4-12 所示。

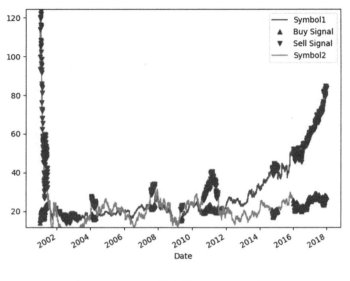

图 4-12

图 4-12 显示了大量的订单，无限制的交易对相关策略发出的订单数量太多。我们可以用之前的方法限制订单数量。

- 限制仓位。

- 限制订单数量。

- 设置一个较高的阈值。

我们重点讨论了什么时候进仓，但没有讨论什么时候出仓。Z-score 值会高于或低于阈值限制（在本例中为−1 或+1），当 Z-score 值在阈值限制的范围内时则表示两个符号价格之间的价差发生了不可能的变化。因此，当该值在这个限度内时，可以视为一个退出信号。

在图 4-13 中，我们说明了什么时候应该出仓。

这个例子适用于以下情况。

- 当 Z-score 值低于−1 时，我们以 3 美元卖空 Symbol 1，以 4 美元买入；当 Z-score 在 [−1,+1]范围内时，我们以 1 美元买入 Symbol 2，以 3 美元卖出，从而平仓。

- 如果我们只得到这两个符号中的 1 份，那么这次交易的利润将是(3−4)+(3−1)=1(美元)。

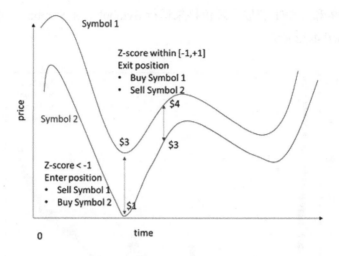

图 4-13

（15）我们将在代码中创建一个数据框 pair_correlation_trading_strategy，其中包含了与订单和仓位相关的信息。我们将使用这个数据框来计算该对关联交易策略的表现：

```
pair_correlation_trading_strategy =
pd.DataFrame(index=Symbol1_prices.index)
 pair_correlation_trading_strategy['symbol1_price']=Symbol1_prices
pair_correlation_trading_strategy['symbol1_buy']=np.zeros(len(Symbol1_prices))
pair_correlation_trading_strategy['symbol1_sell']=np.zeros(len(Symbol1_prices))
pair_correlation_trading_strategy['symbol2_buy']=np.zeros(len(Symbol1_prices))
pair_correlation_trading_strategy['symbol2_sell']=np.zeros(len(Symb ol1_prices))
```

（16）我们会限制订单数量，将头寸减少到一股，这可以是多头头寸或空头头寸。对于给定的符号，当有一个多头头寸时，只有卖出订单是被允许的。当有空头头寸时，只有买入订单是被允许的。当没有头寸时，可以做多（买入）或做空（卖出）。我们将存储用来发送订单的价格。对于配对的符号，我们将做相反的事情。当卖出 Symbol 1 时，将买入 Symbol 2。

```
position=0
for i in range(len(Symbol1_prices)):
    s1price=Symbol1_prices[i]
    s2price=Symbol2_prices[i]
    if not position and symbol1_buy[i]!=0:
        pair_correlation_trading_strategy['symbol1_buy'][i]=s1price
        pair_correlation_trading_strategy['symbol2_sell'][i] =s2price
        position=1
     elif not position and symbol1_sell[i]!=0:
        pair_correlation_trading_strategy['symbol1_sell'][i] =s1price
        pair_correlation_trading_strategy['symbol2_buy'][i] =s2price
        position = -1
```

```
        elif position==-1 and (symbol1_sell[i]==0 or
i==len(Symbol1_prices)-1):
            pair_correlation_trading_strategy['symbol1_buy'][i] =
s1price
            pair_correlation_trading_strategy['symbol2_sell'][i] =s2price
            position = 0
        elif position==1 and (symbol1_buy[i] == 0 or
i==len(Symbol1_prices)-1):
            pair_correlation_trading_strategy['symbol1_sell'][i] =s1price
            pair_correlation_trading_strategy['symbol2_buy'][i] =
s2price
            position = 0
```

该代码将返回图 4-14 所示的输出，其中显示了订单数量的减少。现在将计算该策略产生的利润和损失。

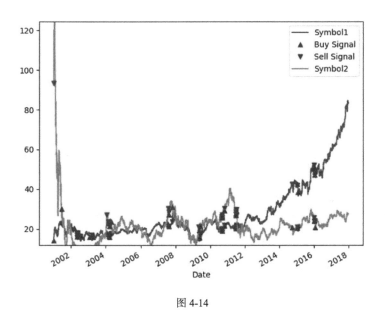

图 4-14

（17）现在将编写计算相关策略的利润和损失的代码。在包含 Symbol 1 和 Symbol 2 价格的向量之间做一个减法。然后，我们将把这些仓位相加，创建一个赢利和亏损的表示：

```
pair_correlation_trading_strategy['symbol1_position']=\
pair_correlation_trading_strategy['symbol1_buy']-pair_correlation_trading_strategy
['symbol1_ sell']

 pair_correlation_trading_strategy['symbol2_position']=\
pair_correlation_trading_strategy['symbol2_buy']-pair_correlation_trading_strategy
['symbol2_sell']

pair_correlation_trading_strategy['symbol1_position'].cumsum().plot() # Calculate Symbol 1 P&L
```

```
pair_correlation_trading_strategy['symbol2_position'].cumsum().plot() # Calculate Symbol 2 P&L

 pair_correlation_trading_strategy['total_position']=\
 pair_correlation_trading_strategy['symbol1_position']+pair_correlation_trading_strategy
['symbol2_position'] # Calculate total P&L
 pair_correlation_trading_strategy['total_position'].cumsum().plot()
```

　　这段代码将返回以下输出。在图 4-15 中，蓝线代表 Symbol 1 的利润和损失，橙线代表 Symbol 2 的利润和损失，绿色的线代表总的利润和损失[①]。

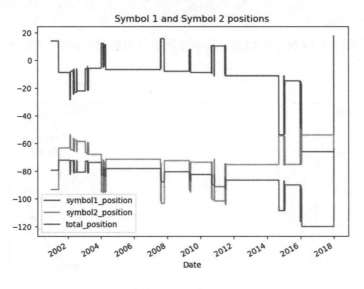

图 4-15

　　在这之前，我们只交易了一只股票。在常规交易中会交易几百或几千只股票。让我们来分析一下，当使用配对交易策略时，会发生什么。

　　假设我们有一对股票（Symbol 1 和 Symbol 2）。假设 Symbol 1 的价格是 100 美元，Symbol 2 的价格是 10 美元。如果交易给定数量的 Symbol 1 和 Symbol 2 的股票，比如可以使用 100 股。如果对 Symbol 1 有一个多头信号，我们将以 100 美元的价格买入 Symbol 1。名义上头寸将是 100×100=10000（美元）。既然是 Symbol 1 的多头信号，那么它就是 Symbol 2 的空头信号。我们将有一个 Symbol 2 的名义头寸 100 × 10 =1000（美元）。在这两个头寸之间，将有 9000 美元的差额。

　　由于具有较大的价格差，因此就把更多的重点放在了价格较高的股票上面，所以，这意味着股票何时可以带来回报。此外，当我们在市场上交易和投资资金时，应该针对市场走势

――――――――――

① 　请读者登录异步社区网站下载配套彩图。

对冲头寸。例如，如果通过买入许多股票来投资整体多头头寸，我们认为这些股票将优于市场。假设整个市场都在贬值，但这些股票的表现确实优于其他股票。如果我们要卖出它们，肯定会亏损，因为市场会崩盘。为此，我们通常会通过投资一些与我们的头寸相反的东西来对冲头寸。在配对交易相关性的例子中，我们的目标应该是通过在 Symbol 1 和 Symbol 2 中投资相同的名义，以获得一个中立的位置。以拥有 Symbol 1 的价格与 Symbol 2 的价格明显不同为例，如果我们投资与 Symbol 1 相同数量的股票，就不能使用 Symbol 2 的对冲。

因为我们不想出现前面所说的两种情况，所以要把同样的名义投资于 Symbol 1 和 Symbol 2。假设要买入 100 股 Symbol 1。我们将拥有的名义头寸是 100×100 = 10000（美元）。要想获得 Symbol 2 同样等值的名义头寸，将需要获得 10000 /10 =1000（股）。如果我们得到 100 股 Symbol 1 和 1000 股 Symbol 2，那么对这项投资的头寸将是中立的，我们不会把 Symbol 1 看得比 Symbol 2 更重要。

现在，我们假设 Symbol 2 的价格是 3 美元，而不是 10 美元。当 10000/3≈3333（股）。这意味着将发出 3333 股的订单，意味着我们将有 Symbol 1 的头寸 10000 美元和 Symbol 2 的头寸 3333×3=9999（美元），导致差额为 1 美元。现在假设交易金额不是 10000 美元，而是 1000 万美元。这将导致差额为 1000 美元。因为我们在买入股票时需要去掉小数部分，所以任何股票都会出现这个差额。如果交易大约 200 对股票，我们可能有 20 万（200×1000）美元的头寸没有被对冲。我们将暴露在市场变动中。因此，如果市场下跌，我们可能会损失这 20 万美元。这就是要用与这 20 万美元头寸方向相反的金融工具进行对冲的原因。如果我们有很多股票的头寸，导致有 20 万美元的多头头寸没有被覆盖，就会得到一个 ETF SPY 的空头头寸，其行为方式与市场走势相同。

（18）考虑到我们想要分配给这个交易对的股票数量，将前面代码中的 s1prices 替换为 s1positions：

```
pair_correlation_trading_strategy['symbol1_price']=Symbol1_prices
pair_correlation_trading_strategy['symbol1_buy']=np.zeros(len(Symbol1_prices))
pair_correlation_trading_strategy['symbol1_sell']=np.zeros(len(Symbol1_prices))
pair_correlation_trading_strategy['symbol2_buy']=np.zeros(len(Symbol1_prices))
pair_correlation_trading_strategy['symbol2_sell']=np.zeros(len(Symbol1_prices))
pair_correlation_trading_strategy['delta']=np.zeros(len(Symbol1_prices))
position=0
s1_shares = 1000000
for i in range(len(Symbol1_prices)):
    s1positions= Symbol1_prices[i] * s1_shares
    s2positions= Symbol2_prices[i] *
int(s1positions/Symbol2_prices[i])
    delta_position=s1positions-s2positions
    if not position and symbol1_buy[i]!=0:
```

```
pair_correlation_trading_strategy['symbol1_buy'][i]=s1positions
       pair_correlation_trading_strategy['symbol2_sell'][i] =
s2positions
pair_correlation_trading_strategy['delta'][i]=delta_position
       position=1
     elif not position and symbol1_sell[i]!=0:
       pair_correlation_trading_strategy['symbol1_sell'][i] =
s1positions
       pair_correlation_trading_strategy['symbol2_buy'][i] =
s2positions
       pair_correlation_trading_strategy['delta'][i] =
delta_position
        position = -1
     elif position==-1 and (symbol1_sell[i]==0 or
 i==len(Symbol1_prices)-1):
       pair_correlation_trading_strategy['symbol1_buy'][i] =
s1positions
       pair_correlation_trading_strategy['symbol2_sell'][i] =
s2positions
       position = 0
     elif position==1 and (symbol1_buy[i] == 0 or
 i==len(Symbol1_prices)-1):
       pair_correlation_trading_strategy['symbol1_sell'][i] =s1positions
       pair_correlation_trading_strategy['symbol2_buy'][i] =
s2positions
       position = 0
```

这段代码将返回图 4-16 所示的输出，代表了 Symbol 1 和 Symbol 2 的头寸，以及这个配对交易策略的总盈亏。

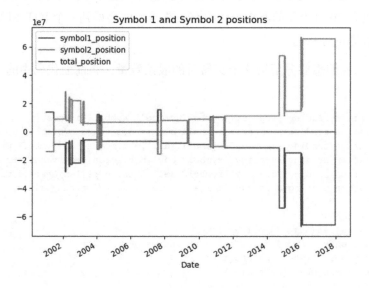

图 4-16

如下代码会显示差额头寸。最大金额为 25 美元。因为这个金额太低，不需要对冲这个差额头寸：

```
pair_correlation_trading_strategy['delta'].plot()
plt.title("Delta Position")
plt.show()
```

本节总结了基于金融产品的相关性或一致性的交易策略的实施。

4.4　总结

本章介绍了两种直观的交易策略——动量交易策略和均值回归交易策略。我们学习了如何创建基于动量和趋势跟踪的交易策略，还学习了创建适用于具有回归行为的市场的交易策略。这两种策略在交易行业非常流行且被大量使用。我们解释了如何实施它们，了解了它们是如何工作的，以及它们的优缺点。

在第 5 章中，我们将在基本算法策略的基础上，学习更多高级的方法（统计套利、配对），以及它们的优缺点。

05

第 5 章
复杂的算法策略

在本章中，我们将探讨算法交易业务中领先的市场参与者所采用的更复杂的交易策略。我们将在基本算法策略的基础上，学习更先进的方法（如统计套利和配对）及其优缺点。我们将学习如何创建一个针对交易工具波动性进行调整的交易策略，还将学习如何针对经济事件创建交易策略，并了解实施统计套利交易策略的基本知识。

本章将介绍以下主题。

- 创建根据交易工具的波动性进行调整的交易策略。
- 制定经济事件的交易策略。
- 实施基本的统计套利交易策略。

5.1 创建根据交易工具的波动性进行调整的交易策略

思考价格波动的一个直观方法是思考投资者对具体工具的信心，即投资者有多大的意愿将资金投入具体工具，以及他们愿意在该工具中持仓多长时间。当价格波动率上升时，由于价格以更快的速度呈现出更大的波动，投资者的信心就会下降。相反，当价格波动率下降时，投资者更愿意拥有更大的头寸，并在更长的时间内持有。少数资产类别的波动往往会波及其他资产类别，从而将波动慢慢扩散到所有经济领域，例如住房成本、消费成本等。显然，复杂的交易策略需要遵循类似的模式来进行动态调整，以适应交易工具波动性的变化，并在持仓、持仓时间、盈亏预期等方面都更加谨慎。

在第 2 章中，我们看到了很多交易信号。在第 3 章中，我们将机器学习算法应用于这些交易信号。在第 4 章中，我们探讨了基本的交易策略。这些方法大多没有直接考虑基础交易工具的波动性变化，也没有对其进行调整或说明。在本节中，我们将讨论交易工具的波动性变化的影响，以及如何应对这种变化才能提高赢利能力，降低风险敞口。

5.1.1 调整技术指标中交易工具的波动率

在第 2 章中，我们研究了用预定的参数生成交易信号。比如，20 天移动平均线、时间段数，或者平滑常数，并且这些参数在整个分析期间都保持不变。这些参数的优点是简单，缺点是随着时间的推移，交易工具的波动率发生变化时，表现就会不同。

然后我们还研究了布林线和标准偏差等信号，这些信号对交易工具的波动率进行了调整。即在非波动期，价格变动的标准偏差越低，信号的进仓积极性越高，平仓积极性越低。反之，在波动期，价格变动的标准偏差越高，则信号的入仓积极性越低。这是因为依赖于标准偏差的波段从移动平均线中扩大出来，而移动平均线本身也变得更加波动。因此，这些信号隐含了调整交易工具波动性的一些方面。

一般来说，把目前看到的技术指标与标准偏差信号相结合，就可以有一个更复杂的基本技术指标的形式，该指标具有动态的天数、时间周期或平滑系数的值。依靠标准偏差作为波动率的衡量标准，参数就会变得动态。因此，当波动率较高时，移动平均线的历史记录或时间段数可能较小，可以获取更多的观测值；而当波动率较低时，移动平均线的历史记录或时间段数可能较大，可以获取较少的观测值。同样，平滑因子的幅度也可以根据波动率的不同而变得更高或更低。实质上，这就控制了较新的观测值与较旧的观测值的权重分配。我们在这里不做更详细的介绍，但是一旦明确了将波动率测量方法应用于简单指标以形成复杂指标的基本思路，就很容易将这些概念应用于技术指标。

5.1.2 调整交易策略中交易工具的波动率

我们可以将调整波动率措施的相同概念应用于交易策略。动量或趋势跟踪交易策略可以使用变化的波动率来动态改变移动平均线中使用的时间段参数，或者改变多少天的上升或下降作为入场信号的阈值。另一个需要改进的地方是利用波动率的变化动态调整阈值，当检测到趋势时，动态调整何时进仓，以及当检测到趋势逆转时，动态调整何时出仓。

对于基于均值回归的交易策略，应用波动率的衡量方法也很类似。在这种情况下，我们可以使用动态变化的移动平均线的时间段，并在检测到超买和超卖时，动态改变进仓的阈值；或者当检测到反转的均衡价格时，动态改变出仓的阈值。让我们在本章的其他部分，更详细地探讨交易策略中调整波动率措施的不同思路对交易策略行为的影响。

5.1.3　波动率调整后的均值回归交易策略

我们在第 4 章中详细探讨了均值回归交易策略。在本章中，我们将首先创建一个非常简单的均值回归交易策略的变体，然后展示如何对该策略进行波动率调整，以优化和稳定其风险调整后的收益。

1．利用绝对价格震荡器交易信号的均值回归交易策略

让我们来解释和实施一个均值回归交易策略，该策略依赖于我们在第 2 章中探讨的**绝对价格振荡器**（APO）交易信号指标。该策略将对快速 EMA 使用 10 天的静态常数，对慢速 EMA 使用 40 天的静态常数。当 APO 值降到−10 以下时，将执行买入交易，当 APO 值超过+10 时，将执行卖出交易。此外，该策略还会检查新交易的价格是否与上次交易的价格不同，以防止交易过量。当 APO 值改变符号时，就会平仓，即当 APO 为负值时，关闭空头头寸；当 APO 为正值时，关闭多头头寸。

此外，如果当前未平仓的头寸赢利超过一定金额，也会被平仓，而不管 APO 值如何。这是通过算法锁定利润并启动更多的头寸，而不是只依靠交易信号值。现在，我们来看看具体的代码实现。

（1）获取数据和前文的方式一样。我们来获取 4 年的 GOOG 数据。这段代码将使用来自 pandas_datareader 包的 DataReader 函数。该函数将从雅虎财经获取从 2014-01-01 至 2018-01-01 期间的 GOOG 价格。如果磁盘上用于存储数据的.pkl 文件不存在，将创建 GOOG_data.pkl 文件。这样可确保将使用该文件来获取 GOOG 数据以供将来使用：

```
import pandas as pd
from pandas_datareader import data

# Fetch daily data for 4 years
SYMBOL='GOOG'
start_date = '2014-01-01'
end_date = '2018-01-01'
SRC_DATA_FILENAME=SYMBOL + '_data.pkl'

try:
```

```
    data = pd.read_pickle(SRC_DATA_FILENAME)
except FileNotFoundError:
    data = data.DataReader(SYMBOL, 'yahoo', start_date, end_date)
    data.to_pickle(SRC_DATA_FILENAME)
```

（2）现在我们将定义一些常量和变量，用以实现快速和慢速 EMA 计算和 APO 交易信号：

```
# Variables/constants for EMA Calculation:
NUM_PERIODS_FAST = 10 # Static time period parameter for the fast
EMA
K_FAST = 2 / (NUM_PERIODS_FAST + 1) # Static smoothing factor
parameter for fast EMA
ema_fast = 0
ema_fast_values = [] # we will hold fast EMA values for visualization purposes

NUM_PERIODS_SLOW = 40 # Static time period parameter for slow EMA
K_SLOW = 2 / (NUM_PERIODS_SLOW + 1) # Static smoothing factor
parameter for slow EMA
ema_slow = 0
ema_slow_values = [] # we will hold slow EMA values for
visualization purposes
apo_values = [] # track computed absolute price oscillator value signals
```

（3）我们还需要定义或控制策略交易行为和头寸以及 PnL 管理的变量：

```
# Variables for Trading Strategy trade, position & pnl management: orders = [] # Container
for tracking buy/sell order, +1 for buy order, -1 for sell order, 0 for no-action
positions = [] # Container for tracking positions, positive for long positions, negative
for short positions, 0 for flat/no position
pnls = [] # Container for tracking total_pnls, this is the sum of closed_pnl i.e. pnls already
locked in and open_pnl i.e. pnls for open-position marked to market price

last_buy_price = 0 # Price at which last buy trade was made, used
to prevent over-trading at/around the same price
last_sell_price = 0 # Price at which last sell trade was made, used to prevent over-trading
at/around the same price
position = 0 # Current position of the trading strategy
buy_sum_price_qty = 0 # Summation of products of buy_trade_price and buy_trade_qty for every
buy Trade made since last time being flat
buy_sum_qty = 0 # Summation of buy_trade_qty for every buy Trade
made since last time being flat
sell_sum_price_qty = 0 # Summation of products of sell_trade_price and sell_trade_qty for
every sell Trade made since last time being flat
sell_sum_qty = 0 # Summation of sell_trade_qty for every sell Trade made since last time being flat
open_pnl = 0 # Open/Unrealized PnL marked to market
closed_pnl = 0 # Closed/Realized PnL so far
```

（4）最后，我们明确规定了入市门槛，包括自上一次交易以来的最小价格变化、每次交易的最小利润预期，以及每次交易的股票数量：

```
# Constants that define strategy behavior/thresholds
APO_VALUE_FOR_BUY_ENTRY = -10 # APO trading signal value below
which to enter buy-orders/long-position
APO_VALUE_FOR_SELL_ENTRY = 10 # APO trading signal value above
which to enter sell-orders/short-position
MIN_PRICE_MOVE_FROM_LAST_TRADE = 10 # Minimum price change since last trade before considering
trading again, this is to prevent over-trading at/around same prices
MIN_PROFIT_TO_CLOSE = 10 # Minimum Open/Unrealized profit at which to close positions and
lock profits
NUM_SHARES_PER_TRADE = 10 # Number of shares to buy/sell on every trade
```

（5）现在，我们来看看交易策略的主要部分，它具有以下逻辑。

- 计算或更新快速和慢速 EMA，以及 APO 值。

- 对交易信号做出反应以进入多头头寸或空头头寸。

- 对交易信号、未平仓头寸、未平仓 PnL 和市场价格做出反应，平仓多头头寸或空头头寸。

```
close=data['Close']
for close_price in close:
  # This section updates fast and slow EMA and computes APO trading signal
  if (ema_fast == 0): # first observation
    ema_fast = close_price
    ema_slow = close_price
  else:
    ema_fast = (close_price - ema_fast) * K_FAST + ema_fast
    ema_slow = (close_price - ema_slow) * K_SLOW + ema_slow

  ema_fast_values.append(ema_fast)
  ema_slow_values.append(ema_slow)

  apo = ema_fast - ema_slow
  apo_values.append(apo)
```

（6）代码会根据交易参数（或阈值）和头寸检查交易信号以进行交易。如果满足以下条件，将在 close_price 执行卖出交易。

- APO 值高于卖出阈值，而且上次交易价格和当前价格之间的差异足够大。

- 此时为多头头寸（正头寸），并且 APO 值在 0 或以上，或者当前头寸可带来足够的赢利时可以锁定利润。

```
  if ((apo > APO_VALUE_FOR_SELL_ENTRY and abs(close_price_last_sell_price) > MIN_PRICE_
MOVE_FROM_LAST_TRADE) # APO above sell entry threshold, we should sell
    or
```

```
    (position > 0 and (apo >= 0 or open_pnl >
  MIN_PROFIT_TO_CLOSE))): # long from negative APO and APO has gone positive or position is
profitable, sell to close position
        orders.append(-1) # mark the sell trade
        last_sell_price = close_price
        position -= NUM_SHARES_PER_TRADE # reduce position by the size of this trade
        sell_sum_price_qty += (close_price*NUM_SHARES_PER_TRADE) # update vwap sell-price
        sell_sum_qty += NUM_SHARES_PER_TRADE
        print( "Sell ", NUM_SHARES_PER_TRADE, " @ ", close_price, "Position: ", position )
```

（7）如果满足以下条件，将在 close_price 进行买入交易：APO 值低于买入阈值，且上一笔交易价格与当前价格的差值足够大。此时为空头头寸（负头寸），并且 APO 值在 0 或以下，或者当前头寸可带来足够的赢利时可以锁定利润。

```
    elif ((apo < APO_VALUE_FOR_BUY_ENTRY and abs(close_price_last_buy_price) > MIN_PRICE_
MOVE_FROM_LAST_TRADE) # APO below buy entry threshold, we should buy
        or (position < 0 and (apo <= 0 or open_pnl > MIN_PROFIT_TO_CLOSE))):
    # short from positive APO and APO has gone negative or position is profitable, buy to close
position
        orders.append(+1) # mark the buy trade
        last_buy_price = close_price
        position += NUM_SHARES_PER_TRADE # increase position by the size of this trade
        buy_sum_price_qty += (close_price*NUM_SHARES_PER_TRADE) # update the vwap buy-price
        buy_sum_qty += NUM_SHARES_PER_TRADE
        print( "Buy ", NUM_SHARES_PER_TRADE, " @ ", close_price, "Position: ", position )
    else:
        # No trade since none of the conditions were met to buy or sell
        orders.append(0)
    positions.append(position)
```

（8）交易策略的代码包含头寸或 PnL 管理的逻辑。当市场价格变化或交易导致头寸变化时，它需要更新头寸并计算未平仓和平仓的 PnL：

```
    # This section updates Open/Unrealized & Closed/Realized positions
    open_pnl = 0
    if position > 0:
        if sell_sum_qty > 0: # long position and some sell trades have been made against it, close
that amount based on how much was sold against this long position
            open_pnl = abs(sell_sum_qty) *(sell_sum_price_qty/sell_sum_qty - buy_sum_price_qty/
buy_sum_qty)
            # mark the remaining position to market i.e. pnl would be what it would be if we closed
at current price
            open_pnl += abs(sell_sum_qty - position) * (close_price - buy_sum_price_qty / buy_sum_qty)
    elif position < 0:
        if buy_sum_qty > 0: # short position and some buy trades have been made against it, close
that amount based on how much was bought against this short position
```

```
        open_pnl = abs(buy_sum_qty) *
    (sell_sum_price_qty/sell_sum_qty - buy_sum_price_qty/buy_sum_qty)
        # mark the remaining position to market i.e. pnl would be what it would be if we closed
at current price
        open_pnl += abs(buy_sum_qty - position) * (sell_sum_price_qty/sell_sum_qty - close_price)
    else:
    # flat, so update closed_pnl and reset tracking variables for positions & pnls
    closed_pnl += (sell_sum_price_qty - buy_sum_price_qty)
    buy_sum_price_qty = 0
    buy_sum_qty = 0
    sell_sum_price_qty = 0
    sell_sum_qty = 0
    last_buy_price = 0
    last_sell_price = 0

    print( "OpenPnL: ", open_pnl, " ClosedPnL: ", closed_pnl )
    pnls.append(closed_pnl + open_pnl)
```

（9）现在我们来看一些 Python 或 Matplotlib 代码，看看如何收集交易策略的相关结果，如市场价格、快速和慢速 EMA 值、APO 值、买入和卖出交易、仓位和 PnL 等在其生命周期内取得的成绩，然后以一种可以让我们深入了解策略行为的方式进行可视化：

```
# This section prepares the dataframe from the trading strategy results and visualizes the
results
data = data.assign(ClosePrice=pd.Series(close, index=data.index))
data = data.assign(Fast10DayEMA=pd.Series(ema_fast_values,
index=data.index))
data = data.assign(Slow40DayEMA=pd.Series(ema_slow_values,
index=data.index))
data = data.assign(APO=pd.Series(apo_values,index=data.index))
data = data.assign(Trades=pd.Series(orders, index=data.index))
data = data.assign(Position=pd.Series(positions,index=data.index))
data = data.assign(Pnl=pd.Series(pnls, index=data.index))
```

（10）现在，我们将在数据框中添加在前文计算的不同序列的列。首先是市场价格，然后是快速和慢速 EMA 值。我们还将为 APO 值绘制另一张图。在这两张图中，我们将叠加买入和卖出交易，这样就可以了解该策略何时进入和退出头寸：

```
import matplotlib.pyplot as plt

data['ClosePrice'].plot(color='blue', lw=3., legend=True)
data['Fast10DayEMA'].plot(color='y', lw=1., legend=True)
data['Slow40DayEMA'].plot(color='m', lw=1., legend=True)
plt.plot(data.loc[ data.Trades == 1 ].index,
data.ClosePrice[data.Trades == 1], color='r', lw=0, marker='^',markersize=7, label='buy')
plt.plot(data.loc[ data.Trades == -1 ].index,
data.ClosePrice[data.Trades  ==  -1 ],  color='g',  lw=0,  marker='v',markersize=7,
label='sell')
```

```
    plt.legend()
    plt.show()

    data['APO'].plot(color='k', lw=3., legend=True)
    plt.plot(data.loc[ data.Trades == 1 ].index, data.APO[data.Trades == 1 ], color='r', lw=0,
marker='^', markersize=7, label='buy')
    plt.plot(data.loc[ data.Trades == -1 ].index, data.APO[data.Trades == -1 ], color='g', lw=0,
marker='v', markersize=7, label='sell')
    plt.axhline(y=0, lw=0.5, color='k')
    for i in range( APO_VALUE_FOR_BUY_ENTRY, APO_VALUE_FOR_BUY_ENTRY*5,APO_VALUE_FOR_BUY_ENTRY ):
        plt.axhline(y=i, lw=0.5, color='r')
    for i in range( APO_VALUE_FOR_SELL_ENTRY,
    APO_VALUE_FOR_SELL_ENTRY*5, APO_VALUE_FOR_SELL_ENTRY ):
        plt.axhline(y=i, lw=0.5, color='g')
    plt.legend()
    plt.show()
```

让我们来看看交易行为是怎样的，注意交易时的 EMA 和 APO 值。如图 5-1 所示，当观察头寸和 PnL 时，交易行为就会完全清楚。

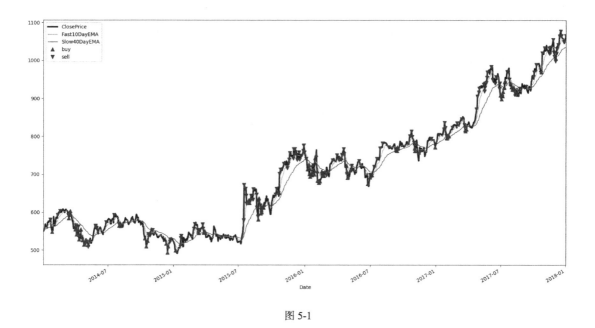

图 5-1

在图 5-1 中，我们可以看到过去的 4 年中，随着股价的变化，买入和卖出交易的位置。现在，我们看看 APO 交易信号的价值是什么，以及买入交易和卖出交易的位置。根据这些交易策略的设计，当 APO 值为正时，预计进行卖出交易；当 APO 值为负时，预计进行买入交易，如图 5-2 所示。

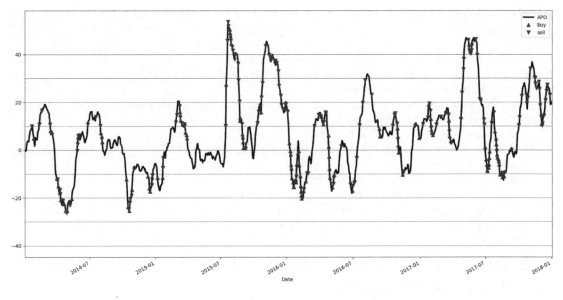

图 5-2

在图 5-2 中，我们可以看到，当 APO 值为正时，有很多卖出交易被执行；而当 APO 值为负时，有很多买入交易被执行。还可以观察到，有些买入交易是在 APO 值为正时执行的，而有些卖出交易是在 APO 值为负时执行的。这如何解释呢？

（11）正如我们将在以下代码中看到的那样，这些交易是为了平仓获利而执行的交易。让我们来观察一下在这个策略的生命周期内，头寸和 PnL 的演变：

```
data['Position'].plot(color='k', lw=1., legend=True)
plt.plot(data.loc[ data.Position == 0 ].index, data.Position[ data.Position == 0 ], color='k',
lw=0, marker='.', label='flat')
plt.plot(data.loc[ data.Position > 0 ].index, data.Position[ data.Position > 0 ], color='r',
lw=0, marker='+', label='long')
plt.plot(data.loc[ data.Position < 0 ].index, data.Position[ data.Position < 0 ], color='g',
lw=0, marker='_', label='short')
plt.axhline(y=0, lw=0.5, color='k')
for i in range( NUM_SHARES_PER_TRADE, NUM_SHARES_PER_TRADE*25,
NUM_SHARES_PER_TRADE*5 ):
  plt.axhline(y=i, lw=0.5, color='r')
for i in range( -NUM_SHARES_PER_TRADE, -NUM_SHARES_PER_TRADE*25, - NUM_SHARES_PER_TRADE*5 ):
  plt.axhline(y=i, lw=0.5, color='g')
plt.legend()
plt.show()

data['Pnl'].plot(color='k', lw=1., legend=True)
```

```
plt.plot(data.loc[ data.Pnl > 0 ].index, data.Pnl[ data.Pnl > 0 ],
color='g', lw=0, marker='.')
plt.plot(data.loc[ data.Pnl < 0 ].index, data.Pnl[ data.Pnl < 0 ],
color='r', lw=0, marker='.')
plt.legend()
plt.show()
```

前面的代码将返回图 5-3 所示的输出。

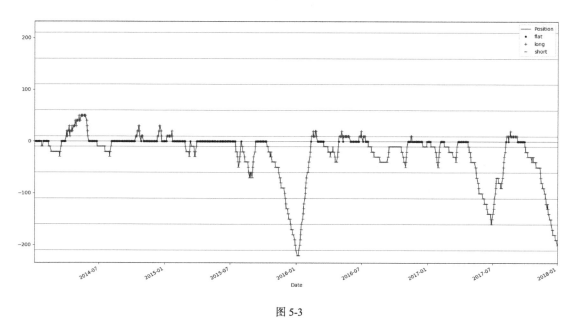

图 5-3

从图 5-3 中可以看到，在 2016 年 1 月前后出现了一些大的空头头寸，然后在 2017 年 7 月再次出现，最后在 2018 年 1 月再次出现。如果再看 APO 值，那就是有大量的正值。最后，我们来看看这个交易策略的 PnL 在股票生命周期中的演变情况，如图 5-4 所示。

基本的均值回归交易策略在一段时间内赚钱非常稳定，在 2016 年 1 月和 2017 年 7 月期间，策略的头寸较大，收益有一定的波动，但最后收盘在 1.5 万美元左右，接近其实现的最大 PnL。

2. 根据波动率变化动态调整的均值回归交易策略

现在应用之前介绍的概念，即使用波动率衡量指标来调整快速和慢速 EMA 中使用的天数，并使用波动率调整后的 APO 输入信号。我们还将使用在第 2 章中探讨过的标准偏差（STDEV）指标作为波动率的衡量标准。如图 5-5 所示，让我们快速观察该指标，回顾一下该数据集。

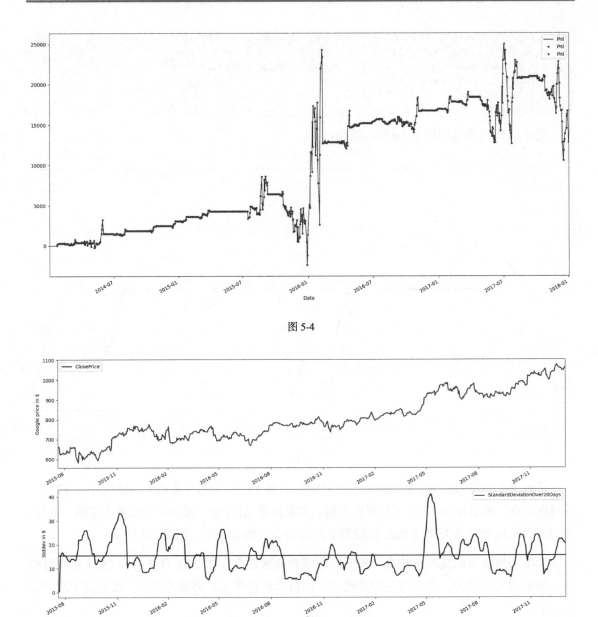

图 5-4

图 5-5

　　从图 5-5 所示的输出结果来看，波动率的衡量范围在 20 天 8 美元到 20 天 40 美元之间，其中 20 天 15 美元是平均值。因此，我们将使用一个波动率系数，范围在 0 到 1 之间，通过将其设计为 *stdev_factor=stdev*/15，其中接近 0 的值表示波动率非常低，接近 1 的值表示正常的波动率，1 以上的值表示高于正常的波动率。我们将 STDEV 纳入策略的方式是通过以下设置改变的。

- 我们将不再为快速和慢速 EMA 设置静态的 K_FAST 和 K_SLOW 平滑因子，而是将它们额外地作为波动率的函数，并使用 K_FAST * stdev_factor 和 K_SLOW * stdev_factor，以使它们在波动率高于正常水平的时期对最新观测值的反应更灵敏，这是很直观的。

- 我们不再使用静态的 APO_VALUE_FOR_BUY_ENTRY 和 APO_VALUE_FOR_SELL_ENTRY 阈值来根据主要交易信号 APO 进仓，而是会结合波动率来设置动态阈值 APO_VALUE_FOR_BUY_ENTRY * stdev_factor 和 APO_VALUE_FOR_SELL_ENTRY * stdev_factor。这使得在波动率较高的时期，通过将入市门槛提高一个波动率系数来降低入市的积极性，这也是基于我们在前文讨论的直观意义。

- 最后，将在最后一个门槛中加入波动性，那就是通过动态预期利润阈值来锁定头寸的利润。在这种情况下，我们将不使用静态的 MIN_PROFIT_TO_CLOSE 阈值，而是使用一个动态的 MIN_PROFIT_TO_CLOSE/stdev_factor。在这里，我们的想法是在波动性增加的时期更积极地激励仓位。因为正如我们之前所讨论的那样，在波动性高于正常的时期，长期持有仓位的风险更大。

让我们看看为了实现这个目标需要对基本均值回归交易策略进行的修改。首先，需要一些代码来跟踪和更新波动率的衡量标准（STDEV）：

```python
import statistics as stats
import math as math


# Constants/variables that are used to compute standard deviation as a
volatility measure
SMA_NUM_PERIODS = 20 # look back period
price_history = [] # history of prices
```

那么主策略循环就简单地变成了这个样子，而策略中的头寸和 PnL 管理部分则保持不变：

```python
close=data['Close']
for close_price in close:
  price_history.append(close_price)
  if len(price_history) > SMA_NUM_PERIODS: # we track at most 'time_period'
number of prices
    del (price_history[0])

  sma = stats.mean(price_history)
  variance = 0 # variance is square of standard deviation
  for hist_price in price_history:
   variance = variance + ((hist_price - sma) ** 2)

  stdev = math.sqrt(variance / len(price_history))
```

```
    stdev_factor = stdev/15
    if stdev_factor == 0:
      stdev_factor = 1

    # This section updates fast and slow EMA and computes APO trading signal
    if (ema_fast == 0): # first observation
      ema_fast = close_price
      ema_slow = close_price
    else:
      ema_fast = (close_price - ema_fast) * K_FAST*stdev_factor + ema_fast
      ema_slow = (close_price - ema_slow) * K_SLOW*stdev_factor + ema_slow

    ema_fast_values.append(ema_fast)
    ema_slow_values.append(ema_slow)

    apo = ema_fast - ema_slow
    apo_values.append(apo)
```

而我们说过，利用交易信号来管理头寸，其交易逻辑和之前一样。首先，来看一下卖出交易逻辑：

```
    # We will perform a sell trade at close_price if the following conditions are met:
    # 1. The APO trading signal value is above Sell-Entry threshold and the difference between
last trade-price and current-price is different enough.
    # 2. We are long( positive position ) and either APO trading signal value is at or above
0 or current position is profitable enough to lock profit.
    if ((apo > APO_VALUE_FOR_SELL_ENTRY*stdev_factor and abs(close_price_last_sell_price) >
MIN_PRICE_MOVE_FROM_LAST_TRADE*stdev_factor) # APO above sell entry threshold, we should sell
        or(position > 0 and (apo >= 0 or open_pnl >
    MIN_PROFIT_TO_CLOSE/stdev_factor))): # long from negative APO and APO has
    gone positive or position is profitable, sell to close position
        orders.append(-1) # mark the sell trade
        last_sell_price = close_price
        position -= NUM_SHARES_PER_TRADE # reduce position by the size of this
    trade
        sell_sum_price_qty += (close_price*NUM_SHARES_PER_TRADE) # update vwap
    sell-price
        sell_sum_qty += NUM_SHARES_PER_TRADE
    print( "Sell ", NUM_SHARES_PER_TRADE, " @ ", close_price, "Position: ", position )
```

现在，我们来看看买入交易的类似逻辑：

```
    # We will perform a buy trade at close_price if the following conditions are met:
    # 1. The APO trading signal value is below Buy-Entry threshold and the difference between
last trade-price and current-price is different enough.
    # 2. We are short( negative position ) and either APO trading signal value is at or below
0 or current position is profitable enough to lock profit.
    elif ((apo < APO_VALUE_FOR_BUY_ ENTRY*stdev_factor and abs(close_price_last_buy_price) >
MIN_PRICE_MOVE_FROM_LAST_TRADE*stdev_ factor) # APO below buy entry threshold, we should buy
```

```
    or (position < 0 and (apo <= 0 or open_pnl >
MIN_PROFIT_TO_CLOSE/stdev_factor))): # short from positive APO and APO has
gone negative or position is profitable, buy to close position
    orders.append(+1) # mark the buy trade
    last_buy_price = close_price
    position += NUM_SHARES_PER_TRADE # increase position by the size of
this trade
    buy_sum_price_qty += (close_price*NUM_SHARES_PER_TRADE) # update the
vwap buy-price
    buy_sum_qty += NUM_SHARES_PER_TRADE
    print( "Buy ", NUM_SHARES_PER_TRADE, " @ ", close_price, "Position: ",
position )
  else:
    # No trade since none of the conditions were met to buy or sell
    orders.append(0)
```

我们来比较静态常数阈值调整均值回归交易策略和波动率调整均值回归交易策略的 PnL，看看是否提高了性能。如图 5-6 所示，在这种情况下，针对波动率调整均值回归交易策略可使策略性能有较大的提高！

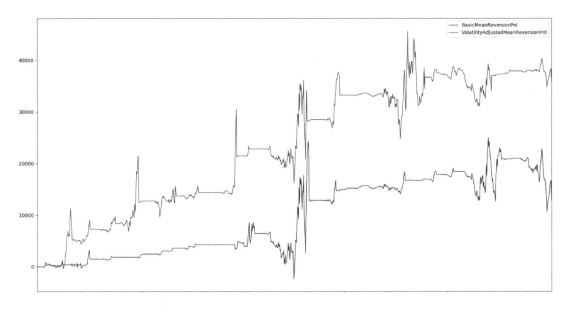

图 5-6

3. 使用绝对价格震荡器交易信号的趋势跟踪交易策略

与均值回归交易策略类似，我们也可以建立一个利用 APO 交易信号的趋势跟踪交易策略。这里唯一的区别是，当 APO 高于某个数值时，进入多头头寸，期望价格继续朝这个方向移动；而当 APO 低于某个数值时，进入空头头寸，期望价格继续向下走。

实际上，这是完全相反的交易策略，在头寸管理上有一些区别。人们可能会认为这种交易策略的表现完全相反，但正如我们将看到的那样，事实并非如此，也就是说在相同的市场条件下，趋势跟踪交易策略和均值回归交易策略都可以获利。

（1）首先，定义将用来进入多头头寸或空头头寸的 APO 阈值。在这种情况下，买入 APO 阈值为正，卖出 APO 阈值为负：

```
# Constants that define strategy behavior/thresholds
APO_VALUE_FOR_BUY_ENTRY = 10 # APO trading signal value above which to enter
buy-orders/long-position
APO_VALUE_FOR_SELL_ENTRY = -10 # APO trading signal value below which to enter
sell-orders/short-position
```

（2）接下来，我们来看一下进入和退出头寸的核心交易逻辑。

首先，看看导致卖出交易的信号和头寸管理代码：

```
# This section checks trading signal against trading parameters/thresholds and positions,
to trade.
# We will perform a sell trade at close_price if the following conditions are met:
# 1. The APO trading signal value is below Sell-Entry threshold and the difference between
last trade-price and current-price is different enough.
# 2. We are long( positive position ) and either APO trading signal value is at or below
0 or current position is profitable enough to lock profit.
if ((apo < APO_VALUE_FOR_SELL_ENTRY and abs(close_price_last_sell_price) > MIN_PRICE_MOVE_
FROM_LAST_TRADE) # APO above sell entry threshold, we should sell
    or(position > 0 and (apo <= 0 or open_pnl > MIN_PROFIT_TO_CLOSE))):
# long from positive APO and APO has gone negative or position is profitable, sell to close
position
        orders.append(-1) # mark the sell trade
        last_sell_price = close_price
        position -= NUM_SHARES_PER_TRADE # reduce position by the size of this trade
        sell_sum_price_qty += (close_price*NUM_SHARES_PER_TRADE) # update vwap sell-price
        sell_sum_qty += NUM_SHARES_PER_TRADE
        print( "Sell ", NUM_SHARES_PER_TRADE, " @ ", close_price, "Position: ", position )
```

现在，我们来看看导致买入交易的信号和头寸管理代码：

```
# We will perform a buy trade at close_price if the following conditions are met:
# 1. The APO trading signal value is above Buy-Entry threshold and the difference between
last trade-price and current-price is different enough.
# 2. We are short( negative position ) and either APO trading signal value is at or above
0 or current position is profitable enough to lock profit.
```

```
    elif ((apo > APO_VALUE_FOR_BUY_ENTRY and abs(close_price-last_buy_price) > MIN_PRICE_MOVE_
FROM_LAST_TRADE) # APO above buy entry threshold, we should buy
        or(position < 0 and (apo >= 0 or open_pnl > MIN_PROFIT_TO_CLOSE))): # short from negative
APO and APO has gone positive or position is profitable, buy to close position
        orders.append(+1) # mark the buy trade
        last_buy_price = close_price
        position += NUM_SHARES_PER_TRADE # increase position by the size of
    this trade
        buy_sum_price_qty += (close_price*NUM_SHARES_PER_TRADE) # update the
    vwap buy-price
        buy_sum_qty += NUM_SHARES_PER_TRADE
        print( "Buy ", NUM_SHARES_PER_TRADE, " @ ", close_price, "Position: ",
    position )
      else:
        # No trade since none of the conditions were met to buy or sell
        orders.append(0)
```

因为生成可视化图的代码还是一样的，所以这里就略过了。我们来看看趋势跟踪交易策略的表现，如图 5-7 所示。

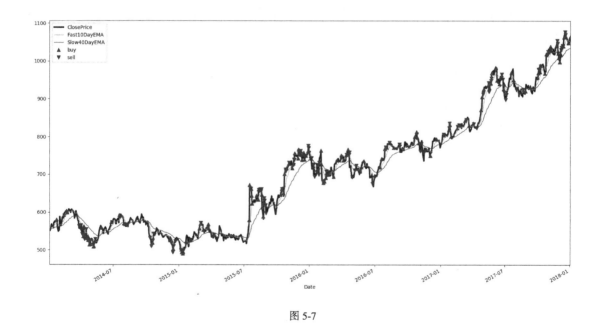

图 5-7

图 5-7 显示了在整个交易策略应用于该股票数据的生命周期中，买入和卖出交易的价格是多少。当我们检查 APO 值与实际交易价格时，交易策略行为将更加合理，如图 5-8 所示。

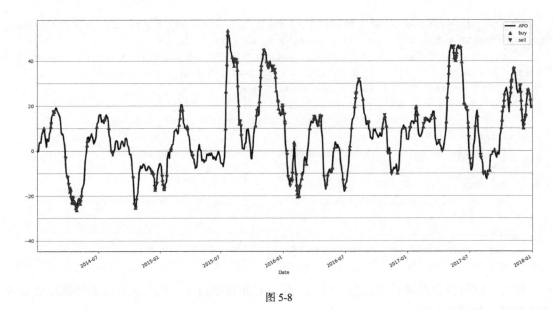

图 5-8

根据使用 APO 值的趋势跟踪交易策略的定义，直觉上我们希望当 APO 值为正时进行买入交易，当 APO 值为负时进行卖出交易。当 APO 值为负时，也有一些买入交易；当 APO 值为正时，也有一些卖出交易。这看起来似乎有悖于直觉，但这些都是为了平仓获利而进行的交易，类似于均值回归交易策略。现在，来看看在这个交易策略的过程中头寸的演变情况，如图 5-9 所示。

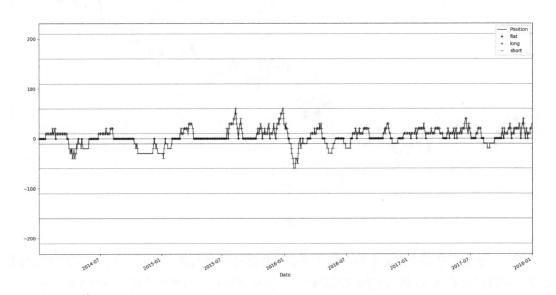

图 5-9

从图 5-9 中可以看到，与均值回归交易策略相比，多头头寸多于空头头寸，而且头寸通常较小且平仓速度快，不久后就会启动新的头寸（很可能是多头）。这一观察结果符合这样一个事实，即这是一种趋势跟踪交易策略，是适用于像该股票这样的有强势上升趋势的股票的交易工具。由于在这一交易策略的过程中，该股票一直保持着稳步上升的趋势，因此大部分头寸都是多头也是合理的，大部分多头最终都是赢利的，并且在启动后不久就被平仓。最后，我们来观察一下这个交易策略的 PnL 的变化，如图 5-10 所示。

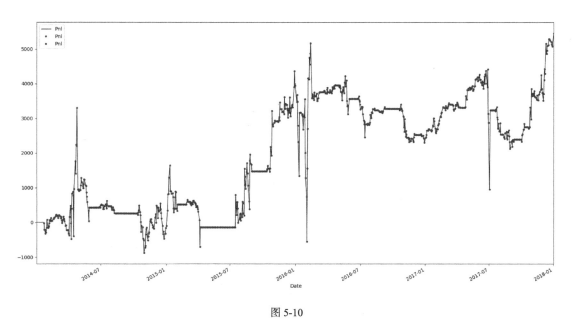

图 5-10

所以，对于这种情况，采用趋势跟踪交易策略赚的钱约是采用均值回归交易策略的 1/3；但是，对于同样的市场条件，采用趋势跟踪交易策略在不同的价位进仓和出仓，也能赚到钱。

4. 根据波动率变化动态调整的趋势跟踪交易策略

我们使用 STDEV 作为波动率的衡量标准，调整趋势跟踪交易策略以适应市场波动率的变化。我们将使用与根据市场波动调整均值回归交易策略时相同的方法。

根据市场波动性调整的趋势跟踪交易策略的主要交易逻辑如下。我们先从控制卖出交易的交易逻辑开始：

```
    # This section checks trading signal against trading parameters/thresholds and positions,
to trade.
    # We will perform a sell trade at close_price if the following conditions are met:
    # 1. The APO trading signal value is below Sell-Entry threshold and the difference between
last trade-price and current-price is different enough.
```

```
    # 2. We are long( positive position ) and either APO trading signal value is at or below
0 or current position is profitable enough to lock profit.
    if ((apo < APO_VALUE_FOR_SELL_ENTRY/stdev_factor and abs(close_price_last_sell_price) >
MIN_ PRICE_MOVE_FROM_LAST_TRADE*stdev_factor) # APO below sell entry threshold, we should sell
    or(position > 0 and (apo <= 0 or open_pnl >
MIN_PROFIT_TO_CLOSE/stdev_factor))): # long from positive APO and APO has gone negative or
position is profitable, sell to close position
        orders.append(-1) # mark the sell trade
        last_sell_price = close_price
        position -= NUM_SHARES_PER_TRADE # reduce position by the size of this
trade
        sell_sum_price_qty += (close_price*NUM_SHARES_PER_TRADE) # update vwap
sell-price
        sell_sum_qty += NUM_SHARES_PER_TRADE
        print( "Sell ", NUM_SHARES_PER_TRADE, " @ ", close_price, "Position: ", position )
```

现在来看看处理买入交易的交易逻辑代码：

```
    # We will perform a buy trade at close_price if the following conditions are met:
    # 1. The APO trading signal value is above Buy-Entry threshold and the difference between
last trade-price and current-price is different enough.
    # 2. We are short( negative position ) and either APO trading signal value is at or above
0 or current position is profitable enough to lock profit.
    elif ((apo > APO_VALUE_FOR_BUY_ENTRY/stdev_factor and abs(close_price_last_buy_price) >
MIN_ PRICE_MOVE_FROM_LAST_TRADE*stdev_factor) # APO above buy entry threshold, we should buy
    or(position < 0 and (apo >= 0 or open_pnl >
MIN_PROFIT_TO_CLOSE/stdev_factor))): # short from negative APO and APO has
gone positive or position is profitable, buy to close position
        orders.append(+1) # mark the buy trade
        last_buy_price = close_price
        position += NUM_SHARES_PER_TRADE # increase position by the size of
this trade
        buy_sum_price_qty += (close_price*NUM_SHARES_PER_TRADE) # update the
vwap buy-price
        buy_sum_qty += NUM_SHARES_PER_TRADE
        print( "Buy ", NUM_SHARES_PER_TRADE, " @ ", close_price, "Position: ",
position )
    else:
        # No trade since none of the conditions were met to buy or sell
        orders.append(0)
```

最后，来比较一下在考虑波动率变化和不考虑波动率变化的情况下，趋势跟踪交易策略的表现，如图 5-11 所示。

对于趋势跟踪交易策略来说，拥有动态交易阈值会降低策略性能。我们可以探索调整波动率衡量标准的应用，以查看与静态趋势跟踪相比，是否存在实际改善性能的变量。

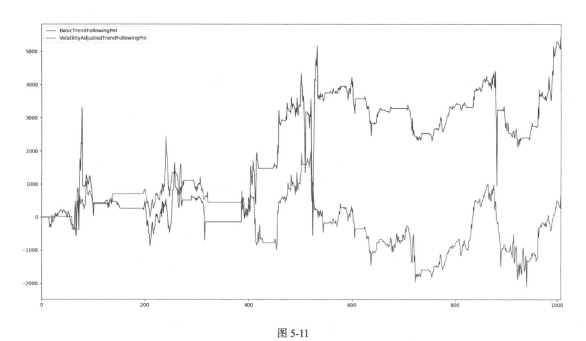

图 5-11

5.2　制定经济事件的交易策略

在本节中，将探索不同于以往的新交易策略。我们可以不使用技术指标，而是研究经济发布，利用各种经济发布来估计或预测对交易工具的影响，并据此进行交易。先来看看什么是经济发布，以及工具定价是如何受发布影响的。

5.2.1　经济发布

经济指标是衡量某个国家、地区或资产类别的经济活动的指标，这些指标由不同的实体衡量、研究和发布。这些实体中有些是政府机构，有些是私人研究公司。其中大多按计划发布，即所谓的经济日历。此外，还有大量数据可供查阅，包括过去发布的数据、预期发布的数据和实际发布的数据。每个经济指标都包含不同的经济活动措施：有些可能会影响住房价格，有些会显示就业信息，有些可能会影响谷物、玉米和小麦价格，有些可能会影响贵金属和能源商品价格。例如，美国非农就业人数，是美国劳工部每月发布的指标，代表所有非农业行业创造的新工作岗位数量。这个经济发布对几乎所有资产类别都有巨大影响。另一个例子是 EIA 原油库存报告，这是美国能源信息署每周发布的指标，衡量可用原油桶数的变化。对于能源产品、石油、天然气等来说，这是一个影响很大的发布，但通常不会直接影响股票、利率等。

现在我们已经对什么是经济指标以及经济发布的内容和意义有了直观的认识，让我们来看看美国重要的经济发布清单。我们不会在这里涉及这些发布的细节，但鼓励读者更详细地探讨这里提到的经济指标以及其他指标。

ADP 就业人数、API 原油、贸易平衡、贝克休斯石油钻机数、商业乐观情绪、商业库存、凯斯-席勒指数、CB 消费者信心指数、CB 领先指数、挑战者裁员、芝加哥 PMI、建筑支出、消费者信贷、消费者通胀预期、耐用品、EIA 原油、EIA 天然气、帝国州制造业指数、就业成本指数、工厂订单、美联储褐皮书、美联储利率决定、美联储新闻发布会、美联储制造业指数、美联储全国活动、FOMC 经济预测、FOMC 会议纪要、GDP、房屋销售、房屋开工、房价指数、进口价格、工业生产、通胀率、ISM 制造业、ISM 非制造业、ISM 纽约指数、失业救济金、JOLTs、Markit 综合 PMI，Markit 制造业 PMI、密歇根消费者信心指数、抵押贷款申请、NAHB 住房市场指数、非农就业、非农生产力、PCE、PPI、个人支出、红皮书、零售销售、汽车销售总量、WASDE 和批发库存。

5.2.2 经济发布格式

有很多免费或付费的经济发布日历可供选择，可以搜索历史发布数据或通过专有的 API 访问。由于本小节的重点是在交易中利用经济发布数据，我们将跳过访问历史数据的细节，但这非常简单。常见的经济发布日历如表 5-1 所示。

表 5-1

Calendar	CST	Economic indicator	Actual	Previous	Consensus	Forecast
2019-05-03	07:30 AM	Non Farm Payrolls Apr	263k	189k	185k	178k
2019-06-07	07:30 AM	Non Farm Payrolls May	75k	224k	185k	190k
2019-07-05	07:30 AM	Non Farm Payrolls Jun	224k	72k	160k	171k
2019-08-02	07:30 AM	Non Farm Payrolls Jul	164k	193k	164k	160k

正如前面所讨论的，发布的日期和时间都是提前设定好的。大多数日历还提供了上一年的发布，有时也提供上个月的发布。一致估计是多个经济学家或公司对发布数据的预期，通常被当作发布的预期值，任何与这一预期值的较大偏差都会引起价格的较大波动。此外，很

多日历还提供了预测字段，这是日历提供者对该经济发布的预期值。在撰写本文时，tradingeconomics、forexfactory 和 fxstreet 是众多免费或付费经济日历提供商中的一些。

5.2.3 电子化经济发布服务

在研究分析经济发布和价格走势之前，我们还需要了解的一个概念就是如何将这些经济发布电子化地传送到交易策略的交易服务器上。有很多服务商通过低延迟的直达线路直接将经济发布电子化地提供给交易服务器。大多数供应商涵盖了主要的经济指标，通常以计算机可解析的方式向交易策略提供发布信息。这些发布的信息可以在正式发布后的几微秒到几毫秒内到达交易服务器。现在，很多算法交易市场参与者利用这种电子经济发布提供商作为替代数据提供商来提高交易业绩，这已经是很常见的事情了。

5.2.4 交易中的经济发布

现在我们已经很好地掌握了什么是经济指标，经济指标的发布是如何安排的，以及它们是如何以电子化的方式直接传递到交易服务器上的，让我们深入研究一下从经济指标发布中获得的一些可能的优势交易策略。在算法交易中使用经济指标发布有几种不同的方法，我们将探讨较常见和较直观的方法。鉴于经济指标预期值和实际发布的历史数据类似于我们之前看到的格式，可以将预期值和实际值之间的差异与接下来的价格走势联系起来。一般来说有两种方法。一种是利用预期和实际经济指标发布有较大误差的价格走势，即根据历史研究，价格应该有一定的变动，但变动的幅度远远小于预期。这种策略在持仓时认为价格会进一步变动，如果价格真的变动了，则试图获取利润，在某种意义上类似于趋势跟踪交易策略。

另一种方法则恰恰相反，它试图发现价格变动中的过度反应，并做出相反的预测，由此使价格回到以前的水平，在某种意义上类似于均值回归交易策略。在实际操作中，这种方法通常是通过使用在第 3 章中探讨的分类方法来改进的。分类方法允许我们改进同时发生的组合多个经济发布的过程，除了对每个发布有多个可能的价值边界外，还可以提供更大的粒度和阈值。在这个例子中，我们不会深入探讨将分类方法应用于这种经济发布交易策略的复杂性。

让我们来看几个美国非农指标发布（见图 5-12），并观察它们对标准普尔期货的影响。因为实际的分析代码所需的 tick 数据不是免费的，所以我们将跳过这一步，但我们应该很容易将这种分析概念化，并理解如何将其应用于不同的数据集。

	A	B	C	D	E	F	G
1	date	time CST	actual	consensus	miss	bid price change	ask price change
2	2019-03-08	7:30:00	25000	170000	-145000	-17	-16
3	2019-06-07	7:30:00	90000	175000	-85000	-11	-11
4	2018-10-05	7:30:00	121000	180000	-59000	18	18
5	2018-12-07	7:30:00	161000	200000	-39000	15	16
6	2018-08-03	7:30:00	170000	189000	-19000	-1	-1
7	2019-08-02	7:30:00	148000	160000	-12000	-8	-8
8	2019-04-05	7:30:00	182000	170000	12000	22	23
9	2018-07-06	7:30:00	202000	190000	12000	12	12
10	2018-09-07	7:30:00	204000	190000	14000	1	1
11	2019-07-05	7:30:00	191000	153000	38000	-3	-2
12	2019-05-03	7:30:00	236000	180000	56000	10	10
13	2018-11-02	7:30:00	246000	183000	63000	11	11
14	2019-01-04	7:30:00	301000	175000	126000	-6	-6
15	2019-02-01	7:30:00	296000	170000	126000	23	23

图 5-12

让我们快速汇总散点图（见图 5-13），以方便、直观地了解经济指标发布中价格走势与误差的对应关系。

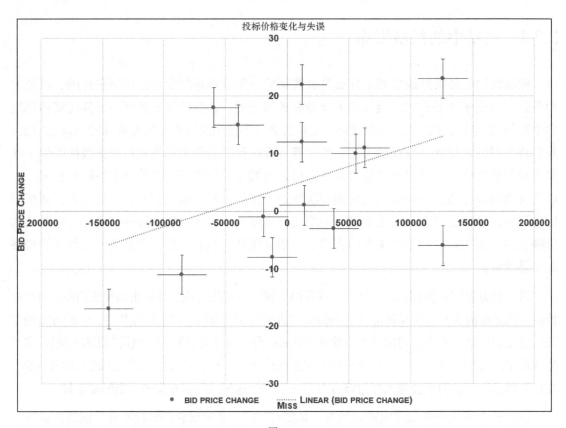

图 5-13

如你所见，正向误差（实际指标值高于一致指标值）会导致价格上涨。反之，负向误差

（实际指标值低于一致指标值）则会导致价格走低。一般来说，非农就业岗位的增加得越多，往往表明经济状况越健康，从而导致跟踪主要股票的标准普尔指数增值。另一个有趣的现象是，一般来说，误差越大，价格波动越大。因此，通过这个简单的分析，我们有了两个未知数的预期反应：误差导致的价格变动方向以及价格变动的幅度作为误差幅度的函数。现在，我们来看看如何使用这些信息。

正如我们之前所讨论的，其中一种方法是利用误差值和研究结果，采用顺势而为的方法，在出现较大的正向误差时买入，在出现较大的负向误差时卖出，预期价格会有一定幅度的上涨或下跌。然后，当预期的价格变动实现后，该策略就会平仓多头头寸或空头头寸。当价格走势和幅度与研究结果一致时，这种策略就会发挥作用。另一个重要的考虑因素是发布和价格开始移动之间的延迟。该策略需要足够快，以便在所有其他市场参与者获得信息和价格移动结束之前建立头寸。

另一种方法是利用误差值和研究来检测价格变动中的过度反应，然后采取相反的立场。在这种情况下，对于正向的误差，如果价格下跌，我们可以有这样的观点，即此举是一个错误或过度反应，并建立多头头寸，按照我们的研究，期望价格上涨。另一种过度反应是，价格按照我们的研究指示由于正向误差而上涨，但上涨的幅度明显大于我们的研究指示。在这种情况下，该策略会等到价格大幅超出预期，然后建立空头头寸，以期待过度反应消退，价格回调一些，让我们获取利润。与趋势跟踪法相比，均值回归交易法对经济指标发布的好处在于，它对经济指标发布与交易策略之间必须建立头寸的时间窗口间的延迟并不太敏感。

5.3 实施基本的统计套利交易策略

统计套利交易策略（Statistical Arbitrage Trading Strategies，StatArb）最早流行于 20 世纪 80 年代，为许多公司带来了可观的回报。它是一类试图捕捉许多相关产品的短期价格变动之间的关系的策略。它利用过去研究中发现的具有统计学意义的关系，根据大量相关产品的价格变动对正在交易的工具进行预测。

5.3.1 StatArb 的基础

StatArb 在某种程度上类似于我们在第 4 章中探讨的在共线性相关产品中采取抵消头寸的配对交易。然而，不同之处在于，StatArb 往往拥有数百种交易工具的篮子或组合，无论是期货、股票、期权，还是货币。另外，StatArb 还混合了均值回归交易策略和趋势跟踪交易策略。

一种情况是，交易工具的价格偏差小于根据预期与工具组合的价格偏差。在这种情况下，StatArb 类似于趋势跟踪交易策略，它的定位是期望交易工具的价格能赶上组合的价格。

另一种情况是，根据与工具组合价格偏差的预期关系，被交易工具的价格偏差大于预期价格偏差。此时 StatArb 类似于均值回归交易策略，它将自己定位在交易工具的价格将回归到组合的预期上。大多数 StatArb 的广泛应用更倾向于均值回归交易策略。StatArb 可以被认为是高频交易策略，但如果策略仓位持续时间超过几毫秒或几秒，也可以被认为是中频交易策略。

5.3.2　StatArb 中的领先滞后

另一个重要的考虑因素是，这个策略隐含地期望投资组合领先，而交易工具在市场参与者的反应方面是滞后的。当情况并非如此时，例如，当我们试图交易的交易工具实际上是引领整个投资组合的价格走势时，那么这个策略就不会有很好的表现，因为交易工具的价格无法赶上投资组合，现在投资组合价格赶上了交易工具，这就是 StatArb 中领先滞后的概念。要想获得赢利，我们需要找到大部分是滞后的交易工具，并建立一个大部分是领先的工具组合。

很多时候，上述方式表现出的情况是，在某些市场时段，一些工具领先于其他工具，而在其他市场时段，这种关系是相反的。例如，直观地理解，在亚洲市场时段，在新加坡、印度、中国、日本等亚洲电子交易所交易的交易工具会引领全球资产的价格走势。在欧洲市场时段，在德国、英国等欧洲国家交易的交易工具引领了全球资产的大部分价格走势。最后，在美国市场时段，美国的交易工具引领价格走势。所以，理想的方法是在不同的交易时段，以不同的方式构建投资组合，建立领先工具和滞后工具之间的关系。

5.3.3　调整投资组合的构成和关系

建立 StatArb 并使其持续表现良好的另一个重要因素是理解和建立系统，以适应不同交易工具之间不断变化的构成和关系。让 StatArb 主要依赖于大量交易工具之间的短期关系，其缺点是很难理解和适应构成投资组合的所有不同工具的价格变动关系。投资组合的权重会随着时间的推移而变化。主成分分析是维度降低技术中的一种统计工具，可以用来构建、适应和监控随时间变化的投资组合权重和其重要性。

另一个重要的问题是处理好交易工具与领先工具之间的关系，以及处理好交易工具与领先工具的组合之间的关系。有时，局部的波动和特定国家的经济事件会导致 StatArb 赢利所需的基本关系破裂。想要应对这样的条件，除了 StatArb 技术之外，还需要更多的统计优势和复杂的技术。

5.3.4 StatArb 的基础设施费用

StatArb 的最后一个重要考虑因素是，要想在 StatArb 中获得成功，必须与很多电子交易所建立联系，以获得不同国家或市场的不同交易所的市场数据，这是非常重要的。从基础设施成本的角度来看，在这么多的交易所中进行联合办公是非常昂贵的。另一个问题是，这不仅需要连接到尽可能多的交易所，而且需要进行大量的软件开发、投资，以接收、解码和存储市场数据，同时也要发送订单，因为这些交易所中很多可能使用不同的市场数据馈送和订单网关通信格式。

最后一个重要的考虑因素是，由于 StatArb 需要接收所有交易所的市场数据，因此现在每一个场地都需要同其他每一个场地建立一个物理数据链路，每增加一个交易所，成本就会成倍增加。然后，如果考虑使用更昂贵的微波服务来更快地传送数据，那就更糟糕了。因此综上所述，在运行算法交易业务时，从基础设施的角度来看，StatArb 的成本会比其他交易策略高得多。

5.3.5 Python 中的 StatArb

现在，我们已经对 StatArb 所涉及的原理有了很好的理解，并了解了利用 StatArb 构建和运营算法交易业务的一些实际考虑因素，现在来看一个实际的交易策略实现，并了解其行为和性能。在实际操作中，现代算法交易业务如果操作频率较高，通常会使用 C++等编程语言。

1. StatArb 数据集

首先，获得实现 StatArb 所需的数据集。在本小节中，我们将使用以下全球主要货币：

- 澳元对美元（AUD/USD）；
- 英镑对美元（GBP/USD）；
- 加元对美元（CAD/USD）；
- 瑞士法郎对美元（CHF/USD）；

- 欧元对美元（EUR/USD）；

- 日元对美元（JPY/USD）；

- 新西兰元对美元（NZD/USD）。

而对于此次 StatArb 的实施，我们将尝试利用与其他货币对的关系来进行 CAD/USD 的交易。

（1）让我们获取这些货币对 4 年的数据，并建立数据框：

```
import pandas as pd
from pandas_datareader import data

# Fetch daily data for 4 years, for 7 major currency pairs
TRADING_INSTRUMENT = 'CADUSD=X'
SYMBOLS = ['AUDUSD=X', 'GBPUSD=X', 'CADUSD=X', 'CHFUSD=X',
'EURUSD=X', 'JPYUSD=X', 'NZDUSD=X']
START_DATE = '2014-01-01'
END_DATE = '2018-01-01'

# DataSeries for each currency
symbols_data = {}
for symbol in SYMBOLS:
  SRC_DATA_FILENAME = symbol + '_data.pkl'
  try:
    data = pd.read_pickle(SRC_DATA_FILENAME)
  except FileNotFoundError:
    data = data.DataReader(symbol, 'yahoo', START_DATE,END_DATE)
    data.to_pickle(SRC_DATA_FILENAME)

  symbols_data[symbol] = data
```

（2）快速可视化每种货币对在我们的数据集期间的价格，看看观察到了什么。我们将日元对美元货币对的缩放比例设置为 100.0，纯粹是为了可视化缩放：

```
# Visualize prices for currency to inspect relationship between
them
import matplotlib.pyplot as plt
import numpy as np
from itertools import cycle

cycol = cycle('bgrcmky')

price_data = pd.DataFrame()
for symbol in SYMBOLS:
  multiplier = 1.0
```

```
    if symbol == 'JPYUSD=X':
        multiplier = 100.0

    label = symbol + ' ClosePrice'
    price_data =
price_data.assign(label=pd.Series(symbols_data[symbol]['Close'] * multiplier, index=symbols_
data[symbol].index))
    ax = price_data['label'].plot(color=next(cycol), lw=2.,
label=label)
plt.xlabel('Date', fontsize=18)
plt.ylabel('Scaled Price', fontsize=18)
plt.legend(prop={'size': 18})
plt.show()
```

前面的代码将返回图 5-14 所示的输出（读者可从异步社区下载彩图查看）。

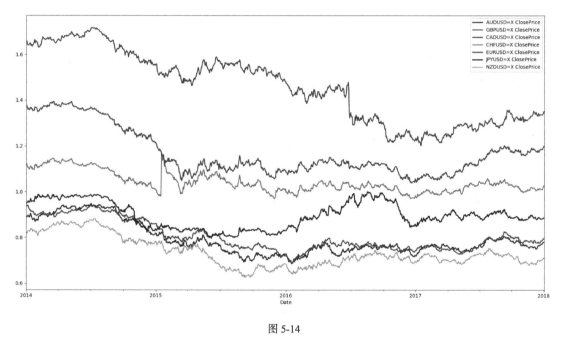

图 5-14

正如人们所期望并可以观察到的那样，这些货币对的价格走势存在不同程度上的相似。加元对美元、澳元对美元和新西兰元对美元似乎相关性最大，而瑞士法郎对美元、日元对美元与加元对美元的相关性最小。在本策略中，我们将在交易模型中使用所有这些货币，因为这些关系显然无法提前知道。

2. 定义 StatArb 信号参数

现在，让我们定义和量化一些参数，这些参数将需要定义移动平均线、移动平均线的价格偏差、价格偏差的历史记录以及计算和跟踪相关性的变量：

```
import statistics as stats

# Constants/variables that are used to compute simple moving average and
price deviation from simple moving average
SMA_NUM_PERIODS = 20 # look back period
price_history = {} # history of prices

PRICE_DEV_NUM_PRICES = 200 # look back period of ClosePrice deviations from
SMA
price_deviation_from_sma = {} # history of ClosePrice deviations from SMA

# We will use this to iterate over all the days of data we have
num_days = len(symbols_data[TRADING_INSTRUMENT].index)
correlation_history = {} # history of correlations per currency pair
delta_projected_actual_history = {} # history of differences between
Projected ClosePrice deviation and actual ClosePrice deviation per currency pair

final_delta_projected_history = [] # history of differences between final Projected
ClosePrice deviation for TRADING_INSTRUMENT and actual ClosePrice deviation
```

3. 定义 StatArb 交易参数

现在，在我们进入主策略循环之前，先定义一些建立 StatArb 所需的最终变量和阈值：

```
# Variables for Trading Strategy trade, position & pnl management
orders = [] # Container for tracking buy/sell order, +1 for buy order, -1
for sell order, 0 for no-action
positions = [] # Container for tracking positions, positive for long positions, negative
for short positions, 0 for flat/no position
pnls = [] # Container for tracking total_pnls, this is the sum of closed_pnl i.e. pnls already
locked in and open_pnl i.e. pnls for open_position marked to market price

last_buy_price = 0 # Price at which last buy trade was made, used to
prevent over-trading at/around the same price
last_sell_price = 0 # Price at which last sell trade was made, used to
prevent over-trading at/around the same price
position = 0 # Current position of the trading strategy
buy_sum_price_qty = 0 # Summation of products of buy_trade_price and buy_trade_qty for every
buy Trade made since last time being flat
buy_sum_qty = 0 # Summation of buy_trade_qty for every buy Trade made since
last time being flat
sell_sum_price_qty = 0 # Summation of products of sell_trade_price and sell_trade_qty for
every sell Trade made since last time being flat
sell_sum_qty = 0 # Summation of sell_trade_qty for every sell Trade made
since last time being flat
open_pnl = 0 # Open/Unrealized PnL marked to market
closed_pnl = 0 # Closed/Realized PnL so far

# Constants that define strategy behavior/thresholds
```

```
StatArb_VALUE_FOR_BUY_ENTRY = 0.01 # StatArb trading signal value above
which to enter buy-orders/long-position
StatArb_VALUE_FOR_SELL_ENTRY = -0.01 # StatArb trading signal value below
which to enter sell-orders/short-position
MIN_PRICE_MOVE_FROM_LAST_TRADE = 0.01 # Minimum price change since last trade before
considering trading again, this is to prevent over-trading at/around same prices
NUM_SHARES_PER_TRADE = 1000000 # Number of currency to buy/sell on every trade
MIN_PROFIT_TO_CLOSE = 10 # Minimum Open/Unrealized profit at which to close positions and
lock profits
```

4．量化和计算 StatArb 交易信号

（1）我们将一次查看一天中的可用价格，看看需要进行哪些计算。首先从计算 Simple MovingAverages 和滚动均线的价格偏差开始：

```
for i in range(0, num_days):
    close_prices = {}

    # Build ClosePrice series, compute SMA for each symbol and price- deviation from SMA for
each symbol
    for symbol in SYMBOLS:
        close_prices[symbol] = symbols_data[symbol]['Close'].iloc[i]
        if not symbol in price_history.keys():
            price_history[symbol] = []
            price_deviation_from_sma[symbol] = []

        price_history[symbol].append(close_prices[symbol])
        if len(price_history[symbol]) > SMA_NUM_PERIODS: # we track at most SMA_NUM_PERIODS number
of prices
            del (price_history[symbol][0])

        sma = stats.mean(price_history[symbol]) # Rolling
    SimpleMovingAverage
        price_deviation_from_sma[symbol]. append(close_prices[symbol]- sma) # price deviation
from mean
        if len(price_deviation_from_sma[symbol]) >
    PRICE_DEV_NUM_PRICES:
            del (price_deviation_from_sma[symbol][0])
```

（2）接下来，需要计算加元对美元货币对的价格偏差与其他货币对的价格偏差之间的关系。我们将使用在前文计算的简单移动平均线的一系列价格偏差之间的协方差和相关性。在这个循环中，还将计算每一个其他主导货币对预测的加元对美元的价格偏差，并查看预测的价格偏差和实际价格偏差之间的差异。我们将需要这些预测价格偏差和实际价格偏差之间的单个差额，以获得我们将用于交易的最终差额。

首先，我们来看一下填充 correlation_history 和 delta_projected_actual_history 字典的代码块：

```
    # Now compute covariance and correlation between
TRADING_INSTRUMENT and every other lead symbol
    # also compute projected price deviation and find delta between projected and actual price
deviations
    projected_dev_from_sma_using = {}
    for symbol in SYMBOLS:
        if symbol == TRADING_INSTRUMENT: # no need to find relationship between trading instrument
and itself
            continue

        correlation_label = TRADING_INSTRUMENT + '<-' + symbol
        if correlation_label not in correlation_history.keys():
    # first entry for this pair in the history dictionary
            correlation_history[correlation_label] = []
            delta_projected_actual_history[correlation_label] = []

        if len(price_deviation_from_sma[symbol]) < 2: # need atleast
    two observations to compute covariance/correlation
            correlation_history[correlation_label].append(0)
            delta_projected_actual_history[correlation_label].append(0)
            continue
```

现在，让我们来看看计算货币对之间相关性和协方差的代码块：

```
    corr =
np.corrcoef(price_deviation_from_sma[TRADING_INSTRUMENT],
price_deviation_from_sma[symbol])
    cov = np.cov(price_deviation_from_sma[TRADING_INSTRUMENT],
price_deviation_from_sma[symbol])
    corr_trading_instrument_lead_instrument = corr[0, 1] # get the correlation between the
2 series
    cov_trading_instrument_lead_instrument = cov[0, 0] / cov[0, 1] # get the covariance
between the 2 series

    correlation_history[correlation_label].append(corr_trading_instrume nt_lead_instrument)
```

最后，让我们看一下计算预测价格变动的代码块，用它来找出预测变动和实际变动之间的差异，并将其保存在每个货币对的 delta_projected_actual_ history 列表中：

```
    # projected-price-deviation-in-TRADING_INSTRUMENT is covariance * price-deviation-in- lead-
symbol
    projected_dev_from_sma_using[symbol] = price_deviation_from_sma[symbol][-1] * cov_trading_
instrument_lead_instrument

    # delta positive => signal says TRADING_INSTRUMENT price should have moved up more than what
it did
    # delta negative => signal says TRADING_INSTRUMENT price should have moved down more than
what it did
```

```
    delta_projected_actual= (projected_dev_from_sma_using[symbol]
  - price_deviation_from_sma[TRADING_INSTRUMENT][-1])
  delta_projected_actual_history[correlation_label].append(delta_projected_actual)
```

（3）让我们将加元对美元货币对的预测和实际价格偏差之间的这些单独的差额组合起来，以获得加元对美元货币对的最终 StatArb 信号值，该信号值是所有其他货币对预测的组合。为了组合这些不同的预测，我们将使用加元对美元货币对与其他货币对之间的相关程度，来权衡其他货币对预测加元对美元货币对价格偏差和实际价格偏差之间的差额。最后，将通过每个单项权重的总和（相关性的大小）来归一化最终的差额值，即建立交易策略的最终信号：

```
    # weigh predictions from each pair, weight is the correlation
  between those pairs
    sum_weights = 0 # sum of weights is sum of correlations for each symbol with TRADING_
INSTRUMENT
    for symbol in SYMBOLS:
      if symbol == TRADING_INSTRUMENT: # no need to find relationship between trading instrument
and itself
        continue

      correlation_label = TRADING_INSTRUMENT + '<-' + symbol
      sum_weights += abs(correlation_history[correlation_label][-1])

    final_delta_projected = 0 # will hold final prediction of price deviation in TRADING_
INSTRUMENT, weighing projections from all other symbols.
    close_price = close_prices[TRADING_INSTRUMENT]
    for symbol in SYMBOLS:
      if symbol == TRADING_INSTRUMENT: # no need to find relationship between trading
instrument and itself
        continue

      correlation_label = TRADING_INSTRUMENT + '<-' + symbol

      # weight projection from a symbol by correlation
      final_delta_projected += (abs(correlation_history[correlation_label][-1]) *
  delta_projected_actual_history[correlation_label][-1])

    # normalize by diving by sum of weights for all pairs
    if sum_weights != 0:
      final_delta_projected /= sum_weights
    else:
      final_delta_projected = 0

    final_delta_projected_history.append(final_delta_projected)
```

5. StatArb 执行逻辑

让我们使用以下步骤来执行 StatArb 信号的策略。

（1）现在，利用刚刚计算出来的 StatArb 信号，可以建立一个类似于之前看到的趋势跟踪交易策略。先来看看控制卖出的交易逻辑：

```
    if ((final_delta_projected < StatArb_VALUE_FOR_SELL_ENTRY and
    abs(close_price - last_sell_price) >
    MIN_PRICE_MOVE_FROM_LAST_TRADE) # StatArb above sell entry
    threshold, we should sell
        or
        (position > 0 and (open_pnl > MIN_PROFIT_TO_CLOSE))): # long from negative StatArb and
StatArb has gone positive or position is profitable, sell to close position
        orders.append(-1) # mark the sell trade
        last_sell_price = close_price
        position -= NUM_SHARES_PER_TRADE # reduce position by the size of this trade
        sell_sum_price_qty += (close_price * NUM_SHARES_PER_TRADE) #
update vwap sell-price
        sell_sum_qty += NUM_SHARES_PER_TRADE
        print("Sell ", NUM_SHARES_PER_TRADE, " @ ", close_price,
    "Position: ", position)
        print("OpenPnL: ", open_pnl, " ClosedPnL: ", closed_pnl, " TotalPnL: ", (open_pnl + closed_
pnl))
```

（2）现在来看看买入的交易逻辑，它与卖出的交易逻辑十分相似：

```
    elif ((final_delta_projected > StatArb_VALUE_FOR_BUY_ENTRY and abs(close_price - last_buy_
price) > MIN_PRICE_MOVE_FROM_LAST_TRADE)
    # StatArb below buy entry threshold, we should buy
        or
        (position < 0 and (open_pnl > MIN_PROFIT_TO_CLOSE))): # short from positive StatArb
and StatArb has gone negative or position is profitable, buy to close position
        orders.append(+1) # mark the buy trade
        last_buy_price = close_price
        position += NUM_SHARES_PER_TRADE # increase position by the
    size of this trade
        buy_sum_price_qty += (close_price * NUM_SHARES_PER_TRADE) #
update the vwap buy-price
        buy_sum_qty += NUM_SHARES_PER_TRADE
        print("Buy ", NUM_SHARES_PER_TRADE, " @ ", close_price,
    "Position: ", position)
        print("OpenPnL: ", open_pnl, " ClosedPnL: ", closed_pnl, "
TotalPnL: ", (open_pnl + closed_pnl))
    else:
        # No trade since none of the conditions were met to buy or sell
        orders.append(0)
    positions.append(position)
```

（3）最后，来看看头寸管理和 PnL 的更新逻辑，它和之前的交易策略非常相似：

```
# This section updates Open/Unrealized & Closed/Realized
Positions
  open_pnl = 0
  if position > 0:
    if sell_sum_qty > 0: # long position and some sell trades have been made against it, close
that amount based on how much was sold against this long position
      open_pnl = abs(sell_sum_qty) * (sell_sum_price_qty /
    sell_sum_qty - buy_sum_price_qty / buy_sum_qty)
      # mark the remaining position to market i.e. pnl would be what it would be if we closed
at current price
      open_pnl += abs(sell_sum_qty - position) * (close_price -
    buy_sum_price_qty / buy_sum_qty)
  elif position < 0:
    if buy_sum_qty > 0: # short position and some buy trades have been made against it, close
that amount based on how much was bought against this short position
      open_pnl = abs(buy_sum_qty) * (sell_sum_price_qty /
    sell_sum_qty - buy_sum_price_qty / buy_sum_qty)
      # mark the remaining position to market i.e. pnl would be what it would be if we closed
at current price
  open_pnl += abs(buy_sum_qty - position) * (sell_sum_price_qty /sell_sum_qty - close_price)
  else:
    # flat, so update closed_pnl and reset tracking variables for
positions & pnls
    closed_pnl += (sell_sum_price_qty - buy_sum_price_qty)
    buy_sum_price_qty = 0
    buy_sum_qty = 0
    sell_sum_price_qty = 0
    sell_sum_qty = 0
    last_buy_price = 0
    last_sell_price = 0

  pnls.append(closed_pnl + open_pnl)
```

6．StatArb 信号和策略性能分析

现在，使用以下步骤来分析 StatArb 信号。

（1）让我们更直观地了解一下这个交易策略中的信号细节，先从加元对美元货币对和其他货币对之间随着时间的推移而演变的相关性开始：

```
# Plot correlations between TRADING_INSTRUMENT and other currency pairs
correlation_data = pd.DataFrame()
for symbol in SYMBOLS:
  if symbol == TRADING_INSTRUMENT:
    continue
```

```
    correlation_label = TRADING_INSTRUMENT + '<-' + symbol
    correlation_data =
  correlation_data.assign(label=pd.Series(correlation_history[correlation_label],
index=symbols_data[symbol].index))
    ax = correlation_data['label'].plot(color=next(cycol), lw=2., label='Correlation ' +
correlation_label)

  for i in np.arange(-1, 1, 0.25):
    plt.axhline(y=i, lw=0.5, color='k')
  plt.legend()
  plt.show()
```

图 5-15 显示了 CADUSD 和其他货币对之间的相关性，它在这个交易策略的过程中不断
变化。接近−1 或+1 的相关性表示强相关货币对，而保持稳定的相关性是稳定的相关货币对。
相关性在负值和正值之间摇摆不定的货币对表示极度不相关或不稳定的货币对，长期来看不
太可能产生良好的预测。然而，我们无法提前知道相关性会如何演变，所以别无选择，只能
在 StatArb 中使用所有可用的货币对。

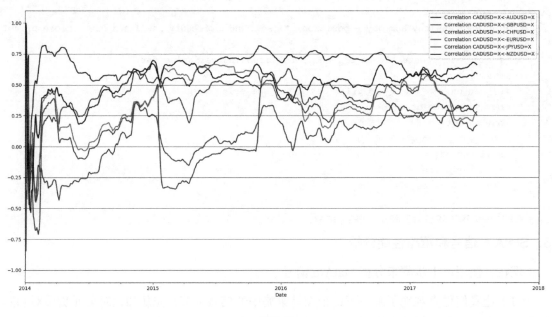

图 5-15

正如我们所猜测的那样，与加元对美元货币对的价格偏差相关性最强的货币对是澳
元对美元和新西兰元对美元。日元对美元货币对与加元对美元货币对的价格偏差的相关
性最小。

（2）现在，检查一下每个货币对分别预测的加元对美元货币对的价格偏差与实际价格偏差之间的差异关系：

```
# Plot StatArb signal provided by each currency pair
delta_projected_actual_data = pd. DataFrame()
for symbol in SYMBOLS:
  if symbol == TRADING_INSTRUMENT:
    continue

  projection_label = TRADING_INSTRUMENT + '<-' + symbol
  delta_projected_actual_data =
delta_projected_actual_data.assign(StatArbTradingSignal=pd.Series(delta_projected_actual_
history[projection_label], index=symbols_data[TRADING_INSTRUMENT].index))
  ax =
delta_projected_actual_data['StatArbTradingSignal'].plot(color=next (cycol), lw=1., label=
'StatArbTradingSignal ' + projection_label)
  plt.legend()
  plt.show()
```

如果我们单独使用任何一个货币对来预测加元对美元货币对的价格偏差，这就是 StatArb 信号值的样子（见图 5-16）。

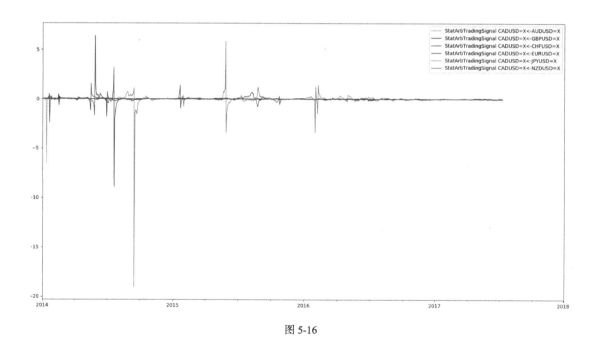

图 5-16

图 5-16 似乎表明 JPYUSD 和 CHFUSD 有非常大的预测值。但正如我们之前看到的，这

些货币对于 CADUSD 没有良好的相关性，所以这些很可能是错误的预测，因为 CADUSD - JPYUSD、CADUSD - CHFUSD 之间的预测关系不佳。从中可以得到的一个教训是，StatArb 从拥有多个领先的交易工具中受益，因为当特定货币对之间的关系破裂时，其他强相关货币对可以帮助抵消错误的预测。

（3）现在，设置数据框来绘制所观察的收盘价、交易、头寸和 PnL：

```
delta_projected_actual_data =
delta_projected_actual_data.assign(ClosePrice=pd.Series(symbols_data[TRADING_INSTRUMENT]
['Close'],
   index=symbols_data[TRADING_INSTRUMENT].index))
delta_projected_actual_data =
delta_projected_actual_data.assign(FinalStatArbTradingSignal=pd.Series(final_delta_
projected_history, index=symbols_data[TRADING_INSTRUMENT].index))
delta_projected_actual_data =
delta_projected_actual_data.assign(Trades=pd.Series(orders,
   index=symbols_data[TRADING_INSTRUMENT].index))
delta_projected_actual_data =
delta_projected_actual_data.assign(Position=pd.Series(positions,
   index=symbols_data[TRADING_INSTRUMENT].index))
delta_projected_actual_data =
delta_projected_actual_data.assign(Pnl=pd.Series(pnls,
index=symbols_data[TRADING_INSTRUMENT].index))

   plt.plot(delta_projected_actual_data.index, delta_projected_actual_data.ClosePrice,color='k',
lw=1., label='ClosePrice')
   plt.plot(delta_projected_actual_data.loc[delta_projected_actual_data.Trades == 1].index,
delta_projected_actual_data.ClosePrice[delta_projected_actual_data.Trades == 1], color='r',
lw=0, marker='^', markersize=7, label='buy')
   plt.plot(delta_projected_actual_data.loc[delta_projected_actual_data.Trades == -1].index,
delta_projected_actual_data.ClosePrice[delta_projected_actual_data.Trades == -1], color='g',
lw=0, marker='v', markersize=7, label='sell')
   plt.legend()
   plt.show()
```

图 5-17 展示了在 CADUSD 中买入和卖出交易的价格是多少。除了这个图之外，我们还需要检查最终的交易信号，以充分理解这个 StatArb 信号和策略的行为。

现在，来看看为最终的 StatArb 交易信号建立可视化的实际代码，并在信号演化的生命周期中覆盖买入和卖出交易。这将帮助我们了解买入和卖出交易的信号值，以及这是否符合预期：

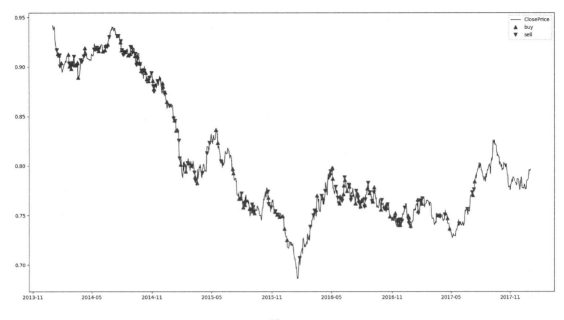

图 5-17

```
    plt.plot(delta_projected_actual_data.index,
    delta_projected_actual_data.FinalStatArbTradingSignal, color='k', lw=1., label=
'FinalStatArbTradingSignal')
    plt.plot(delta_projected_actual_data.loc[delta_projected_actual_data.Trades == 1].index,
    delta_projected_actual_data.FinalStatArbTradingSignal[delta_project ed_actual_data.Trades
== 1], color='r', lw=0, marker='^', markersize=7, label='buy')
    plt.plot(delta_projected_actual_data.loc[delta_projected_actual_data.Trades == -1].index,
    delta_projected_actual_data.FinalStatArbTradingSignal[delta_project ed_actual_data.Trades ==
-1], color='g', lw=0, marker='v', markersize=7, label='sell')
    plt.axhline(y=0, lw=0.5, color='k')
    for i in np.arange(StatArb_VALUE_FOR_BUY_ENTRY,
    StatArb_VALUE_FOR_BUY_ENTRY * 10, StatArb_VALUE_FOR_BUY_ENTRY * 2):
      plt.axhline(y=i, lw=0.5, color='r')
    for i in np.arange(StatArb_VALUE_FOR_SELL_ENTRY, StatArb_VALUE_FOR_SELL_ENTRY * 10, StatArb_
VALUE_FOR_SELL_ENTRY * 2):
      plt.axhline(y=i, lw=0.5, color='g')
    plt.legend()
    plt.show()
```

　　由于我们在 StatArb 中采用了趋势跟踪的方法，所以希望在信号值为正时买入，在信号值为负时卖出。让我们从图 5-18 看看情况是否如此。

　　根据图 5-18 和对趋势跟踪交易策略的理解，再加上我们建立的 StatArb 信号，确实看到很多信号值为正时的买入交易和信号值为负时的卖出交易。当信号值为负时进行的买入交易和信号值为正时进行的卖出交易可以归结为平仓获利的交易，这一点在之前的均值回归交易策略和趋势跟踪交易策略中也看到了。

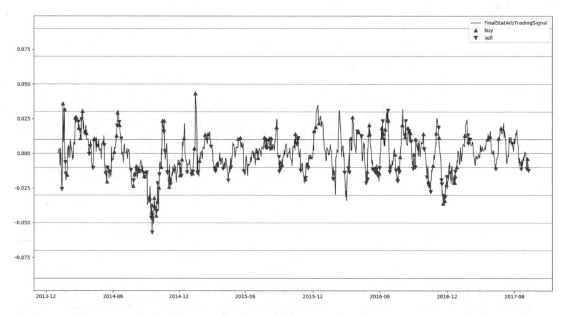

图 5-18

（4）让我们通过可视化的头寸和 PnL 来总结分析 StatArb：

```
plt.plot(delta_projected_actual_data.index, delta_projected_actual_data.Position,color='k',
lw=1., label='Position')
plt.plot(delta_projected_actual_data.loc[delta_projected_actual_data.Position == 0].index,
delta_projected_actual_data.Position[delta_projected_actual_data.Position == 0], color='k',
lw=0, marker='.', label='flat')
plt.plot(delta_projected_actual_data.loc[delta_projected_actual_data.Position > 0].index,
delta_projected_actual_data.Position[delta_projected_actual_data.Position > 0], color='r', lw=0,
marker='+', label='long')
plt.plot(delta_projected_actual_data.loc[delta_projected_actual_data.Position < 0].index,
delta_projected_actual_data.Position[delta_projected_actual_data.Position < 0], color='g', lw=0,
marker='_', label='short')
plt.axhline(y=0, lw=0.5, color='k')
for i in range(NUM_SHARES_PER_TRADE, NUM_SHARES_PER_TRADE * 5,
NUM_SHARES_PER_TRADE):
  plt.axhline(y=i, lw=0.5, color='r')
for i in range(-NUM_SHARES_PER_TRADE, -NUM_SHARES_PER_TRADE * 5, - NUM_SHARES_PER_TRADE):
  plt.axhline(y=i, lw=0.5, color='g')
plt.legend()
plt.show()
```

头寸图（见图 5-19）显示了 StatArb 在其生命周期内的头寸变化。请记住，这些头寸是以美元价格计算的，所以 10 万美元的头寸大约相当于 1 个未来合约。我们提到这一点是为了说明 10 万美元的头寸并不意味着 10 万美元合约的头寸！

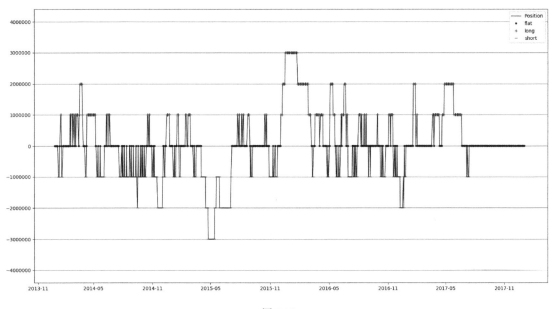

图 5-19

（5）最后，来看看 PnL 图的代码，和之前一直使用的代码完全一样：

```
plt.plot(delta_projected_actual_data.index,
delta_projected_actual_data.Pnl, color='k', lw=1., label='Pnl')
    plt.plot(delta_projected_ actual_data.loc[delta_projected_actual_data.Pnl > 0].index,
delta_projected_actual_data.Pnl[delta_projected_actual_data.Pnl >0], color='g', lw=0,
marker='.')
    plt.plot(delta_projected_actual_data.loc[delta_projected_actual_data.Pnl < 0].index,
delta_projected_actual_data.Pnl[delta_projected_actual_data.Pnl <0], color='r', lw=0,
marker='.')
    plt.legend()
    plt.show()
```

我们希望在这里看到比之前建立的交易策略更好的表现，因为它依赖于不同货币对之间的基本关系。并且由于它使用多个货币对作为主导交易工具，因此在不同的市场条件下应该能够有更好的表现（见图 5-20）。

就是这样，现在你已经有了一个可带来赢利的统计套利交易策略的工作实例，并且应该能够将其改进和扩展到其他交易工具了！

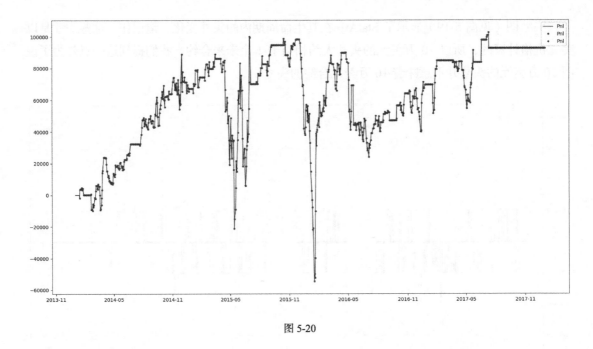

图 5-20

5.4 总结

本章利用在前几章中看到的一些交易信号,建立了现实而稳健的趋势跟踪交易策略和均值回归交易策略。此外,又进一步将这些基本交易策略变得更加复杂,加入了波动率衡量交易信号,使其更加动态,更能适应不同的市场条件。我们还研究了一种全新形式的交易策略,即处理经济发布的交易策略,以及如何针对非农数据样本进行该交易策略的分析。最后,我们研究了迄今为止较复杂的交易策略——统计套利交易策略,并将其应用于以主要货币对为主导交易信号的加元对美元。我们非常详细地研究了如何量化和参数化 StatArb 交易信号和交易策略,并将这一过程的每一步都可视化,并得出结论,该交易策略为我们的数据集带来了出色的结果。

在第 6 章中,你将学习如何衡量和管理算法策略中的风险。

06

第6章

管理算法策略中的风险

到目前为止，我们已经对算法交易的工作原理以及如何从市场数据中建立交易信号有了良好的理解。我们还研究了一些基本的交易策略以及更复杂的交易策略，所以看起来我们似乎已经处于一个很好的开始交易的位置，对吗？并不尽然。要想在算法交易中取得成功，另一个非常重要的要求是理解风险管理，并使用良好的风险管理措施。

不良的风险管理措施可能会将好的算法交易策略变成无利可图的策略。另外，良好的风险管理措施可以将一个看似低劣的交易策略变成一个实际赢利的策略。在本章中，我们将研究算法交易中不同种类的风险，研究如何量化和比较这些风险，并探讨如何建立一个良好的风险管理系统来遵循这些风险管理措施。

本章将介绍以下主题。

- 区分风险类型和风险因素。
- 区分风险措施。
- 制定风险管理算法。

6.1 区分风险类型和风险因素

算法交易策略中的风险基本上分为两种：造成交易损失的风险和造成市场中非法或禁止行为的风险，这些风险会引起监管部门的关注。我们先来看看风险，再来看看在算法交易的业务中，是什么因素导致了这些风险的增加或减少。

6.1.1　交易损失的风险

这是最明显也是最直观的一个问题，我们想通过交易来赚钱，但总是要面对其他市场参与者亏损的风险。交易是一个零和游戏：一些参与者会赚钱，而其他参与者会亏钱。亏损的参与者所损失的金额，就是赢利的参与者所获得的金额。这个简单的事实也是让交易变得相当具有挑战性的原因。一般来说，消息较少的参与者会输给消息较多的参与者。知情者在这里是一个宽松的术语，它可以指能够获得其他人没有的信息的参与者。这可以包括获得秘密的、昂贵的甚至是非法的信息来源，有能力传输和消费其他参与者所没有的这种信息，等等。信息优势也可以由那些具有较强的信息搜索能力的参与者获得。也就是说，一些参与者会有更好的信号、更好的分析能力和更好的预测能力，以淘汰信息不灵通的参与者。显然，更复杂的参与者也会战胜不那么复杂的参与者。

复杂化也可以从技术优势中获得，比如反应更快的交易策略。使用 C/C++等语言开发软件比较困难，但可以让我们构建出能够在微秒级的时间做出反应的交易软件系统。使用现场可编程门阵列（Field Programmable Gate Arrays，FPGA）来实现亚微秒级的市场数据更新反应时间的参与者可以获得极高的速度优势。另一个获得先进性的途径是拥有更复杂的交易算法，其逻辑更复杂，目的是尽可能多地"压榨"出优势。应该清楚的是，算法交易是一个极其复杂和竞争激烈的业务，所有的参与者都在尽最大的努力，通过更多的信息和更复杂的方式来获取每一分利润。

6.1.2　违反法规的风险

另一个不为众人知的风险是算法交易策略违反监管规则的风险。如果没有做到这一点，往往会导致天文数字的罚款、巨额的法律费用，并且经常会让市场参与者被禁止在部分或所有交易所进行交易。由于建立成功的算法交易业务要历时数年，甚至要消耗数百万美元的投资，因此出于监管原因被关闭可能是非常严重的。美国证券交易委员会、美国金融业监管局和美国商品期货交易委员会只是许多监管管理机构中的一部分，它们负责监督股票、货币、期货和期权市场的算法交易活动。

这些监管机构执行全球和地方法规。此外，电子交易所本身也有相关的法律和法规，违反这些法律和法规也会受到严厉的处罚。有许多市场参与者或算法交易策略行为是被禁止的。有的会招致警告或审计，有的会招致处罚。内幕交易报告在算法交易行业内外的人中众所周知。虽然内幕交易并不真正适用于算法交易或高频交易，但我们将在这里介绍算法交易中的一些常见问题。

上述风险内容的完整度还远远不够，但这些都是算法交易或高频交易中主要的监管问题。

6.1.3　欺骗

欺骗通常是指将欺骗性的订单输入市场的行为。真正的订单是指以交易为目的而输入的订单。欺骗性订单是为了误导其他市场参与者而进入市场的，这些订单从来没有被执行的意图。这些订单的目的是让其他市场参与者相信，愿意买入或卖出的真实市场参与者比实际情况的多。通过在竞价方面进行欺骗，市场参与者被误导，以为有很多人有兴趣买入。这通常会导致其他市场参与者在买入方增加更多的订单，在卖出方变动或清除订单，期望价格会上涨。

当价格上涨时，欺骗者就会以比没有欺骗订单时更高的价格卖出。这时，欺骗者会发起空头头寸，并取消所有的欺骗性买单，导致其他市场参与者也这样做。这就促使价格从这些被综合抬高的高价回落。当价格充分下跌后，欺骗者再以较低的价格买入，以弥补空头头寸并锁定利润。

欺骗算法可以在大多数的算法交易的市场中不断重复，并赚取大量资金。然而，这在大多数市场中都是非法的，因为它会造成市场价格的不稳定，为市场参与者提供关于可用市场流动性的误导性信息，并对非算法交易的投资者或策略产生不利影响。总而言之，如果这种行为不被认定为非法行为，将会造成一系列不稳定因素，并使大多数市场参与者退出以增加市场的流动性。欺骗行为在大多数电子交易所被视为严重违规行为，交易所有先进的算法或监控系统来检测这种行为，并对进行欺骗的市场参与者进行标记。

6.1.4　报价填充

报价填充是高频交易市场参与者采用的一种操纵策略。现在，大多数交易所都制定了许多规则，使报价填充不能作为一种赢利的交易策略。报价填充是指使用非常快的交易算法和硬件来输入、修改或取消一个或多个交易工具的大量订单的行为。由于市场参与者的每一次下单操作都会引起公共市场数据的产生，因此，速度非常快的参与者有可能产生大量的市场数据，并大规模地降低速度较慢的参与者的速度，使他们无法及时做出反应，从而使用高频交易算法获得利润。

在现代电子交易市场中，这种情况就不太可行了，主要是因为交易所已经对各个市场参与者制定了消息限制的规则。交易所有能力分析和标记短暂的非真实订单流，现代匹配引擎能够更好地将市场数据源和订单流源同步。

6.1.5 操纵收盘价

操纵收盘价是一种具有破坏性和操纵性的交易行为。在电子交易市场中，交易算法有意或无意地仍会定期发生操纵收盘价的行为，这种行为与非法操纵衍生品的收盘价有关。由于期货等衍生品市场的头寸是以当日收盘时的结算价为标价的，因此，这种手法是在收盘的最后几分钟或几秒钟，在许多市场参与者已经离场的情况下，利用大量订单，以非法和破坏性的方式推动流动性较差的市场价格。

从某种意义上说，这与欺骗类似，但在这种情况下，往往在收盘期间，砸盘的市场参与者可能不会接新的执行单，而可能只是试图调整市场价格，使其已有的头寸更有利可图。对于现金结算的衍生品合约来说，更有利的结算价格会带来更多的利润。这就是为什么电子交易衍生品交易所也会相当密切地监控交易收盘，以发现和标记这种破坏性的行为。

6.1.6 风险来源

现在我们已经对算法交易中的各种风险有所了解，再来看看算法交易策略制定、优化、维护和操作中造成风险的因素。

1．软件实施风险

现代算法交易业务本质上是一种技术业务，因此诞生了 FinTech 这个新名词，意为金融与技术的交叉。计算机软件是由人类设计、开发和测试的，因为人类容易出错，所以有时这些错误会悄悄地进入交易系统和算法交易策略。软件实施缺陷往往是算法交易中最容易被忽视的风险来源。虽然运营风险和市场风险极为重要，但软件实施缺陷有可能造成数百万美元的损失，已经有很多公司在几分钟内因软件实施缺陷而破产的案例。

之前有一个骑士资本事件，软件实施缺陷加上运营风险问题，导致他们在 45 分钟内损失了 4.4 亿美元，最后被关停。软件实施缺陷也是非常棘手的，因为软件工程是一个非常复杂的过程，当再加上有精密和复杂的算法交易策略和逻辑的时候，很难保证交易策略和系统的实现不出现缺陷。

现代算法交易公司都有严格的软件开发措施来保障自己不受软件缺陷的影响，这些措施包括严格的单元测试，即对单个软件组件进行小型测试，以验证它们的行为在对现有组件的软件开发/维护时，不会使现有软件产生错误的行为。此外，还有回归测试，即对由较小组件组成的较大组件进行整体测试，以确保较高级别的行为保持一致。所有的电子交易所还提供了一个测试市场环境，有测试市场数据源和测试订单输入接口，市场参与者必须在交易所建立、测试和认证他们的组件后，才能在实际市场上交易。

大多数复杂的算法交易市场参与者还有回测软件，通过历史记录的数据模拟交易策略，以确保策略行为符合预期。我们将在第 9 章中进一步探讨回测问题。最后，其他的软件管理措施（如代码审查和变更管理）也会每天进行，以验证算法交易系统和策略的完整性。尽管有这些预防措施，但软件实施的缺陷还是会溜进实时交易市场，所以我们应该时刻保持清醒和谨慎，因为软件从来都不是完美的，在算法交易业务中，错误或缺陷的成本非常高，在高频交易业务中更是如此。

2. DevOps 风险

DevOps 风险是用来描述算法交易策略部署到实际市场时的风险隐患的术语。这涉及构建和部署正确的交易策略，并配置相关配置信息、信号参数、交易参数，以及启动、停止和监控它们。大多数现代交易公司几乎每天 24 小时都以电子方式进行市场交易，他们有大量的工作人员，这些工作人员的工作之一就是盯住部署到实盘市场的自动算法交易策略，以确保策略的行为符合预期。这种方式被称为交易台、TradeOps 或 DevOps。

这些人对软件开发、交易规则和交易所提供的风险监控接口相当了解。通常情况下，当软件的 bug 最终进入实盘市场时，他们是最后一道防线，他们的工作就是监控系统，发现问题，安全暂停或停止算法，并联系和解决出现的问题。这是对操作风险可能出现的地方最常见的理解。操作风险的另一个来源是在不是 100%黑箱的算法交易策略中。黑箱交易策略是指不需要任何人工反馈和互动的交易策略。这些策略是在一定的时间启动，然后在一定的时间停止，所有的决策都是由算法本身来完成的。

灰盒交易策略是指不是完全自主的交易策略。这些策略仍然内置了大量的自动化决策，但它们也有外部控制，允许交易员或 TradeOps 工程师监控策略，以及调整参数和交易策略行为，甚至发送手动命令。现在，在这些人工干预的过程中，还有另一个风险来源，基本上就是人们在向这些策略发送的命令或调整中犯错的风险。发送错误的参数会导致算法的行为不正确并造成损失。

还有发送错误命令的情况，这可能会对市场造成意想不到的巨大影响，也可能造成交易损失和市场混乱，增加监管罚款。其中一个常见的错误是"胖手指错误"，即由于误操作导致价格、大小和买（或卖）指令发送错误。

3. 市场风险

最后，还有市场风险，这是我们在考虑算法交易中的风险时通常想到的——与更知情的市场参与者进行交易并赔钱的风险。每个市场参与者，在某些时候，在某些交易上，都会输给更知情的市场参与者。我们在前文讨论了是什么使一个知情的市场参与者优于一个非知情的市场参与者。显然，避免市场风险的唯一方法就是获取更多的信息，以提高交易优势、改善算法复杂程度并提高技术优势。但由于市场风险是所有算法交易策略必须面对的事实，所以一个很重要的方面是在将算法交易策略部署到实际市场之前，要了解它的行为。

这包括了解预期的正常行为是什么样的，更重要的是了解某个策略什么时候赚钱，什么时候亏损，并量化亏损指标，以建立预期。然后，在交易策略的算法交易管道中的多个位置，在中央风险监控系统中，在订单网关中，有时在清算公司，有时甚至在交易所层面等多个地方去设置风险限额。每增加一层风险检查都会减慢市场参与者对快速变化的市场的反应能力，但为了防止交易算法失控造成巨大损失，这些检查是必不可少的。

一旦交易策略违反了分配给它的最大交易风险限制，它将在一个或多个设有风险验证的地方被关闭。理解、实施和正确配置市场风险是非常重要的，因为错误的风险估计会通过增加亏损交易、亏损头寸、亏损天数，甚至亏损周或月的频率和幅度来"扼杀"一个赢利的交易策略。这是因为交易策略可能已经失去了赢利的优势，如果你让它运行太久且不根据市场的变化进行调整，就会侵蚀该策略在过去可能产生的所有利润。有时，市场情况与预期的情况大相径庭，策略可能会经历比正常情况更大的亏损期，在这种情况下，设置风险限额来检测超额亏损并调整交易参数或停止交易是很重要的。

我们将研究算法交易中常见的风险措施有哪些，如何从历史数据中量化和研究这些措施，以及如何在将算法策略部署到实际市场之前的配置和校准算法策略。目前，总的来说，市场风险是算法交易的正常部分，但如果不去了解并做好准备，可能会毁掉很多好的交易策略。

6.1.7　量化风险

现在，让我们开始了解现实的风险限制是什么样的，以及如何量化它们。我们将列举、定义并实施一些现代算法交易行业中常用的风险限制。我们使用在第 5 章中建立的波动率调整均值回归交易策略作为现实交易策略，现在需要对其进行定义和量化风险措施。

风险违规的严重性

在深入研究风险措施之前，有一件事需要了解，那就是定义风险违规的严重性。到目前为止，我们一直在讨论风险违规是最大的风险限额违规。但在实践中，每个风险限额都有多个级别，每个级别的风险限额违规对算法交易策略的灾难性影响并不一样。严重程度最低的风险违规会被认为是警告性风险违规，也就是说这种风险违规虽然不会经常发生，但在交易策略操作过程中仍会发生。直观上，我们很容易想到，比如在大多数日子里，交易策略每天发出的指令不会超过 5000 个，但在某些波动较大的日子里，交易策略在当天发出 20000 个指令是可能的，也是可以接受的，这将被视为警告风险违规。这种风险违规的目的是警告交易者，市场或交易策略中正在发生一些不太可能的事情。

下一个级别的风险违规行为是指策略仍在正常运行，但已达到允许的极限，必须安全清算和关闭。在这里，该策略被允许发送订单并进行平仓交易，如果有新的进场订单，则取消。基本上，该策略已经完成交易，但允许自动处理违规行为并完成交易，直到交易者检查发生的情况并决定要么重新开始，要么为交易策略分配更高的风险限额。

最后一级风险违规被认为是最大可能的风险违规，这是一种永远不应该发生的违规行为。如果一个交易策略曾经触发过这种风险违规，那就说明出现了严重错误。这种风险违规意味着该策略不再被允许向实际市场发送更多的订单流。这种风险违规只有在极端突发的事件（比如闪电般崩盘的市场状况）期间才会被触发。这种严重的风险违规基本上意味着算法交易策略没有被设计允许自动处理这种事件，必须冻结交易，然后求助于外部运营商来管理未结头寸和实时订单。

6.2　区分风险措施

让我们来探讨一下不同的风险衡量标准。以我们在第 5 章中看到的波动率调整后的均值回归交易策略的交易表现为例，我们希望了解交易策略背后的风险，并对其进行量化和校准。

在第 5 章中，我们建立了均值回归、波动率调整后的均值回归、趋势跟踪和波动率调整后的趋势跟踪交易策略。在分析它们的表现时，我们将结果写入了相应的文件中。这些内容也可以在本书的配套资源文件中找到，或者通过运行在第 5 章中的波动率调整后的均值回归交易策略（volatility_mean_reversion.py) 代码。让我们加载交易性能的.csv 文件，如下代码所示，并快速查看我们有哪些字段可用：

```python
import pandas as pd
import matplotlib.pyplot as plt

results = pd.read_csv('volatility_adjusted_mean_reversion.csv')
print(results.head(1))
```

该代码将返回以下输出：

```
     Date        Open High      Low Close Adj Close  \
0  2014-01-02  555.647278 556.788025  552.06073 554.481689 554.481689
    Volume  ClosePrice  Fast10DayEMA  Slow40DayEMA APO  Trades  Position PnL
0  3656400  554.481689    554.481689  554.481689 0.0 0  0  0.0
```

为了实施和量化风险措施，我们感兴趣的字段是 Date、High、Low、ClosePrice、Trades、Position 和 PnL。我们将忽略其他字段，因为目前感兴趣的风险度量不需要它们。现在，来深入了解和实现我们的风险度量。

6.2.1 止损

我们将要看的第一个风险限制是很直观的，称为止损（stop-loss），或最大损失（max-loss）。这个限制是指一个策略允许损失的最大金额，也就是允许的最小 PnL。这往往有一个时间框架的概念，也就是说止损可以是一天、一周、一个月或者是策略的整个生命周期。时间框架为一天的止损，意味着如果该策略在一天内亏损了止损金额，则当天不允许再进行交易，但可以在第二天继续交易。同理，对于一周内的止损金额，该周不允许再进行交易，但下周可以恢复。

现在，我们来计算波动率调整均值回归交易策略的一周和一个月的止损水平，如下代码所示：

```
num_days = len(results.index)

pnl = results['PnL']

weekly_losses = []
monthly_losses = []

for i in range(0, num_days):
  if i >= 5 and pnl[i - 5] > pnl[i]:
    weekly_losses.append(pnl[i] - pnl[i - 5])

  if i >= 20 and pnl[i - 20] > pnl[i]:
    monthly_losses.append(pnl[i] - pnl[i - 20])

plt.hist(weekly_losses, 50)
plt.gca().set(title='Weekly Loss Distribution', xlabel='$',
ylabel='Frequency')
plt.show()

plt.hist(monthly_losses, 50)
plt.gca().set(title='Monthly Loss Distribution', xlabel='$',
ylabel='Frequency')
plt.show()
```

该代码将返回图 6-1 和图 6-2 所示的输出，让我们来看看图 6-1 所示的周亏损分布图。

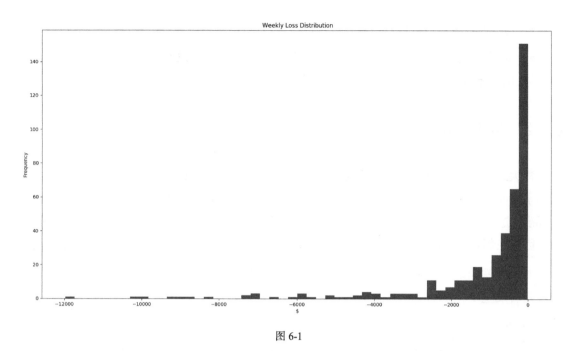

图 6-1

现在，来看看图 6-2 所示的月亏损分布图。

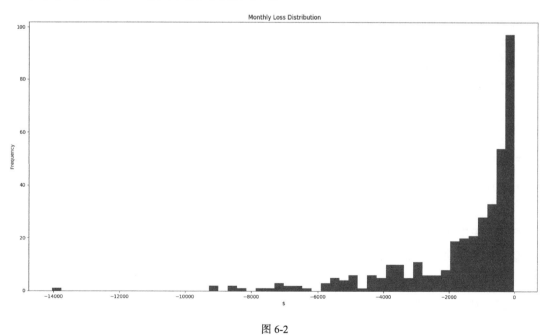

图 6-2

根据周亏损和月亏损的分布情况。从这些图中，我们可以得出以下几点结论。

- 每周亏损超过 4k 美元，每月亏损超过 6k 美元，是非常意外的。

- 周亏损超过 12k 美元，月亏损超过 14k 美元的情况从来没有发生过，所以说这是一个前所未有的事件，稍后会再讨论这个问题。

6.2.2　最大跌幅

最大跌幅（max drawdown）也是一个 PnL 指标，但它衡量的是一个策略在一系列天数内所能承受的最大损失。这被定义为交易策略的账户价值从高峰到低谷的下落。作为一种风险衡量标准，这是非常重要的，这样我们就可以了解账户价值的历史最大跌幅是多少。这一点很重要，因为在部署交易策略的过程中可能会很不"走运"，在缩减的初期就在实际市场上运行。

对最大跌幅是多少有一个基本的预期,这可以帮助我们了解策略连败是否还在预期之内，或者是否发生了什么前所未有的事情。来看看如何计算它：

```python
max_pnl = 0
max_drawdown = 0
drawdown_max_pnl = 0
drawdown_min_pnl = 0

for i in range(0, num_days):
  max_pnl = max(max_pnl, pnl[i])
  drawdown = max_pnl - pnl[i]

  if drawdown > max_drawdown:
    max_drawdown = drawdown
    drawdown_max_pnl = max_pnl
    drawdown_min_pnl = pnl[i]

print('Max Drawdown:', max_drawdown)

results['PnL'].plot(x='Date', legend=True)
plt.axhline(y=drawdown_max_pnl, color='g')
plt.axhline(y=drawdown_min_pnl, color='r')
plt.show()
```

该代码将返回以下输出：

```
Max Drawdown: 15340.41716347829
```

前面的代码还将返回图 6-3 和图 6-4 所示的输出。

在图 6-3 中，最大的跌幅大致出现在这个 PnL 系列的中间，最大的 PnL 为 37k 美元，而这个高点之后的最小 PnL 为 22k 美元，导致的最大缩量大致为 15k 美元。继续观察图 6-4。

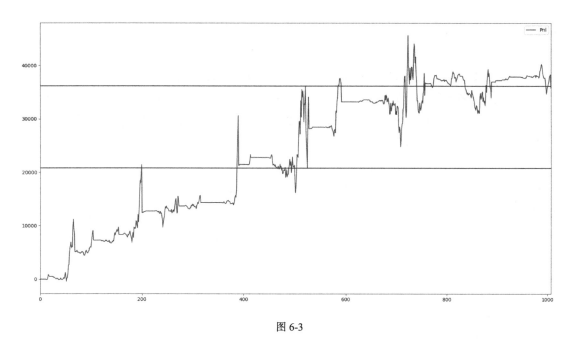

图 6-3

图 6-4 和图 6-3 类似，但放大到缩量发生的准确观测点时，正如之前提到的，在达到大约 37k 美元的高点后，PnL 会出现 15k 美元的大幅缩水，并下降到大约 22k 美元，然后反弹。

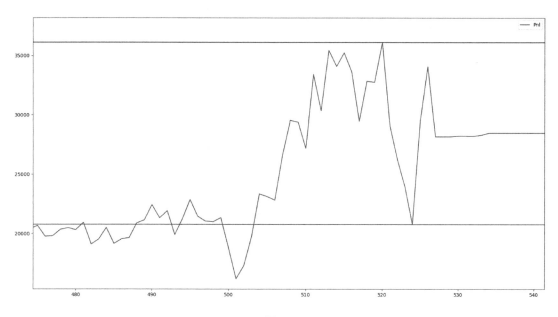

图 6-4

6.2.3 头寸限制

头寸限制也是相当直观的。简单来说就是策略在交易生命周期中的任何时候应该拥有的最大头寸，无论是多头还是空头。可以有两种不同的头寸限制，一种是最大多头头寸，另一种是最大空头头寸，这很有用。例如，做空股票与做多股票有不同的相关规则或风险，而每一个单位的未平仓头寸都有相关的风险。一般来说，一个策略投入的头寸越大，与之相关的风险就越大。所以，最好的策略是那些能够在赚钱的同时，投入尽可能小的头寸的策略。无论哪种情况，在策略部署生产之前，都要根据历史表现来量化并估算出策略能够进入的最大头寸是多少，这样我们就可以发现什么时候策略是在其正常行为参数之内，什么时候是在历史规范之外的。

寻找最大头寸很简单。我们可借助下面的代码来快速找到头寸的分布：

```
position = results['Position']
plt.hist(position, 20)
plt.gca().set(title='Position Distribution', xlabel='Shares',
ylabel='Frequency')
plt.show()
```

前面的代码会产生图 6-5 所示的输出，让我们来看看头寸分布图。

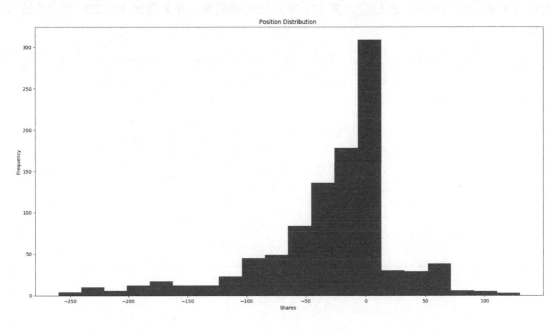

图 6-5

从图 6-5 中我们可以看到以下情况。

- 对于这个应用于该股票数据的交易策略，该策略的头寸不可能超过 200 股，也从未超过 250 股。

- 如果进入超过 250 股的头寸水平，我们应该注意该交易策略的表现还是符合预期的。

6.2.4　持仓时间

在分析交易策略进入的头寸时，衡量一个头寸在平仓、回到平仓或对立仓位之前保持多长时间也很重要。一个头寸保持的时间越长，它所承担的风险就越大，因为市场有更多的时间进行可能会违背未平仓头寸的大规模举动。当头寸从空头或平头变成多头时，多头头寸就被启动；当头寸回到平头或空头时，多头头寸就被平仓。同样，当头寸从多头或平头变为空头时，空头头寸被启动；当头寸回到平头或多头时，空头头寸被平仓。

现在，让我们借助下面的代码找到未平仓头寸持续时间的分布：

```
position_holding_times = []
current_pos = 0
current_pos_start = 0
for i in range(0, num_days):
  pos = results['Position'].iloc[i]

  # flat and starting a new position
  if current_pos == 0:
    if pos != 0:
     current_pos = pos
     current_pos_start = i
   continue

 # going from long position to flat or short position or
 # going from short position to flat or long position
 if current_pos * pos <= 0:
  current_pos = pos
  position_holding_times.append(i - current_pos_start)
  current_pos_start = i

print(position_holding_times)
plt.hist(position_holding_times, 100)
plt.gca().set(title='Position Holding Time Distribution', xlabel='Holding
time days', ylabel='Frequency')
plt.show()
```

前面的代码将返回图 6-6 所示的输出，让我们看一下持仓时间分布图。

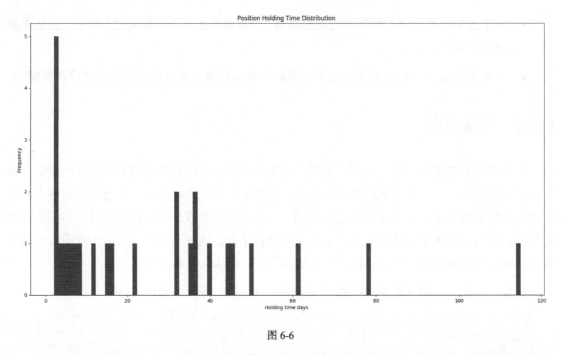

图 6-6

对于这个策略我们可以看到，持有时间是相当分散的，最长的约 115 天，最短的约 3 天。

6.2.5　PnL 的差异

我们需要衡量 PnL 在每天甚至每周的变化量。这是衡量风险的一项重要指标。因为如果一个交易策略的 PnL 有很大的波动，那么账户价值会非常不稳定，就很难运行这样一个交易策略。通常情况下，我们会计算不同天数、周数或任何我们选择使用的时间范围作为投资时间范围的收益标准偏差。大多数优化方法都试图在 PnL 和收益标准偏差之间找到最佳交易表现的平衡点。

计算收益的标准偏差很容易。计算周收益的标准偏差，如下代码所示：

```
last_week = 0
weekly_pnls = []
for i in range(0, num_days):
  if i - last_week >= 5:
    weekly_pnls.append(pnl[i] - pnl[last_week])
    last_week = i

from statistics import stdev
```

```
print('Weekly PnL Standard Deviation:', stdev(weekly_pnls))

plt.hist(weekly_pnls, 50)
plt.gca().set(title='Weekly PnL Distribution', xlabel='$',
ylabel='Frequency')
plt.show()
```

前面的代码将返回以下及图 6-7 所示输出：

```
Weekly PnL Standard Deviation: 1995.1834727008127
```

图 6-7 显示了由前面的代码创建的每周 PnL 分布图。

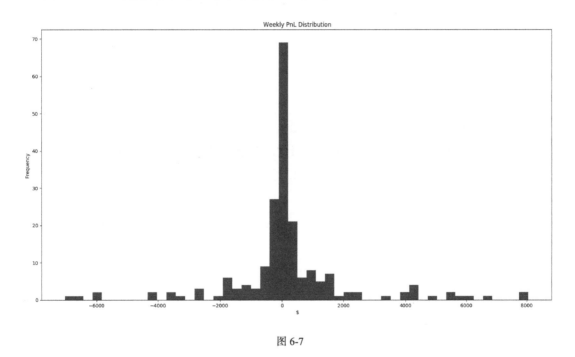

图 6-7

我们可以看到，每周的 PnL 接近于均值 0 附近的正态分布，这在直观上是合理的。该分布是右偏的，这就为这个交易策略产生了正累积的 PnL。有些周有一些非常大的赢利和亏损，但它们非常少见，这也在分布的预期之内。

6.2.6 夏普比率

夏普比率（Sharpe ratio）是一个非常常用的性能和风险指标，在业内被用来衡量和比较算法交易策略的性能。夏普比率被定义为一段时间内的平均 PnL 与同期 PnL 标准偏差的比率。

夏普比率的好处是，它能捕捉到交易策略的赢利能力，同时也能利用收益的波动性来计算风险。我们来看看数学上的表示方法：

$$SharpeRatio = \frac{AvgDailyPnl}{StandardDeviationOfDailyPnls}$$

$$AvgDailyPnl = \frac{\sum_{i=1}^{N} Pnl_i}{N}$$

$$StandardDeviationOfPnls = \frac{\sum_{i=1}^{N} \left(Pnl_i - AvgDailyPnl\right)^2}{N}$$

在此，我们有以下几点。

- Pnl_i：交易日的 PnL。

- N：计算该夏普值的交易日数。

另一个与夏普比率类似的业绩和风险衡量指标是索提诺比率（Sortino ratio），它只使用交易策略亏损的观测值，而忽略交易策略赚钱的观测值。简单的想法是，对于一个交易策略来说，PnL 的夏普值上行是一件好事，所以在计算标准偏差时不应该考虑它们。换句话说，只有下行移动或损失才是实际的风险观测值。

让我们来计算一下交易策略的夏普比率和索提诺比率。我们将使用一周作为交易策略的时间范围：

```python
last_week = 0
weekly_pnls = []
weekly_losses = []
for i in range(0, num_days):
  if i - last_week >= 5:
    pnl_change = pnl[i] - pnl[last_week]
    weekly_pnls.append(pnl_change)
    if pnl_change < 0:
      weekly_losses.append(pnl_change)
    last_week = i

from statistics import stdev, mean

sharpe_ratio = mean(weekly_pnls) / stdev(weekly_pnls)
sortino_ratio = mean(weekly_pnls) / stdev(weekly_losses)

print('Sharpe ratio:', sharpe_ratio)
print('Sortino ratio:', sortino_ratio)
```

前面的代码将返回以下输出：

```
Sharpe ratio: 0.09494748065583607
Sortino ratio: 0.11925614548156238
```

在这里，我们可以看到，夏普比率和索提诺比率较为接近，这是我们所期望的，因为两者都是风险调整后的收益指标。索提诺比率略高于夏普比率，这也是有道理的，因为根据定义，索提诺比率不认为 PnL 的大幅增加是对交易策略的缩减或风险的贡献，这也说明夏普比率实际上是在惩罚 PnL 的一些大幅正向跳跃。

6.2.7 每周期最大执行量

这种风险措施是一种基于区间的风险检查。基于区间的风险是指一个计数器在固定的时间后重置，而风险检查就是在这样的时间段内实施的。虽然没有最终的限制，但重要的是在这个时间段内没有超过限制，目的是检测和避免过度交易。我们将检查的基于区间的风险措施是每周期最大执行量，这衡量的是在给定时间段内允许的最大交易次数。然后，在时间框架结束时，计数器被重置并重新开始。这将检测并防止以极快速度买入和卖出的失控策略。

让我们看看策略以一周为时间框架的每周期执行量的分布，代码如下所示：

```
executions_this_week = 0
executions_per_week = []
last_week = 0
for i in range(0, num_days):
  if results['Trades'].iloc[i] != 0:
    executions_this_week += 1

  if i - last_week >= 5:
    executions_per_week.append(executions_this_week)
    executions_this_week = 0
    last_week = i

plt.hist(executions_per_week, 10)
plt.gca().set(title='Weekly number of executions Distribution',
xlabel='Number of executions', ylabel='Frequency')
plt.show()
```

前面的代码将返回图 6-8 所示的输出。

我们可以看到，对于这个交易策略，过去每周的交易次数从来没有超过 5 次，等同于每天都发生交易，这对我们的帮助不大。现在，我们来看看每个月的最大执行量：

```
executions_this_month = 0
executions_per_month = []
last_month = 0
for i in range(0, num_days):
  if results['Trades'].iloc[i] != 0:
    executions_this_month += 1

  if i - last_month >= 20:
    executions_per_month.append(executions_this_month)
    executions_this_month = 0
    last_month = i

plt.hist(executions_per_month, 20)
plt.gca().set(title='Monthly number of executions Distribution',
xlabel='Number of executions', ylabel='Frequency')
plt.show()
```

前面的代码将返回图 6-8 所示的输出。

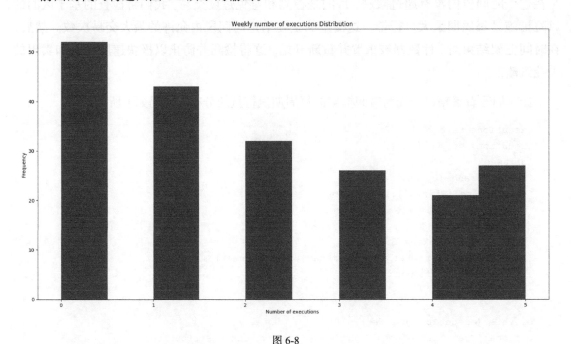

图 6-8

我们可以从图 6-9 中观察到以下情况。

- 该策略有可能在一个月内每个交易日都进行交易，所以这个风险度量不能真正用于该策略。

- 但是，这仍然是一个重要的风险衡量标准，对于频繁交易的算法交易策略，尤其是对于高频交易策略，需要了解和校准。

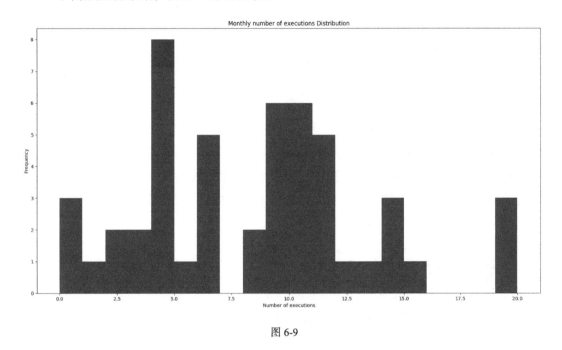

图 6-9

6.2.8 最大交易规模

这个风险指标衡量的是交易策略的单笔交易可能的最大交易规模。在前面的例子中，我们使用的是静态的交易规模，但建立一个当交易信号较强时发送较大的订单，而当交易信号较弱时发送较小的订单的交易策略并不难。另外，如果策略可带来赢利，可以选择在一次交易中清算比正常情况下更大的头寸。在这种情况下，策略会发出相当大的订单。当交易策略是灰箱交易策略时，这个风险措施也是非常有帮助的，因为它可以防止胖手指错误等。我们在这里就不去实现这个风险度量了，但要找到每笔交易规模的分布，根据前面风险度量的实现，应该可以轻松实现。

6.2.9 数量限制

该风险指标衡量的是交易量，也可以有一个基于时间区间的变体，衡量每个时期的交易量。这是另一种风险度量，旨在检测和防止过度交易。例如，我们在本章中讨论的一些具有灾难性的软件实现缺陷，如果他们有一个严格的交易量限制，来警告操作者风险违规，并可能有一个关闭交易策略的交易量限制，则可以避免。让我们观察一下策略的交易量，如下代码所示：

```
traded_volume = 0
for i in range(0, num_days):
  if results['Trades'].iloc[i] != 0:
    traded_volume += abs(results['Position'].iloc[i]-
results['Position'].iloc[i-1])

print('Total traded volume:', traded_volume)
```

前面的代码将返回以下输出：

```
Total traded volume: 4050
```

在这种情况下，该策略行为符合预期，即没有检测到超额交易。在部署到实际市场时，可以利用这一点来校准该策略预期的总交易量是多少。如果它的交易量曾大大超过预期，我们就可以检测到这是过度交易的情况。

6.3　制定风险管理算法

现在，我们已经知道了不同类型的风险和因素，包括交易策略中的风险和算法交易策略中常见的风险衡量标准。现在，来看看在将其部署到实际市场之前，如何将这些风险度量纳入波动率调整均值回归交易策略中，以使其更加安全。我们将把风险限制设置为历史上达到的最大值的 150%。之所以这样做，是因为未来有可能会有一天与历史上的情况大相径庭。让我们开始吧！

（1）定义我们不允许违反的风险限制。正如之前所讨论的，它将被设置为历史观测最大值的 150%：

```
# Risk limits
RISK_LIMIT_WEEKLY_STOP_LOSS = -12000 * 1.5
RISK_LIMIT_MONTHLY_STOP_LOSS = -14000 * 1.5
RISK_LIMIT_MAX_POSITION = 250 * 1.5
RISK_LIMIT_MAX_POSITION_HOLDING_TIME_DAYS = 120 * 1.5
RISK_LIMIT_MAX_TRADE_SIZE = 10 * 1.5
RISK_LIMIT_MAX_TRADED_VOLUME = 4000 * 1.5
```

（2）我们将借助以下代码维护一些变量来跟踪和检查风险违规行为：

```
risk_violated = False

traded_volume = 0
current_pos = 0
current_pos_start = 0
```

（3）可以看到，有一些计算简单移动平均线和标准偏差的代码，可用于波动率调整。我们将计算快速 EMA、慢速 EMA 以及 APO 值，这可以作为我们的均值回归的交易信号：

```
close = data['Close']
for close_price in close:
  price_history.append(close_price)
  if len(price_history) > SMA_NUM_PERIODS: # we track at most
'time_period' number of prices
    del (price_history[0])

  sma = stats.mean(price_history)
  variance = 0 # variance is square of standard deviation
  for hist_price in price_history:
    variance = variance + ((hist_price - sma) ** 2)
  stdev = math.sqrt(variance / len(price_history))
  stdev_factor = stdev / 15
  if stdev_factor == 0:
    stdev_factor = 1

  # This section updates fast and slow EMA and computes APO trading signal
  if (ema_fast == 0): # first observation
     ema_fast = close_price
     ema_slow = close_price
  else:
     ema_fast = (close_price - ema_fast) * K_FAST * stdev_factor + ema_fast
     ema_slow = (close_price - ema_slow) * K_SLOW * stdev_factor + ema_slow

  ema_fast_values.append(ema_fast)
  ema_slow_values.append(ema_slow)

  apo = ema_fast - ema_slow
  apo_values.append(apo)
```

（4）在评估信号并检查我们是否可以发出订单之前，需要进行风险检查，以确保可能尝试的交易规模在 MAX_TRADE_SIZE 限制之内：

```
    if NUM_SHARES_PER_TRADE > RISK_LIMIT_MAX_TRADE_SIZE:
      print('RiskViolation NUM_SHARES_PER_TRADE', NUM_SHARES_PER_TRADE, ' > RISK_LIMIT_
MAX_TRADE_SIZE', RISK_LIMIT_MAX_TRADE_SIZE )
      risk_violated = True
```

（5）现在将检查交易信号，看看是否应该像往常一样发送订单。如果有一个额外的检查，那将防止订单在超出风险限制的情况下发出。来看看我们需要对卖出交易做哪些改变：

```
  # We will perform a sell trade at close_price if the following conditions are met:
  # 1. The APO trading signal value is above Sell-Entry threshold and the difference
between last trade-price and current-price is different enough.
  # 2. We are long( +ve position ) and either APO trading signal value is at or above
0 or current position is profitable enough to lock profit.
  if (not risk_violated and
```

```
        ((apo > APO_VALUE_FOR_SELL_ENTRY * stdev_factor and
    abs(close_price - last_sell_price) > MIN_PRICE_MOVE_FROM_LAST_TRADE *stdev_factor)# APO
above sell entry threshold, we should sell
        or
        (position > 0 and (apo >= 0 or open_pnl >
    MIN_PROFIT_TO_CLOSE / stdev_factor)))): # long from -ve APO and APO has gone positive
or position is profitable, sell to close position
        orders.append(-1) # mark the sell trade
        last_sell_price = close_price
        position -= NUM_SHARES_PER_TRADE # reduce position by the size of this trade
        sell_sum_price_qty += (close_price * NUM_SHARES_PER_TRADE) #
    update vwap sell-price
        sell_sum_qty += NUM_SHARES_PER_TRADE
        traded_volume += NUM_SHARES_PER_TRADE
        print("Sell ", NUM_SHARES_PER_TRADE, " @ ", close_price, "Position: ", position)
```

同样，让我们看一下买入的交易逻辑：

```
    # We will perform a buy trade at close_price if the following conditions are met:
    # 1. The APO trading signal value is below Buy-Entry threshold and the difference between
last trade-price and current-price is different enough.
    # 2. We are short( -ve position ) and either APO trading signal value is at or below
0 or current position is profitable enough to lock profit.
    elif (not risk_violated and
        ((apo < APO_VALUE_FOR_BUY_ENTRY * stdev_factor and abs(close_price -
last_buy_price) > MIN_PRICE_MOVE_FROM_LAST_TRADE * stdev_factor) # APO below buy entry
threshold, we should buy
        or
        (position < 0 and (apo <= 0 or open_pnl >
    MIN_PROFIT_TO_CLOSE / stdev_factor)))): # short from +ve APO and
    APO has gone negative or position is profitable, buy to close
    position
        orders.append(+1) # mark the buy trade
        last_buy_price = close_price
        position += NUM_SHARES_PER_TRADE # increase position by the
    size of this trade
        buy_sum_price_qty += (close_price * NUM_SHARES_PER_TRADE) #
    update the vwap buy-price
        buy_sum_qty += NUM_SHARES_PER_TRADE
        traded_volume += NUM_SHARES_PER_TRADE
        print("Buy ", NUM_SHARES_PER_TRADE, " @ ", close_price, "Position: ", position)
    else:
        # No trade since none of the conditions were met to buy or sell
    orders.append(0)

positions.append(position)
```

（6）在本轮任何潜在订单发出并进行交易后，我们没有突破任何风险限制，首先检查最大持仓时间风险限制。来看看下面的代码：

```
      # flat and starting a new position
  if current_pos == 0:
    if position != 0:
      current_pos = position
      current_pos_start = len(positions)
    continue

    # going from long position to flat or short position or
    # going from short position to flat or long position
    if current_pos * position <= 0:
      current_pos = position
      position_holding_time = len(positions) - current_pos_start
      current_pos_start = len(positions)

      if position_holding_time >
RISK_LIMIT_MAX_POSITION_HOLDING_TIME_DAYS:
        print('RiskViolation position_holding_time',
position_holding_time, ' >
RISK_LIMIT_MAX_POSITION_HOLDING_TIME_DAYS',
RISK_LIMIT_MAX_POSITION_HOLDING_TIME_DAYS)
        risk_violated = True
```

（7）然后我们将检查新的多头或空头头寸是否在最大头寸风险限制之内，如下代码所示：

```
    if abs(position) > RISK_LIMIT_MAX_POSITION:
      print('RiskViolation position', position, ' > RISK_LIMIT_MAX_POSITION',
RISK_LIMIT_MAX_POSITION)
      risk_violated = True
```

（8）我们还要检查更新后的交易量是否违反了分配的最大交易风险限制：

```
    if traded_volume > RISK_LIMIT_MAX_TRADED_VOLUME:
      print('RiskViolation traded_volume', traded_volume, ' >
RISK_LIMIT_MAX_TRADED_VOLUME', RISK_LIMIT_MAX_TRADED_VOLUME)
      risk_violated = True
```

（9）接下来，我们将编写一些更新 PnL 的代码：

```
  open_pnl = 0
  if position > 0:
    if sell_sum_qty > 0:
      open_pnl = abs(sell_sum_qty) * (sell_sum_price_qty /
sell_sum_qty - buy_sum_price_qty / buy_sum_qty)
    open_pnl += abs(sell_sum_qty - position) * (close_price -
buy_sum_price_qty / buy_sum_qty)
  elif position < 0:
    if buy_sum_qty > 0:
      open_pnl = abs(buy_sum_qty) * (sell_sum_price_qty /
sell_sum_qty - buy_sum_price_qty / buy_sum_qty)
    open_pnl += abs(buy_sum_qty - position) * (sell_sum_price_qty / sell_sum_qty - close_price)
  else:
```

```
    closed_pnl += (sell_sum_price_qty - buy_sum_price_qty)
    buy_sum_price_qty = 0
    buy_sum_qty = 0
    sell_sum_price_qty = 0
    sell_sum_qty = 0
    last_buy_price = 0
    last_sell_price = 0

  print("OpenPnL: ", open_pnl, " ClosedPnL: ", closed_pnl, "
TotalPnL: ", (open_pnl + closed_pnl))
  pnls.append(closed_pnl + open_pnl)
```

（10）现在，需要编写下面的代码，来检查新的总 PnL（即已实现的和未实现的 PnL 的和）是否超出了允许的每周止损限额或允许的每月止损限额：

```
  if len(pnls) > 5:
    weekly_loss = pnls[-1] - pnls[-6]

if weekly_loss < RISK_LIMIT_WEEKLY_STOP_LOSS:
    print('RiskViolation  weekly_loss',  weekly_loss,'<  RISK_LIMIT_WEEKLY_STOP_LOSS',
RISK_LIMIT_WEEKLY_STOP_LOSS)
    risk_violated = True

    if len(pnls) > 20:
        monthly_loss = pnls[-1] - pnls[-21]

if monthly_loss < RISK_LIMIT_MONTHLY_STOP_LOSS:
    print('RiskViolation monthly_loss', monthly_loss, ' < RISK_LIMIT_MONTHLY_STOP_LOSS',
RISK_LIMIT_MONTHLY_STOP_LOSS)
    risk_violated = True
```

至此，我们在现有的交易策略中增加了一个强大的风险管理系统，该系统可以扩展到我们打算在未来部署到实时交易市场的任何其他交易策略。这将保护实时交易策略在生产中不至于变质或行为超出预期参数，从而为我们的交易策略提供极大的风险控制能力。

切实调整风险

在前文建立的风险管理系统中，使用的是静态风险限制，并在策略的生命周期内一直使用。然而，在实际操作中，情况从来都不是这样的。当一个新的算法交易策略被建立和部署时，首先会以非常低的风险限额进行部署——通常是尽可能地降低风险。这是出于多种原因的，首先是为了进行测试和解决软件实施中的缺陷（如果有）。部署到实际市场的新代码数量越多，风险就越大。另一个原因是确保策略行为与基于历史性能分析的预期一致。通常由多人密切监控，以确保没有意外情况发生。然后，在几天或几周后，当最初的缺陷被修复，策略性能与模拟性能一致时，就会慢慢扩大规模来承担更多的风险，以产生更多的利润。

相反，当一个策略经历了严重的亏损之后，通常会在降低风险限额的情况下对其进行重新评估，以检查策略的表现是否已经从历史预期中退化，以及在实际市场中部署该策略是否不再有利可图。显而易见的目标是赚取尽可能多的钱，但实现这一目标不仅需要一个好的风险检查系统，还需要一个在策略的生命周期内能通过不同的 PnL 配置来调整风险的系统。

在交易中调整风险的简单直观的方法可以是从低风险开始，表现良好后略微增加风险，表现不佳后略微降低风险。这通常是大多数市场参与者遵循的方法，而面临的挑战在于如何量化好或差的表现以增加或降低风险，以及如何量化增加或降低风险的金额。

来看一下用波动率调整均线回归交易策略与风险检查的实际执行情况。我们会用很小的增量在表现良好的月份后增加交易规模和风险，在表现不好的月份后减少交易规模和风险。

（1）首先，将定义一个交易规模可以有多小的限制，以及在策略的生命周期内允许的最大交易规模的限制。在本例中，允许每笔交易不少于 1 股，每笔交易不超过 50 股。每当有一个好或坏的月份，我们将增加或减少 2 股的交易规模。正如之前讨论的那样，将从很小的规模开始交易，如果继续做得好，就会慢慢增加。让我们来看看代码：

```
MIN_NUM_SHARES_PER_TRADE = 1
MAX_NUM_SHARES_PER_TRADE = 50
INCREMENT_NUM_SHARES_PER_TRADE = 2
num_shares_per_trade = MIN_NUM_SHARES_PER_TRADE # Beginning number of shares to buy/sell
on every trade
num_shares_history = [] # history of num-shares
abs_position_history = [] # history of absolute-position
```

（2）接下来，我们将为不同的风险限额定义类似的最小值、最大值和变化值。随着策略交易规模的不断演变，风险限额也必须进行调整以适应交易规模的变化：

```
# Risk limits and increments to risk limits when we have good/bad
months
risk_limit_weekly_stop_loss = -6000
INCREMENT_RISK_LIMIT_WEEKLY_STOP_LOSS = -12000
risk_limit_monthly_stop_loss = -15000
INCREMENT_RISK_LIMIT_MONTHLY_STOP_LOSS = -30000
risk_limit_max_position = 5
INCREMENT_RISK_LIMIT_MAX_POSITION = 3
max_position_history = [] # history of max-trade-size
RISK_LIMIT_MAX_POSITION_HOLDING_TIME_DAYS = 120 * 5
risk_limit_max_trade_size = 5
INCREMENT_RISK_LIMIT_MAX_TRADE_SIZE = 2
max_trade_size_history = [] # history of max-trade-size

last_risk_change_index = 0
```

（3）来看一下主要的循环交易部分，我们只看与之前策略不同的部分，以及风险检查。现在，平仓的最低利润不再是一个常数，而是每次交易股数的函数，它随时间而变化：

```
MIN_PROFIT_TO_CLOSE = num_shares_per_trade * 10
```

（4）来看一下主要的交易部分。它需要做一些改动，这样才能适应交易规模的变化。我们先来看看卖出的交易逻辑：

```
if (not risk_violated and
    ((apo > APO_VALUE_FOR_SELL_ENTRY * stdev_factor and
abs(close_price-last_sell_price)>MIN_PRICE_MOVE_FROM_LAST_TRADE * stdev_factor) # APO
above sell entry threshold, we should sell
    or(position > 0 and (apo >= 0 or open_pnl >
MIN_PROFIT_TO_CLOSE / stdev_factor)))): # long from -ve APO and APO has gone positive
or position is profitable, sell to close position
    orders.append(-1) # mark the sell trade
    last_sell_price = close_price
    if position == 0: # opening a new entry position
      position -= num_shares_per_trade # reduce position by the size of this trade
        sell_sum_price_qty += (close_price * num_shares_per_trade) # update vwap sell-price
        sell_sum_qty += num_shares_per_trade
        traded_volume += num_shares_per_trade
        print("Sell ", num_shares_per_trade, " @ ", close_price, "Position: ", position)
    else: # closing an existing position
        sell_sum_price_qty += (close_price * abs(position)) # update vwap sell-price
        sell_sum_qty += abs(position)
        traded_volume += abs(position)
        print("Sell ", abs(position), " @ ", close_price, "Position:", position)
        position = 0 # reduce position by the size of this trade
```

然后，我们来看看买入的交易逻辑：

```
elif (not risk_violated and
    ((apo < APO_VALUE_FOR_BUY_ENTRY * stdev_factor and abs(close_price -
last_buy_price) > MIN_PRICE_MOVE_FROM_LAST_TRADE * stdev_factor) # APO below buy entry
threshold, we should buy
      or(position < 0 and (apo <= 0 or open_pnl >
MIN_PROFIT_TO_CLOSE / stdev_factor)))): # short from +ve APO and
APO has gone negative or position is profitable, buy to close
position
    orders.append(+1) # mark the buy trade
    last_buy_price = close_price
    if position == 0: # opening a new entry position
    position += num_shares_per_trade # increase position by the
size of this trade
```

```
        buy_sum_price_qty += (close_price * num_shares_per_trade) # update the vwap
buy-price
        buy_sum_qty += num_shares_per_trade
        traded_volume += num_shares_per_trade
        print("Buy ", num_shares_per_trade, " @ ", close_price,
   "Position: ", position)
      else: # closing an existing position
        buy_sum_price_qty += (close_price * abs(position)) # update
   the vwap buy-price
        buy_sum_qty += abs(position)
        traded_volume += abs(position)
        print("Buy ", abs(position), " @ ", close_price, "Position:
   ", position)
        position = 0 # increase position by the size of this trade
    else:
      # No trade since none of the conditions were met to buy or sell
      orders.append(0)

positions.append(position)
```

（5）调整完 PnL 后，如前面代码所示，我们将增加一个实现来分析每月的业绩。如果本月业绩好，则增加交易规模和风险限额；如果本月业绩不好，则减少交易规模和风险限额。首先，来看看月度业绩好后增加交易风险的逻辑：

```
  if len(pnls) > 20:
   monthly_pnls = pnls[-1] - pnls[-20]

    if len(pnls) - last_risk_change_index > 20:
      if monthly_pnls > 0:
        num_shares_per_trade += INCREMENT_NUM_SHARES_PER_TRADE
        if num_shares_per_trade <= MAX_NUM_SHARES_PER_TRADE:
          print('Increasing trade-size and risk')
          risk_limit_weekly_stop_loss +=
INCREMENT_RISK_LIMIT_WEEKLY_STOP_LOSS
          risk_limit_monthly_stop_loss +=
INCREMENT_RISK_LIMIT_MONTHLY_STOP_LOSS
          risk_limit_max_position +=
INCREMENT_RISK_LIMIT_MAX_POSITION
          risk_limit_max_trade_size +=
INCREMENT_RISK_LIMIT_MAX_TRADE_SIZE
        else:
          num_shares_per_trade = MAX_NUM_SHARES_PER_TRADE
```

（6）现在，来看看一些类似的逻辑，即在一个月后业绩不佳的情况下降低风险：

```
        elif monthly_pnls < 0:
          num_shares_per_trade -= INCREMENT_NUM_SHARES_PER_TRADE
```

```
        if num_shares_per_trade >= MIN_NUM_SHARES_PER_TRADE:
            print('Decreasing trade-size and risk')
            risk_limit_weekly_stop_loss -=
INCREMENT_RISK_LIMIT_WEEKLY_STOP_LOSS
            risk_limit_monthly_stop_loss -=
INCREMENT_RISK_LIMIT_MONTHLY_STOP_LOSS
            risk_limit_max_position -=
INCREMENT_RISK_LIMIT_MAX_POSITION
            risk_limit_max_trade_size -=
INCREMENT_RISK_LIMIT_MAX_TRADE_SIZE
        else:
            num_shares_per_trade = MIN_NUM_SHARES_PER_TRADE

    last_risk_change_index = len(pnls)
```

（7）现在，我们需要看一下跟踪风险暴露随时间演变的代码：

```
# Track trade-sizes/positions and risk limits as they evolve over time
num_shares_history.append(num_shares_per_trade)
abs_position_history.append(abs(position))
max_trade_size_history.append(risk_limit_max_trade_size)
max_position_history.append(risk_limit_max_position)
```

（8）最后，让我们直观地了解一下交易规模和风险限额的表现和其随时间的变化：

```
data = data.assign(NumShares=pd.Series(num_shares_history,
index=data.index))
data = data.assign(MaxTradeSize=pd.Series(max_trade_size_history,
index=data.index))
data = data.assign(AbsPosition=pd.Series(abs_position_history,
index=data.index))

data = data.assign(MaxPosition=pd.Series(max_position_history, index=data.index))
data['NumShares'].plot(color='b', lw=3., legend=True)
data['MaxTradeSize'].plot(color='g', lw=1., legend=True)
plt.legend()
plt.show()

data['AbsPosition'].plot(color='b', lw=1., legend=True)
data['MaxPosition'].plot(color='g', lw=1., legend=True)
plt.legend()
plt.show()
```

图 6-10 至图 6-15 所示为前面代码的输出，来看一下我们已经熟悉的可视化。

图 6-10 显示了叠加在股价上的买入和卖出交易，仍然与我们过去所看到的保持一致，这表明策略行为在经历风险增加和减少的阶段时，基本没有变化。

叠加 APO 值（见图 6-11）变化的买卖交易也与预期的策略行为保持一致，这也是我们之前分析均值回归交易策略所习惯的。

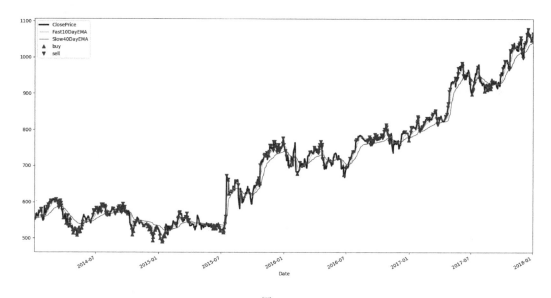

图 6-10

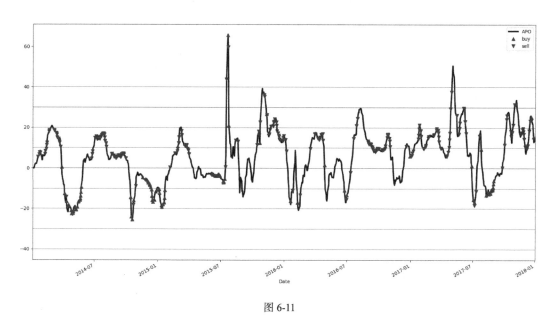

图 6-11

　　如图 6-12 所示，头寸的图特别有趣，因为它显示了头寸的大小如何随着时间的推移而增加。最初，它们非常小（少于 10 股），随着时间的推移及策略业绩持续保持良好，它们慢慢增加，并变得相当大（超过 40 股）。

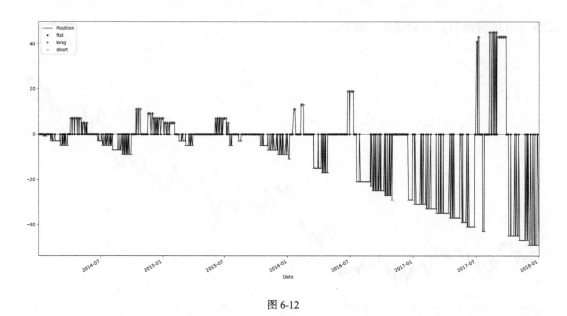

图 6-12

如图 6-13 所示，PnL 图也相当有趣，它反映了我们期望它显示的内容。当我们的交易规模较小时，它最初会缓慢增加，随着时间的推移，随着更大的交易规模和风险限额增加，交易规模也会增加得更快，PnL 的增加速度也会更快。

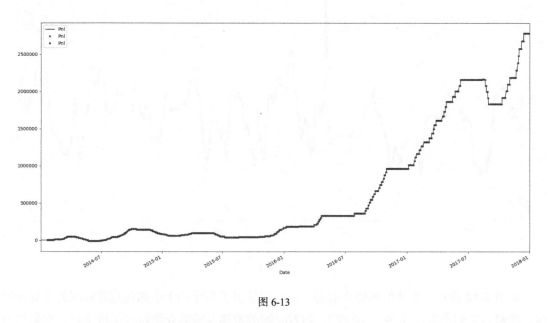

图 6-13

图 6-14 所示为交易规模和最大交易规模风险限额的演化。最初，我们每笔交易从份

额 1 开始，当有正收益的月份时，就会慢慢增加，当有负收益的月份时，就会慢慢减少。在 2016 年左右，该策略进入连续可带来赢利的月份，并导致每个月的交易规模增加。

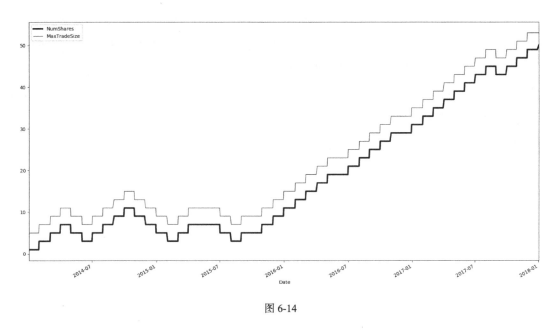

图 6-14

图 6-15 所示为该策略所投入的绝对头寸以及最大头寸风险限额的演化，都与预期保持一致，即从低开始，然后随着进入连续赢利月份而增加。

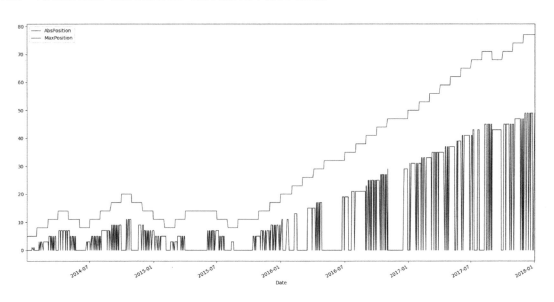

图 6-15

6.4 总结

在本章中，我们了解了不同类型的风险和风险因素。然后，通过风险的来源，学习了量化风险的方法。接下来，我们还学习了如何衡量和管理算法策略的风险（市场风险、操作风险和软件实施缺陷）。我们在之前构建的交易策略中加入了一套完整的可用于生产的风险管理系统，从而使它们可以安全地部署到实际的交易市场。最后，我们讨论并建立了一个实用的风险评估系统，该系统从极低的风险敞口开始，并随着策略性能的发展，动态地管理风险敞口。

在第 7 章中，我们将探讨算法交易如何与交易领域的不同因素进行交互。

第 4 部分
建立交易系统

在本部分中，你将了解我们正在构建的交易算法如何与交易领域中的不同角色进行交互，并将学习如何从头开始构建一个交易机器人。使用前面构建的算法，你将学习如何实现这个交易机器人，在哪里连接它，以及如何处理它。

本部分包括以下内容。

- 第 7 章　用 Python 构建交易系统
- 第 8 章　连接到交易所
- 第 9 章　在 Python 中创建回测器

07 第7章
用 Python
构建交易系统

在本书的前几章，我们学习了如何通过分析历史数据来创建交易策略。在本章中，将学习如何将数据分析转化为实时软件，并连接到真实的交易所中，来实际应用之前学习的理论。

根据前几章创建的算法来描述支持交易策略的功能组件。我们将使用 Python 来构建一个小型的交易系统，并使用算法建立一个能够进行交易的交易系统。

本章将介绍以下主题。

- 了解交易系统。

- 构建交易系统。

- 设计限价订单簿。

7.1 了解交易系统

交易系统将帮助你实现交易策略的自动化。当你选择建立这种软件时，需要考虑到以下几点。

- **资产类别**：在编写代码时，知道哪种资产类别将用于你的交易系统，这需要修改这个软件的数据结构。每个资产类别都是与众不同的，有其自身的特征。美国股票主要在两个交易所（纽约证券交易所和纳斯达克交易所）交易。

在这两个交易所上市的公司（股票代码）大约有 6000 家。与股票不同，**外汇**（Foreign Exchange，FX）有 6 个主要货币对，6 个次要货币对，还有 6 个比较特殊的货币对。我们可以增加更多的货币对，但不会超过 100 个。然而，将有数百个市场参与者（银行、经纪商）。

- **交易策略类型**（高频，长期头寸）：根据策略的类型，软件架构的设计将受到影响。高频交易策略需要非常快速地发送订单。一个美国股票的常规交易系统会在微秒级内决定发送订单。芝加哥商品交易所（Chicago Mercantile Exchange，CME）的交易系统可在纳秒级内工作。基于这一情况，在设计软件时，技术将是关键。如果只参考编程语言，Python 不适应速度，我们会优先选择 C++或 Java。如果我们想做长期头寸（比如很多天），那么让交易者比别人更快地获得流动性的速度就不重要了。像 Python 这样的编程语言就能足够快地达到目标了。

- **用户的数量**（交易策略的数量）：当交易者的数量增加时，交易策略的数量也会增加。这意味着订单的数量会更多。在向交易所发送订单之前，我们需要检查即将发送的订单的有效性：检查是否尚未达到某个工具的整体头寸。在交易世界里，有越来越多的法规来规范交易策略。为了遵循交易策略、尊重法规，我们将测试所发送的订单的合规性。所有这些检查都会增加一些计算时间。如果有太多的订单，那么将需要对一个给定的工具依次进行所有这些验证。如果软件的速度不够快，就会拖慢订单发出的速度。所以用户越多就越需要越快的交易系统。

上述因素将会对你要建立的交易系统的设想产生影响。在你建立交易系统的时候，必须要有一个清晰的需求描述。

因为交易系统的目标是支持你的交易理念。交易系统将收集你的交易策略所需要的信息，并负责发送订单和接收市场对这个订单的反应。主要的功能将是收集数据（大多数时候这将是价格更新）。如果交易策略需要得到一些量化数据，涉及收益、美联储公告（更普遍的消息）的量化数据，那么这些消息也会触发订单。当交易策略决定头寸方向时，就会发出相应的指令。交易系统还将决定哪个特定的交易所是最好的，并按要求的价格和要求的数量来完成订单。

7.1.1 网关

交易系统收集价格更新并代表你发送订单。为了达到这个目的，你需要对所有在没有任何交易系统的情况下进行交易的步骤进行编码。如果想通过低买高卖来赚钱，则需要选择你将交易的产品。一旦选择了产品，就要接收其他交易者的订单。其他交易者会通过指明交易方、价格和数量，向你提供他们交易金融资产的意向（即他们的订单）。一旦收到想交易产品的足够的订单，你就可以选择要进行交易的交易商。你将根据产品的价格做出决定。如果你想在后续转售产品，以低价买入将是很重要的。当你同意一个价格时，将向其他交易者表明你将希望以此价格购买。当交易完成后，你即拥有了产品。当你想以更高的价格出售时，将以同样的方式进行。我们用功能单元将这种交易方式正式化。

- **数据处理**：收集来自你选择的交易场所（交易所、ECN、黑池）的价格更新。这个组件（在下图中称为网关）是交易系统中最关键的一个。这个组件的任务是从交易所到交易系统获取某一工具的账本。这个组件与网络相连，它将连接到交易所来接收和发送数据流，以此与交易所进行通信。

图 7-1 表示交易系统中网关的位置。它们负责交易系统的输入和输出。

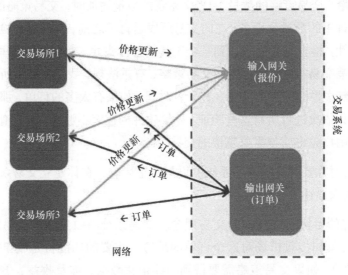

图 7-1

图 7-1 中显示了以下内容。

- 这些场所代表交易者、交易所、ECN 和黑池。

- 网关和场所可以通过不同的方式连接起来（用箭头表示）。

- 可以使用电线、无线网络、互联网、微波或光纤。这些不同的网络介质在速度、数据丢失和带宽方面都有不同的特点。

- 我们可以观察到价格更新和订单的箭头是双向的。询问价格更新有一个协议。

- 网关会发起与场地的网络连接，认证自己的身份，并订阅某个工具以开始接收价格更新（这部分我们会在后文详细解释）。

- 负责订单的网关也会接收和发送消息。当一个订单被创建后，它会通过网络发送到场所。

- 如果场所收到这个订单，就会发送这个订单的确认信息。当该订单遇到匹配的订单时，将向交易系统发送交易。

7.1.2　订单簿管理

数据处理的主要任务是将限价订单簿从场所复制到你的交易系统。为了将收到的所有不同的账本结合起来，**账本建立器**将负责收集价格并为你的策略分类。

在图 7-2 中，价格更新由网关转换，然后传输到账本建立器。账本建立器将通过场所的网关接收并使用账本，它将收集和整理所有的价格更新：

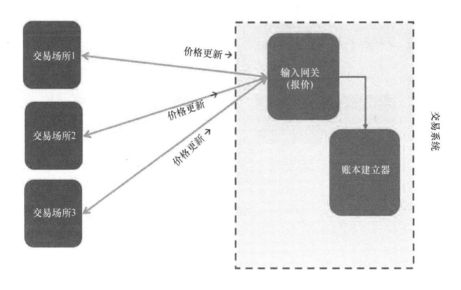

图 7-2

在图 7-3 中，以某金融产品的**订单簿**为例，由于我们有 3 个场所，所以观察到 3 个不同的账本。

图 7-3 显示了以下内容。

- 在这些订单簿中，你可以看到每一行都有一个订单。

- 例如，在场所 1 的出价名单中，有一个交易者愿意以 1.21 美元的价格买入 1000 股。另一边是愿意卖出的人的名单。

- 你可以预期出价（或叫价）总是高于买入价。

- 事实上，如果你能以比卖出价更低的价格买入，那就太容易赚钱了。

- 账本建立器的任务是让网关从 3 个场所收集到 3 个账本。账本建立器将 3 个账本重新归类，并对订单进行排序。

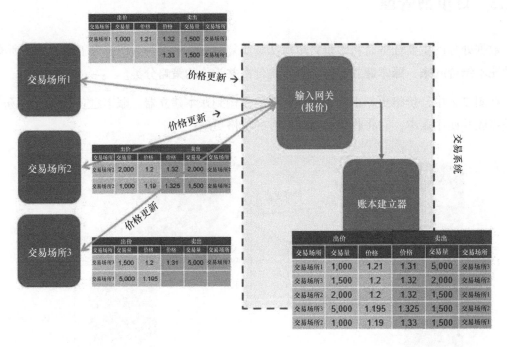

图 7-3

7.1.3 策略

交易策略是系统的"大脑"，这是交易理念的算法能被实现的地方。让我们来看看图 7-4。

图 7-4 展示了如下内容。

- 交易策略主要分为两个部分：信号和执行。在本书中，我们在第一部分看到的众多策略都可以称为信号。

- 信号代表了获得多头头寸或空头头寸的指示。例如，在双移动平均线交叉动量交易策略中，当两条平均线交叉时，就产生了做多或做空的信号。

- 这个策略的信号部分只注重产生信号。然而，有了意图（信号）并不能保证获得你感兴趣的流动性。例如，在高频交易中，由于交易系统的速度，你的订单极有可能被拒绝。

- 策略的执行部分将负责处理市场的响应。这一部分决定如何应对市场的任何反应。例如，当订单被拒绝时，应该如何处理？你应该继续尝试获得一个同等的流动性，即另一个价格。这是你需要关注如何实施的重要部分。

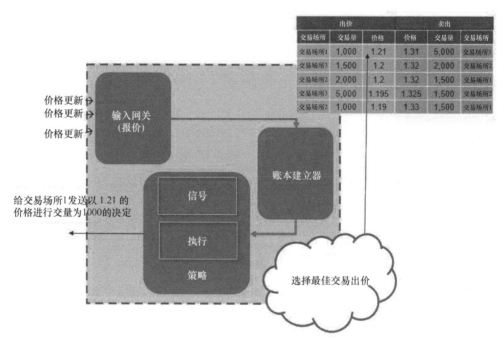

	出价			卖出	
交易场所	交易量	价格	价格	交易量	交易场所
交易场所1	1,000	1.21	1.31	5,000	交易场所3
交易场所3	1,500	1.2	1.32	2,000	交易场所2
交易场所2	2,000	1.2	1.32	1,500	交易场所1
交易场所3	5,000	1.195	1.325	1,500	交易场所2
交易场所2	1,000	1.19	1.33	1,500	交易场所1

图 7-4

7.1.4 订单管理系统

订单管理系统（order management system，OMS）是收集策略发送的订单的组件。OMS 跟踪订单的生命周期（创建、执行、修改、取消和拒绝）。交易策略订单收集在 OMS 中。如果一个订单格式错误或无效（数量太大、交易方向错误、价格错误、未结头寸过大，或订单类型不是交易所可以处理的），OMS 可能会拒绝订单。当 OMS 检测到错误时，订单不会从交易系统中发出，系统会提前拒绝。因此，交易策略可以比被交易所拒绝的订单更快地做出反应。让我们看看图 7-5，它说明了 OMS 的这些特点。

7.1.5 关键组件

网关、账本建立器、策略和 OMS 是任何交易系统的关键组成部分，它们集合了你开始交易所需的基本功能。可通过相加所有关键组件的处理时间来衡量交易系统的速度性能。当价格更新进入交易系统的入口时，我们启动一个计时器，当价格更新触发的订单从系统中发出时，停止计时器，这个时间称为 tick-to-trade 或 tick-to-order。

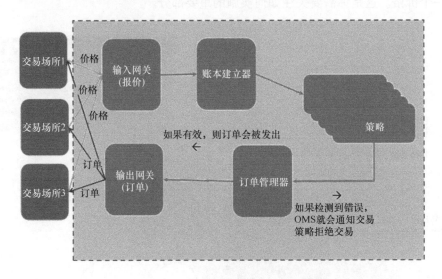

图 7-5

在最新的系统中，这个时间在微秒级（约 10ms）。如果使用特殊的硬件和软件编程进行优化，这个时间甚至可以减少到纳秒级（约 300ns）。因为选择使用 Python 来实现我们的交易系统，所以这个 Python 系统的 tick-to-trade 时间将是毫秒级的。

7.1.6 非关键组件

非关键组件是与发送订单的决定没有直接关联的组件，这些组件可以修改参数、报告数据并收集数据。例如，当你设计一个策略时，会有一组需要实时调整的参数。你需要一个能够将信息传达给交易策略的组件，我们将这个组件称为**命令和控制**。

1. 命令和控制

命令和控制是交易者和交易系统之间的接口。它可以是命令行系统，也可以是用户界面。它接收交易者的命令，并将信息发送到相应的组件。我们来看看图 7-6。

如图 7-6 所示，如果需要更新交易策略参数，交易者可以在 Web 应用中使用文本字段来指定交易策略可以承受的风险能力，这个数字（对应于公差极限）将被发送到相应的交易策略中。

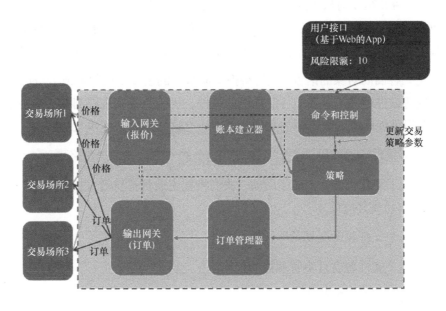

图 7-6

2．服务

交易系统可以添加额外的组件，我们将讨论以下组件（这并不是一个包含完整组件信息的列表）。

- **头寸服务器**：跟踪所有的交易。它更新所有交易的金融资产的头寸。例如，如果以1.2 美元的价格进行了 10 万次 EUR/USD 的交易，那么名义头寸将是 12 万美元。如果交易系统组件需要 EUR/USD 的头寸金额，它将订阅头寸服务器以获得头寸更新。订单管理器或交易策略可能会在允许出单前了解这些信息。如果我们想将某一资产的头寸限制在 20 万美元，那么另一个获得 10 万次 EUR/USD 的订单将被拒绝。

- **日志系统**：收集所有组件的日志，并将日志写入文件或修改数据库。日志系统有助于系统调试，找出问题的原因，并提供报告。

- **视图**（只读的用户界面视图）：显示交易的视图（头寸、订单、交易、任务监控等）。

- **控制查看器**（交互式用户界面）：提供修改参数、启动或停止交易系统组件的方法。

- **新闻服务器**：它从许多新闻公司收集新闻，并将这些新闻实时或按需提供给交易系统。

7.2　构建交易系统

在本节中，将介绍如何从头开始创建一个交易系统。我们将使用 Python 来编写这个交易系统，这种方法足够通用，也可以使用其他语言。我们将讨论设计和最佳软件工程实践。我们创建的系统将拥有最少的交易组件，在第一次初步实现后，你可能需要对其进行扩展。

Python 是一种面向对象的语言，我们将把交易系统的主要功能封装成 Python 对象，并让这些组件通过通道进行通信。我们将简化功能组件，将第一次实现限制在 5 个主要组件。我们将把这 5 个组件编码成 5 个不同的文件，并对所有这些组件进行单元测试。

- 1-py：将重现流通量提供者的行为。在这个例子中，它发送价格更新（订单）。

- 2-py：为了简化设计，去掉了网关，我们将把流通量提供者直接插入订单管理器，这个组件将负责建立账本。

- 3-py：这个文件包含交易策略代码。

- 4-py：这个文件包含订单管理器的代码。

- 5-py：将复制市场的行为。

观察图 7-7。

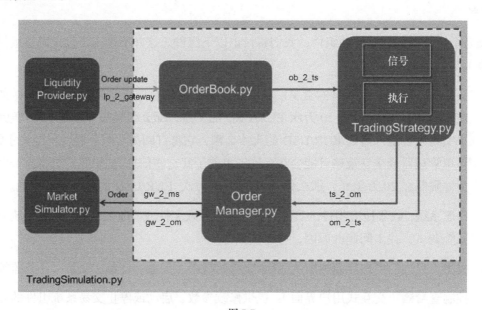

图 7-7

从图 7-7 中可以观察到，所有的组件之间都有链接。每个链接都是一个单向通信通道。在 Python 中，我们选择的数据结构是 collections 包中的 deque。

使用 deque 数据结构的两种方法。

- -push：将一个元素插入通道。

- -popleft：从通道中删除一个元素。

我们将首先逐一描述所有这些组件的实现，并将描述使用它们的公共方法。当你开始设计一个类时，首先需要知道这个类应该做什么，然后设计能够验证组件行为的测试环境。

订单和订单更新将由一个简单的 Python 字典来表示。来看一下代码：

```python
ord = {
    'id': self.order_id,
    'price': price,
    'quantity': quantity,
    'side': side,
    'action': action
}
```

7.2.1 流动性提供者类

流动性提供者（LiquidityProvider）类是所有其他类中代码最简单的一个，这个类的目标是生成流动性。因为我们随机生成流动性，所以只需要测试流动性提供者类发送的第一个流动性是否成型。我们将创建 generate_random_order 函数，它将随机选择一侧、价格、数量和与这个订单相关的动作。这将有 3 种操作：创建新的订单、修改订单和取消订单。由于我们要创建一个完整的交易系统，还想通过手动插入订单来测试完整的系统。因此，流动性提供者类将具有手动把订单插入系统的方法。

下面的代码描述了流动性提供者类。我们将使用一个由种子初始化的伪随机发生器。当你多次运行代码时，种子将允许随机数具有确定性。

generate_random_order 函数使用 lookup_orders 函数来确定下一个将要生成的订单是否已经存在。

（1）在如下代码中，我们将创建 LiquidityProvider 类。这个类的目标是作为一个流动性提供者或交易所，它将向交易系统发送价格更新，并使用 lp_2_gateway 通道来发送价格更新：

```python
from random import randrange
from random import import sample, seed
```

```python
class LiquidityProvider:
    def __init__(self, lp_2_gateway=None):
        self.orders = []
        self.order_id = 0
        seed(0)
        self.lp_2_gateway = lp_2_gateway
```

（2）在这里，我们创建一个实用函数来查询订单列表中的订单：

```python
def lookup_orders(self,id):
    count=0
    for o in self.orders:
        if o['id'] ==  id:
            return o, count
        count+=1
    return None, None
```

（3）insert_manual_order 函数将手动把订单插入交易系统。如下代码所示，这个函数将用于对某些组件进行单元测试：

```python
def insert_manual_order(self,order):
    if self.lp_2_gateway is None:
        print('simulation mode')
        return order
    self.lp_2_gateway.append(order.copy())
```

generate_random_order 函数将随机生成订单，有以下 3 种类型的订单：

- 新建（将创建一个新的订单 ID）。

- 修改（将使用已创建的订单的订单 ID，并改变数量）。

- 删除（将使用订单 ID，并删除订单）。

（4）每当创建新的订单时，都需要递增订单 ID。我们将使用如下代码所示的 lookup_orders 函数来检查订单是否已经被创建：

```python
def generate_random_order(self):
    price=randrange(8,12)
    quantity=randrange(1,10)*100
    side=sample(['buy','sell'],1)[0]
    order_id=randrange(0,self.order_id+1)
    o=self.lookup_orders(order_id)

    new_order=False
    if o is None:
        action='new'
        new_order=True
    else:
```

```
        action=sample(['modify','delete'],1)[0]

    ord = {
        'id': self.order_id,
        'price': price,
        'quantity': quantity,
        'side': side,
        'action': action
    }
if not new_order:
    self.order_id+=1
    self.orders.append(ord)

if not self.lp_2_gateway:
    print('simulation mode')
    return ord
self.lp_2_gateway.append(ord.copy())
```

（5）我们通过单元测试来测试 LiquidityProvider 类是否正常工作。Python 有 unittest 模块。如下代码所示，我们将创建 TestMarketSimulator 类，它继承自 TestCase：

```
import unittest
 from chapter7.LiquidityProvider import LiquidityProvider

 class TestMarketSimulator(unittest.TestCase):
    def setUp(self):
        self.liquidity_provider = LiquidityProvider()
    def test_add_liquidity(self)
        self.liquidity_provider.generate_random_order()
self.assertEqual(self.liquidity_provider.orders[0]['id'],0)
self.assertEqual(self.liquidity_provider.orders[0]['side'],'buy')
self.assertEqual(self.liquidity_provider.orders[0]['quantity'],700)
self.assertEqual(self.liquidity_provider.orders[0]['price'], 11)
OrderBook class
```

如上述代码所示，我们对 test_add_liquidity 函数进行了编码。

- 这个函数通过比较该函数产生的值和预期值来测试随机产生的流动性是否有效。

- 我们使用了属于这个 TestCase 类的函数，如果返回的值不是预期值，则测试失败。

- 这段代码将生成一个订单并测试订单特性。如果有一个字段值不是预期值，单元测试就会失败。

7.2.2 策略类

策略（TradingStrategy）类表示基于账面变化的交易策略。这种交易策略将在账面顶部交叉时创建订单。这也意味着当存在潜在的套利情况，当买入值高于卖出值时，我们可以同时发出买入和卖出的订单，并从这两笔交易中获利。

策略类分为两个部分。

- **信号部分**：这部分负责处理交易信号。在这个例子中，当账面顶部被越过时，就会触发信号。

- **执行部分**：这部分负责处理订单的执行信号。它将负责管理订单的生命周期。

以下是实现策略类的步骤。

（1）如下代码所示，我们将创建 TradingStrategy 类。这个类将有 3 个参数，它们是对 3 个通信通道的引用。一个从订单簿中获取预订事件，另外两个向市场发送订单并从市场接收订单更新：

```python
class TradingStrategy:
    def __init__(self, ob_2_ts, ts_2_om, om_2_ts):
        self.orders = []
        self.order_id = 0
        self.position = 0
        self.pnl = 0
        self.cash = 10000
        self.current_bid = 0
        self.current_offer = 0
        self.ob_2_ts = ob_2_ts
        self.ts_2_om = ts_2_om
        self.om_2_ts = om_2_ts
```

（2）我们将编写两个函数来处理来自订单簿的账本事件，如下代码所示：handle_input_from_bb 函数检查 deque ob_2_ts 中是否有账本事件，并调用 handle_book_event 函数。

```python
def handle_input_from_bb(self,book_event=None):
    if self.ob_2_ts is None:
        print('simulation mode')
        self.handle_book_event(book_event)
    else:
        if len(self.ob_2_ts)>0:
            be=self.handle_book_event(self.ob_2_ts.popleft())
            self.handle_book_event(be)

def handle_book_event(self,book_event):
    if book_event is not None:
        self.current_bid = book_event['bid_price']
        self.current_offer = book_event['offer_price']

    if self.signal(book_event):
```

```
        self.create_orders(book_event,min(book_event['bid_quantity'],book_event
['offer_quantity']))
        self.execution()
```

handle_book_event 函数调用函数信号来检查是否有发送订单的信号。

（3）在处理了订单簿的账本事件的情况下，信号会验证买入价是否高于卖出价。如果验证了这个条件，Signal 函数就会返回 True。代码中的 handle_book_event 函数将通过调用 create_orders 函数来创建一个订单：

```
def signal(self, book_event):
    if book_event is not None:
        if book_event["bid_price"]>\
            book_event["offer_price"]:
            if book_event["bid_price"]>0 and\
                    book_event["offer_price"]>0:
                return True
            else:
                return False
        else:
            return False
```

（4）代码中的 create_orders 函数创建了两个订单。当出现套利的情况时，我们必须快速交易。因此，这两个订单必须同时创建。这个函数可为任何创建的订单增加订单 ID。这个订单 ID 对于交易策略而言只是本地的：

```
def create_orders(self,book_event,quantity):
    self.order_id+=1
    ord = {
        'id': self.order_id,
        'price': book_event['bid_price'],
        'quantity': quantity,
        'side': 'sell',
        'action': 'to_be_sent'
    }
    self.orders.append(ord.copy())

    price=book_event['offer_price']
    side='buy'
    self.order_id+=1
    ord = {
        'id': self.order_id,
        'price': book_event['offer_price'],
        'quantity': quantity,
        'side': 'buy',
        'action': 'to_be_sent'
    }
    self.orders.append(ord.copy())
```

这个函数将在整个订单生命周期中负责处理订单。例如，当订单被创建时，其状态为新订单。一旦订单被发送到市场，市场将通过确认订单或拒绝订单做出响应。如果订单被拒绝，该函数将把该订单从未成交订单列表中删除。

（5）当订单被填充时，意味着这个订单已经被执行。一旦订单被执行，策略必须借助代码更新头寸和 PnL：

```python
def execution(self):
    orders_to_be_removed=[]
    for index, order in enumerate(self.orders):
        if order['action'] == 'to_be_sent':
            # Send order
            order['status'] = 'new'
            order['action'] = 'no_action'
            if self.ts_2_om is None:
                print('Simulation mode')
            else:
                self.ts_2_om.append(order.copy())
        if order['status'] == 'rejected':
            orders_to_be_removed.append(index)
        if order['status'] == 'filled':
            orders_to_be_removed.append(index)
            pos = order['quantity'] if order['side'] == 'buy' else -order['quantity']
            self.position+=pos
            self.pnl-=pos * order['price']
            self.cash -= pos * order['price']
    for order_index in sorted(orders_to_be_removed,reverse=True):
        del (self.orders[order_index])
```

（6）handle_response_from_om 和 handle_market_response 函数将从订单管理器中收集信息（从市场中收集信息），如下代码所示：

```python
def handle_response_from_om(self):
    if self.om_2_ts is not None:
        self.handle_market_response(self.om_2_ts.popleft())
    else:
        print('simulation mode')

def handle_market_response(self, order_execution):
    order,_=self.lookup_orders(order_execution['id'])
    if order is None:
        print('error not found')
        return
    order['status']=order_execution['status']
    self.execution()
```

（7）在下面的代码中，lookup_orders 函数检查在收集所有订单的数据结构中是否存在一个订单，并返回这个订单：

```python
def lookup_orders(self,id):
    count=0
    for o in self.orders:
        if o['id'] ==  id:
            return o, count
        count+=1
    return None, None
```

测试交易策略是至关重要的，你需要检查交易策略是否能正确下单。测试用例 test_receive_top_of_book 验证交易策略是否正确处理了账本事件。测试用例 test_rejected_order 和 test_filled_order 验证市场的响应是否被正确处理。

（8）这段代码将创建一个 setUp 函数，在每次运行测试时被调用。每次调用测试时都将创建 TradingStrategy 对象。这种方式增加了相同代码的重用性：

```python
import unittest
from chapter7.TradingStrategy import TradingStrategy

class TestMarketSimulator(unittest.TestCase):
    def setUp(self):
        self.trading_strategy= TradingStrategy()
```

我们对交易策略进行的第一个单元测试是验证账本发送的账本事件是否被正确接收。

（9）我们将使用 handle_book_event 函数手动创建一个账本事件。通过检查产生的订单是否符合预期来验证交易策略是否按照预期的方式运行。来看看下面这段代码：

```python
    def test_receive_top_of_book(self):
        book_event = {
            "bid_price" : 12,
            "bid_quantity" : 100,
            "offer_price" : 11,
            "offer_quantity" : 150
        }
        self.trading_strategy.handle_book_event(book_event)
        self.assertEqual(len(self.trading_strategy.orders), 2)
        self.assertEqual(self.trading_strategy.orders[0]['side'],'sell')
        self.assertEqual(self.trading_strategy.orders[1]['side'],'buy')
        self.assertEqual(self.trading_strategy.orders[0]['price'],12)
        self.assertEqual(self.trading_strategy.orders[1]['price'],11)
self.assertEqual(self.trading_strategy.orders[0]['quantity'],100)
self.assertEqual(self.trading_strategy.orders[1]['quantity'],100)
self.assertEqual(self.trading_strategy.orders[0]['action'],
'no_action')
self.assertEqual(self.trading_strategy.orders[1]['action'],
'no_action')
```

执行的第二个测试是验证交易策略是否收到来自订单管理器的市场响应。

（10）我们将创建一个市场响应，表示拒绝一个给定的订单，还将检查交易策略是否将此订单从属于交易策略的订单列表中删除：

```python
def test_rejected_order(self):
    self.test_receive_top_of_book()
    order_execution = {
        'id': 1,
        'price': 12,
        'quantity': 100,
        'side': 'sell',
        'status' : 'rejected'
    }
    self.trading_strategy.handle_market_response(order_execution)
    self.assertEqual(self.trading_strategy.orders[0]['side'], 'buy')
    self.assertEqual(self.trading_strategy.orders[0]['price'], 11)
    self.assertEqual(self.trading_strategy.orders[0]['quantity'], 100)
    self.assertEqual(self.trading_strategy.orders[0]['status'], 'new')
```

（11）最后一部分，需要测试交易策略在订单被执行时的行为。我们需要更新头寸、PnL和要投资的现金，如下代码所示：

```python
def test_filled_order(self):
    self.test_receive_top_of_book()
    order_execution = {
        'id': 1,
        'price': 11,
        'quantity': 100,
        'side': 'sell',
        'status' : 'filled'
    }
    self.trading_strategy.handle_market_response(order_execution)
    self.assertEqual(len(self.trading_strategy.orders),1)

    order_execution = {
        'id': 2,
        'price': 12,
        'quantity': 100,
        'side': 'buy',
        'status' : 'filled'
    }
    self.trading_strategy.handle_market_response(order_execution)
    self.assertEqual(self.trading_strategy.position, 0)
    self.assertEqual(self.trading_strategy.cash, 10100)
    self.assertEqual(self.trading_strategy.pnl, 100)
```

接下来，我们将看看如何使用订单管理器类。

7.2.3 订单管理器类

订单管理器（OrderManager）类的目的是收集所有交易策略的订单，并将这些订单与市场进行沟通。它将检查订单的有效性，可以跟踪整体头寸和 PnL，还可以防止交易策略中出现的错误。

这个组件是交易策略和市场之间的接口，它是唯一使用两个输入和两个输出的组件。OrderManager 类的构造函数将取 4 个参数代表这些通道：

```python
class OrderManager:
    def __init__(self,ts_2_om = None, om_2_ts = None,
                 om_2_gw=None,gw_2_om=None):
        self.orders=[]
        self.order_id=0
        self.ts_2_om = ts_2_om
        self.om_2_gw = om_2_gw
        self.gw_2_om = gw_2_om
        self.om_2_ts = om_2_ts
```

下面的 4 个函数将帮助从通道中读取数据，并将调用适当的函数。

函数 handle_input_from_ts 检查 ts_2_om 通道是否已经创建。如果通道还没有被创建，这意味着将只使用该类进行单元测试。为了使新的订单进入 OrderManager 系统，我们检查 ts_2_om 通道的大小是否大于 0，如果通道中存在订单，就删除这个订单，然后调用函数 handle_order_from_tradinig_strategy：

```python
def handle_input_from_ts(self):
    if self.ts_2_om is not None:
        if len(self.ts_2_om)>0:
self.handle_order_from_trading_strategy(self.ts_2_om.popleft())
    else:
        print('simulation mode')
```

函数 handle_order_from_trading_strategy 处理来自交易策略的新订单。现在，OrderManager 类将仅得到一个订单的副本，并将之存储到订单列表：

```python
def handle_order_from_trading_strategy(self,order):
    if self.check_order_valid(order):
        order=self.create_new_order(order).copy()
        self.orders.append(order)
        if self.om_2_gw is None:
            print('simulation mode')
        else:
            self.om_2_gw.append(order.copy())
```

一旦考虑了订单方面的问题，我们就会考虑市场反应。为此，将使用与之前两个函数相同的方法。handle_input_from_market 函数检查 gw_2_om 通道是否存在，在这种情况下，该函数读取来自市场的市场响应对象，并调用 handle_order_from_gateway 函数。

```python
def handle_input_from_market(self):
    if self.gw_2_om is not None:
```

```
        if len(self.gw_2_om)>0:
            self.handle_order_from_gateway(self.gw_2_om.popleft())
    else:
        print('simulation mode')
```

函数 handle_order_from_gateway 将在函数 handle_order_from_trading_strategy 创建的订单
列表中进行查找。如果市场响应与列表中的订单相对应，则意味着这个市场响应是有效的。
我们将能够改变这个订单的状态。如果市场响应没有找到具体的订单，则说明交易系统和市
场之间的交流出现了问题。我们需要提出一个错误：

```
def handle_order_from_gateway(self,order_update):
    order=self.lookup_order_by_id(order_update['id'])
    if order is not None:
        order['status']=order_update['status']
        if self.om_2_ts is not None:
            self.om_2_ts.append(order.copy())
        else:
            print('simulation mode')
        self.clean_traded_orders()
    else:
        print('order not found')
```

函数 check_order_valid 将对订单进行常规检查。在这个例子中，将检查数量和价格是否
为负。你可以考虑添加更多的代码，用于检查头寸、PnL 或任何对交易策略很重要的内容：

```
def check_order_valid(self,order):
    if order['quantity'] < 0:
        return False
    if order['price'] < 0:
        return False
    return True
```

函数 create_new_order,lookup_order_by_id 和 clean_traded_orders 将根据交易策略发送的
订单创建一个订单，该订单有一个唯一的订单 ID。事实上，每个交易策略都可以有自己的本
地订单 ID。重要的是，我们向市场发送的订单必须具有一个唯一的订单 ID。第二个函数将
从未成交的订单列表中查找订单。最后一个函数将清理已经被拒绝、执行或取消的订单。

函数 create_new_order 将创建一个字典来存储订单特征：

```
def create_new_order(self,order):
    self.order_id += 1
    neworder = {
        'id': self.order_id,
        'price': order['price'],
        'quantity': order['quantity'],
        'side': order['side'],
        'status': 'new',
        'action': 'New'
```

```
    }
    return neworder
```

函数 lookup_order_by_id 将通过订单 ID 查找返回订单的引用:

```
def lookup_order_by_id(self,id):
    for i in range(len(self.orders)):
        if self.orders[i]['id']==id:
        return self.orders[i]
    return None
```

函数 clean_traded_orders 将从订单列表中删除所有已成交的订单:

```
def clean_traded_orders(self):
    order_offsets=[]
for k in range(len(self.orders)):
    if self.orders[k]['status'] == 'filled':
        order_offsets.append(k)
if len(order_offsets):
    for k in sorted(order_offsets,reverse=True):
        del (self.orders[k])
```

由于 OrderManager 类对于交易安全至关重要,我们需要详尽的单元测试,以确保任何策略都不会损害你的收益并防止产生损失:

```
import unittest
 from chapter7.OrderManager import OrderManager

 class TestOrderBook(unittest.TestCase):

    def setUp(self):
        self.order_manager = OrderManager()
```

函数 test_receive_order_from_trading_strategy 验证订单管理器是否正确接收订单。首先,创建一个订单 order1,然后调用函数 handle_order_from_ trading_strategy。由于交易策略创建了两个订单(存储在通道 ts_2_om 中),我们调用了函数 test_receive_order_from_trading_ strategy 两次。然后,订单管理器将生成两个订单。在这个例子中,由于只有一种策略,因此当订单管理器创建订单时,订单将拥有与交易策略相同的订单 ID:

```
def test_receive_order_from_trading_strategy(self):
    order1 = {
        'id': 10,
        'price': 219,
        'quantity': 10,
        'side': 'bid',
    }
    self.order_manager.handle_order_from_trading_strategy(order1)
    self.assertEqual(len(self.order_manager.orders),1)
    self.order_manager.handle_order_from_trading_strategy(order1)
```

```
        self.assertEqual(len(self.order_manager.orders),2)
        self.assertEqual(self.order_manager.orders[0]['id'],1)
        self.assertEqual(self.order_manager.orders[1]['id'],2)
```

为了防止格式错误的订单被发送到市场，函数 test_receive_order_from_ trading_strategy_ error 检查是否拒绝以负价格创建的订单：

```
def test_receive_order_from_trading_strategy_error(self):
    order1 = {
        'id': 10,
        'price': -219,
        'quantity': 10,
        'side': 'bid',
    }
    self.order_manager.handle_order_from_trading_strategy(order1)
    self.assertEqual(len(self.order_manager.orders),0)
```

下面的函数 test_receive_from_gateway_filled 用于确认市场响应是否已经被订单管理器传播：

```
def test_receive_from_gateway_filled(self):
    self.test_receive_order_from_trading_strategy()
    orderexecution1 = {
        'id': 2,
        'price': 13,
        'quantity': 10,
        'side': 'bid',
        'status' : 'filled'
    }
    self.order_manager.handle_order_from_gateway(orderexecution1)
    self.assertEqual(len(self.order_manager.orders), 1)

def test_receive_from_gateway_acked(self):
    self.test_receive_order_from_trading_strategy()
    orderexecution1 = {
        'id': 2,
        'price': 13,
        'quantity': 10,
        'side': 'bid',
        'status' : 'acked'
    }
    self.order_manager.handle_order_from_gateway(orderexecution1)
    self.assertEqual(len(self.order_manager.orders), 2)
    self.assertEqual(self.order_manager.orders[1]['status'], 'acked')
```

7.2.4　市场模拟器类

市场模拟器（MarketSimulator）类是验证交易策略的核心，你将使用这个类来修正市场假设。例如，可以指定拒绝率和哪种类型的订单可以被接受，可以设置属于目标交易所的交易规则。在我们的例子中，市场模拟器确认并执行所有新订单。

当创建这个类时，构造函数将有两个通道。其中一个将从订单管理器获取输入，而另一个将把响应反馈给订单管理器：

```python
class MarketSimulator:
    def __init__(self, om_2_gw=None,gw_2_om=None):
        self.orders = []
        self.om_2_gw = om_2_gw
        self.gw_2_om = gw_2_om
```

函数 lookup_orders 将查找未完成的订单：

```python
def lookup_orders(self,order):
    count=0
    for o in self.orders:
        if o['id'] ==  order['id']:
            return o, count
        count+=1
    return None, None
```

函数 handle_order_from_gw 将通过 om_2_gw 通道从网关（订单管理器）收集订单：

```python
def handle_order_from_gw(self):
    if self.om_2_gw is not None:
        if len(self.om_2_gw)>0:
            self.handle_order(self.om_2_gw.popleft())
    else:
        print('simulation mode')
```

我们在函数 handle_order 中使用的交易规则将接受任何新订单。如果一个订单已经有相同的订单 ID，则该订单将被删除。如果订单管理器取消或修改了订单，则该订单将被自动取消和修改。此函数的逻辑将根据你的交易情况进行调整：

```python
def handle_order(self, order):
    o,offset=self.lookup_orders(order)
    if o is None:
        if order['action'] == 'New':
            order['status'] = 'accepted'
            self.orders.append(order)
            if self.gw_2_om is not None:
                self.gw_2_om.append(order.copy())
            else:
                print('simulation mode')
            return
        elif order['action'] == 'Cancel' or order['action'] == 'Amend':
            print('Order id - not found - Rejection')
```

```python
        if self.gw_2_om is not None:
            self.gw_2_om.append(order.copy())
        else:
            print('simulation mode')
        return
    elif o is not None:
        if order['action'] == 'New':
            print('Duplicate order id - Rejection')
            return
        elif order['action'] == 'Cancel':
            o['status']='cancelled'
            if self.gw_2_om is not None:
                self.gw_2_om.append(o.copy())
            else:
                print('simulation mode')
            del (self.orders[offset])
            print('Order cancelled')
        elif order['action'] == 'Amend':
            o['status'] = 'accepted'
            if self.gw_2_om is not None:
                self.gw_2_om.append(o.copy())
            else:
                print('simulation mode')
            print('Order amended')

def fill_all_orders(self):
    orders_to_be_removed = []
    for index, order in enumerate(self.orders):
        order['status'] = 'filled'
        orders_to_be_removed.append(index)
        if self.gw_2_om is not None:
            self.gw_2_om.append(order.copy())
        else:
            print('simulation mode')
    for i in sorted(orders_to_be_removed, reverse=True):
        del(self.orders[i])
```

单元测试将确保交易规则得到验证：

```python
import unittest
from chapter7.MarketSimulator import MarketSimulator

class TestMarketSimulator(unittest.TestCase):

    def setUp(self):
        self.market_simulator = MarketSimulator()

    def test_accept_order(self):
        self.market_simulator
        order1 = {
```

```
            'id': 10,
            'price': 219,
            'quantity': 10,
            'side': 'bid',
            'action' : 'New'
        }
        self.market_simulator.handle_order(order1)
        self.assertEqual(len(self.market_simulator.orders),1)
        self.assertEqual(self.market_simulator.orders[0]['status'], 'accepted')

    def test_accept_order(self):
        self.market_simulator
        order1 = {
            'id': 10,
            'price': 219,
            'quantity': 10,
            'side': 'bid',
            'action' : 'Amend'
        }
        self.market_simulator.handle_order(order1)
        self.assertEqual(len(self.market_simulator.orders),0)
```

7.2.5 测试交易模拟类

测试交易模拟（TestTradingSimulation）类的目标是通过将之前所有的关键组件聚集在一起，创建完整的交易系统。

这个类检查对于给定的输入，是否有预期的输出。此外，我们还将测试交易策略的 PnL 是否已经相应更新。

首先需要创建所有代表交易系统内通信通道的队列：

```
import unittest
from chapter7.LiquidityProvider import LiquidityProvider
from chapter7.TradingStrategy import TradingStrategy
from chapter7.MarketSimulator import MarketSimulator
from chapter7.OrderManager import OrderManager
from chapter7.OrderBook import OrderBook
from collections import deque

class TestTradingSimulation(unittest.TestCase):
    def setUp(self):
        self.lp_2_gateway = deque()
        self.ob_2_ts = deque()
        self.ts_2_om = deque()
        self.ms_2_om = deque()
        self.om_2_ts = deque()
```

```
        self.gw_2_om = deque()
        self.om_2_gw = deque()
```

我们将实例化交易系统的所有关键组件：

```
    self.lp = LiquidityProvider(self.lp_2_gateway)
self.ob = OrderBook(self.lp_2_gateway, self.ob_2_ts)
self.ts = TradingStrategy(self.ob_2_ts, self.ts_2_om, self.om_2_ts)
self.ms = MarketSimulator(self.om_2_gw, self.gw_2_om)
self.om = OrderManager(self.ts_2_om, self.om_2_ts, self.om_2_gw, self.gw_2_om)
```

我们测试是否通过添加两个出价高于报价的流动资产并创建两个订单来对这两笔流动资产进行套利。我们将通过检查这些组件推送到各自通道的内容来检查它们是否正常运行。最后，由于将以 218 美元的价格买入 10 笔流动资产，并以 219 美元的价格卖出，所以 PnL 应该是 10：

```python
def test_add_liquidity(self):
    # Order sent from the exchange to the trading system
    order1 = {
        'id': 1,
        'price': 219,
        'quantity': 10,
        'side': 'bid',
        'action': 'new'
    }
    self.lp.insert_manual_order(order1)
    self.assertEqual(len(self.lp_2_gateway), 1)
    self.ob.handle_order_from_gateway()
    self.assertEqual(len(self.ob_2_ts), 1)
    self.ts.handle_input_from_bb()
    self.assertEqual(len(self.ts_2_om), 0)
    order2 = {
        'id': 2,
        'price': 218,
        'quantity': 10,
        'side': 'ask',
        'action': 'new'
    }
    self.lp.insert_manual_order(order2.copy())
    self.assertEqual(len(self.lp_2_gateway),1)
    self.ob.handle_order_from_gateway()
    self.assertEqual(len(self.ob_2_ts), 1)
    self.ts.handle_input_from_bb()
    self.assertEqual(len(self.ts_2_om), 2)
    self.om.handle_input_from_ts()
    self.assertEqual(len(self.ts_2_om), 1)
    self.assertEqual(len(self.om_2_gw), 1)
    self.om.handle_input_from_ts()
    self.assertEqual(len(self.ts_2_om), 0)
    self.assertEqual(len(self.om_2_gw), 2)
    self.ms.handle_order_from_gw()
    self.assertEqual(len(self.gw_2_om), 1)
```

```
self.ms.handle_order_from_gw()
self.assertEqual(len(self.gw_2_om), 2)
self.om.handle_input_from_market()
self.om.handle_input_from_market()
self.assertEqual(len(self.om_2_ts), 2)
self.ts.handle_response_from_om()
self.assertEqual(self.ts.get_pnl(),0)
self.ms.fill_all_orders()
self.assertEqual(len(self.gw_2_om), 2)
self.om.handle_input_from_market()
self.om.handle_input_from_market()
self.assertEqual(len(self.om_2_ts), 3)
self.ts.handle_response_from_om()
self.assertEqual(len(self.om_2_ts), 2)
self.ts.handle_response_from_om()
self.assertEqual(len(self.om_2_ts), 1)
self.ts.handle_response_from_om()
self.assertEqual(len(self.om_2_ts), 0)
self.assertEqual(self.ts.get_pnl(),10)
```

7.3 设计限价订单簿

限价订单簿是一个收集所有订单的组件，并以方便交易策略工作的方式对它们进行排序。限价订单簿是交易所用来维护卖单和买单的。当我们交易或者想了解市场时，需要拿到交易所的账本，才能知道哪些价格是最好的。因为交易所位于另一台机器上，所以需要利用网络来传递交易所账本上的变化。为此，我们有两种方法。

- 第一种方法是发送整个账本。你会意识到这种方法会很慢，特别是当交易所像纽约证券交易所（New York Stock Exchange, NYSE）或纳斯达克交易所（National Association of Securities Dealers Automated Quotation, NASDAQ）那样大的时候，这种解决方案是不可扩展的。

- 第二种方法是先发送整个账本（与第一种方法一样），但不是每次有更新就发送整个账本，而是只发送更新。更新将是订单（来自交易所其他下单的交易者），它们将以小到微秒的时间增量到达。

交易策略需要非常迅速地做出决策（买入、卖出或持有股票）。由于账本为交易策略提供决策所需的信息，因此需要快速获取。订单簿实际上包含来自买家的订单簿和来自卖家的订单簿，最高的出价和最低的报价将占据优势。在有多个出价相同的竞价者争夺最佳价格的情况下，将使用时间戳来排序哪一个应该被出售的，最早时间戳的决策将被优先执行。

在订单的生命周期中，我们需要处理的操作如下。

- **插入**：将把一个订单添加到账本中。这个操作应该是快速的。该操作所选择的算法和数据结构是至关重要的，因为需要随时对账本中的出价和报价进行排序。我们将不得不优先使用一个允许复杂度为 $O(1)$ 或 $O(\log n)$ 的数据结构来插入一个新的订单。

- **修正或修改**：将通过使用订单 ID 来查找账本中的订单，这个操作的复杂度也应该和插入一样。

- **取消**：允许使用订单 ID 从账本中删除订单。

正如你所了解的那样，数据结构的选择以及与此数据结构相关的算法会对性能有很大的影响。如果你正在构建一个高频交易系统，则需要做出相应的选择。由于我们使用的是 Python，而且并不是在实现一个高频交易系统，因此我们将使用一个列表来简化代码。这个列表将代表订单，并且这个列表将为双方进行排序（针对出价簿和报价簿）。

我们将建立一个 OrderBook 类；这个类将从 LiquidityProvider 类中收集订单，并对订单进行排序，创建账本事件。交易系统中的账本事件是预设事件，这些事件可以是任何交易者认为值得了解的事情。例如，在这个实现中，我们选择在每次账本顶部有变化时生成一个账本事件（账本第一层的任何变化都会创建一个事件）。

（1）我们选择通过以列表类型的要价（asks）和出价（bids）来构造 OrderBook 类。构造函数有两个可选参数，分别是接收订单和发送预定事件的两个通道：

```python
class OrderBook:
    def __init__(self, gt_2_ob=None, ob_to_ts=None):
        self.list_asks = []
        self.list_bids = []
        self.gw_2_ob = gt_2_ob
        self.ob_to_ts = ob_to_ts
        self.current_bid = None
        self.current_ask = None
```

（2）我们将编写一个 handle_order_from_gateway 函数，它将接收来自流动性提供者的订单。来看看这段代码：

```python
def handle_order_from_gateway(self, order=None):
    if self.gw_2_ob is None:
        print('simulation mode')
        self.handle_order(order)
    elif len(self.gw_2_ob) > 0:
        order_from_gw = self.gw_2_ob.popleft()
        self.handle_order(order_from_gw)
```

（3）接下来，如下代码所示，我们将编写一个函数来检查是否已经定义 gw_2_ob 通道。

如果通道已经被实例化，handle_order_from_gateway 将从 deque gw_2_ob 的顶部取出订单，并调用函数 handle_order 来处理给定动作的订单：

```python
def handle_order(self, o):
    if o['action'] == 'new':
        self.handle_new(o)
    elif o['action'] == 'modify':
        self.handle_modify(o)
        elif o['action'] == 'delete':
            self.handle_delete(o)
        else:
            print('Error-Cannot handle this action')

    return self.check_generate_top_of_book_event()
```

在代码中，函数 handle_order 调用函数 handle_modify、handle_delete 或 handle_new。函数 handle_modify 使用给定的订单作为参数，并从账本中修改订单。函数 handle_delete 使用给定的订单作为参数，并从账本中删除订单。函数 handle_new 将一个订单添加到相应的列表 self.list_bids 和 self.list_asks 中。

如下代码展示了插入新订单的实现。在这段代码中，我们将检查订单的 side 信息。根据不同的情况，我们将选择出价的列表或要求的列表：

```python
if o['side'] == 'bid':
    self.list_bids.append(o)
    self.list_bids.sort(key=lambda x: x['price'], reverse=True)
elif o['side'] == 'ask':
    self.list_asks.append(o)
    self.list_asks.sort(key=lambda x: x['price'])
```

（4）如下代码所示，我们将实现函数 handle_modify 来管理修改，这个函数会在订单列表中搜索订单是否存在，并将以新的数量来修改数量。只有当减少订单的数量时，这个操作才有可能执行：

```python
def handle_modify(self, o):
    order = self.find_order_in_a_list(o)
    if order['quantity'] > o['quantity']:
        order['quantity'] = o['quantity']
    else:
        print('incorrect size')
    return None
```

（5）函数 handle_delete 将管理订单的取消。如下代码所示，我们将通过检查订单 ID 是否存在，若存在则从订单列表中删除该订单：

```python
def handle_delete(self, o):
    lookup_list = self.get_list(o)
```

```
        order = self.find_order_in_a_list(o, lookup_list)
    if order is not None:
        lookup_list.remove(order)
    return None
```

以下两个函数将有助于使用订单 ID 查找订单。

（6）代码中的函数 get_list 将找到包含订单的 side 信息（哪个订单账本）：

```
def get_list(self, o):
    if 'side' in o:
        if o['side'] == 'bid':
            lookup_list = self.list_bids
        elif o['side'] == 'ask':
            lookup_list = self.list_asks
        else:
            print('incorrect side')
            return None
        return lookup_list
    else:
        for order in self.list_bids:
            if order['id'] == o['id']:
                return self.list_bids
        for order in self.list_asks:
            if order['id'] == o['id']:
                return self.list_asks
        return None
```

（7）如果上面的订单存在，函数 find_order_in_a_list 将返回一个订单的引用：

```
def find_order_in_a_list(self, o, lookup_list=None):
    if lookup_list is None:
        lookup_list = self.get_list(o)
    if lookup_list is not None:
        for order in lookup_list:
            if order['id'] == o['id']:
                return order
        print('order not found id=%d' % (o['id']))
    return None
```

以下两个函数将创建账本事件。通过改变图书的顶部来创建在函数 check_generate_top_of_book_event 中定义的账本事件。

（8）如下代码所示，函数 create_book_event 创建了一个代表账本事件的字典。在这个例子中，将向交易策略指定一个账本事件，以表明账本级别的顶部有什么改变：

```
def create_book_event(self, bid, offer):
    book_event = {
        "bid_price": bid['price'] if bid else -1,
        "bid_quantity": bid['quantity'] if bid else -1,
        "offer_price": offer['price'] if offer else -1,
```

```
            "offer_quantity": offer['quantity'] if offer else -1
}
return book_event
```

（9）如下代码所示，当账本顶部发生变化时，函数 check_generate_top_of_book_event 将创建一个账本事件。当最佳买入或卖出的价格或数量发生变化时，我们将通知交易策略在账本顶部发生了变化：

```
def check_generate_top_of_book_event(self):
    tob_changed = False
    if not self.list_bids:
        if self.current_bid is not None:
            tob_changed = True
            # if top of book change generate an event
        if not self.current_bid:
            if self.current_bid != self.list_bids[0]:
            tob_changed = True
            self.current_bid = self.list_bids[0] \
                        if self.list_bids else None

    if not self.current_ask:
        if not self.list_asks:
            if self.current_ask is not None:
                tob_changed = True
            elif self.current_ask != self.list_asks[0]:
                tob_changed = True
                self.current_ask = self.list_asks[0] \
                        if self.list_asks else None

    if tob_changed:
be=self.create_book_event(self.current_bid,self.current_ask)
        if self.ob_to_ts is not None:
            self.ob_to_ts.append(be)
        else:
            return be
```

当测试订单簿时，我们需要测试以下功能：

- 添加新的订单；

- 修改新订单；

- 删除订单；

- 创建一个账本事件。

如下代码将开始创建订单簿的单元测试。我们将对每个测试用例使用函数 setUp，并为所有测试用例创建一个对订单簿的引用。

```
import unittest
```

```
from chapter7.OrderBook import OrderBook

class TestOrderBook(unittest.TestCase):

    def setUp(self):
        self.reforderbook = OrderBook()
```

（10）我们将创建一个函数 test_handlenew 来验证订单插入是否有效。账本上必须有序地罗列请求列表和出价列表：

```
def test_handlenew(self):
    order1 = {
        'id': 1,
        'price': 219,
        'quantity': 10,
        'side': 'bid',
        'action': 'new'
    }

    ob_for_aapl = self.reforderbook
    ob_for_aapl.handle_order(order1)
    order2 = order1.copy()
    order2['id'] = 2
    order2['price'] = 220
    ob_for_aapl.handle_order(order2)
    order3 = order1.copy()
    order3['price'] = 223
    order3['id'] = 3
    ob_for_aapl.handle_order(order3)
    order4 = order1.copy()
    order4['side'] = 'ask'
    order4['price'] = 220
    order4['id'] = 4
    ob_for_aapl.handle_order(order4)
    order5 = order4.copy()
    order5['price'] = 223
    order5['id'] = 5
    ob_for_aapl.handle_order(order5)
    order6 = order4.copy()
    order6['price'] = 221
    order6['id'] = 6
    ob_for_aapl.handle_order(order6)

    self.assertEqual(ob_for_aapl.list_bids[0]['id'],3)
    self.assertEqual(ob_for_aapl.list_bids[1]['id'], 2)
    self.assertEqual(ob_for_aapl.list_bids[2]['id'], 1)
    self.assertEqual(ob_for_aapl.list_asks[0]['id'],4)
    self.assertEqual(ob_for_aapl.list_asks[1]['id'], 6)
    self.assertEqual(ob_for_aapl.list_asks[2]['id'], 5)
```

（11）接下来，将编写下面的函数来检验修正是否有效。我们用前面的函数把账本填满，然后通过改变数量来修改订单：

```python
def test_handleamend(self):
    self.test_handlenew()
    order1 = {
        'id': 1,
        'quantity': 5,
        'action': 'modify'
    }
    self.reforderbook.handle_order(order1)

    self.assertEqual(self.reforderbook.list_bids[2]['id'], 1)
    self.assertEqual(self.reforderbook.list_bids[2]['quantity'], 5)
```

（12）代码中的最后一个函数涉及账本管理，可通过订单 ID 从账本中删除订单。在这个测试用例中，我们用前面的函数填充账本，然后删除订单：

```python
def test_handledelete(self):
    self.test_handlenew()
    order1 = {
        'id': 1,
        'action': 'delete'
    }
    self.assertEqual(len(self.reforderbook.list_bids), 3)
    self.reforderbook.handle_order(order1)
    self.assertEqual(len(self.reforderbook.list_bids), 2)
```

（13）当账本顶部发生变化时，就会创建账本事件。我们将编写下面的函数 test_generate_book_event 来测试账本顶部发生变化后账本事件的创建情况：

```python
def test_generate_book_event(self):
    order1 = {
        'id': 1,
        'price': 219,
        'quantity': 10,
        'side': 'bid',
        'action': 'new'
    }
    ob_for_aapl = self.reforderbook
    self.assertEqual(ob_for_aapl.handle_order(order1),
                    {'bid_price': 219, 'bid_quantity': 10,
                     'offer_price': -1, 'offer_quantity': -1})
    order2 = order1.copy()
    order2['id'] = 2
    order2['price'] = 220
    order2['side'] = 'ask'
    self.assertEqual(ob_for_aapl.handle_order(order2),
    {'bid_price': 219, 'bid_quantity': 10,
```

```
                'offer_price': 220, 'offer_quantity': 10})

if __name__ == '__main__':
    unittest.main()
```

在本节中，我们研究了如何建立一个限价订单簿。添加一个订单的复杂度 $O(n)$，对于每一次插入，我们使用的交易排序算法的复杂度为 $O(n \log n)$。为了让账本更快地进行订单插入、订单查找，应该使用更高级的数据结构。因为需要按照价格对订单进行排序，所以我们需要使用有序的数据结构，比如列表。我们将把插入的复杂度改为 $O(\log n)$。同时，我们将固定查找时间以获取最佳价格。

7.4 总结

在本章中，我们学习了如何构建一个 Python 交易系统。我们介绍了构建交易系统开始实时交易所需的关键组件。根据实施的交易策略，你将添加一些服务，并修改这些组件的行为。正如本章开头所提到的，交易者的数量、策略的类型以及资产类别的类型都会影响交易系统的设计。学习如何设计交易系统需要多年的时间，对于成为给定的策略、给定的资产类别和给定的用户数量的交易系统的专家是非常常见的。但因为系统的复杂性，要成为了解所有交易系统的专家是很困难的。目前，我们只建立了一个交易系统必须具备的最低功能。为了充分发挥功能，需要学习如何让这个组件与交易系统连接。

在第 8 章，我们将重点介绍与交易所连接相关的所有细节。

08

第 8 章

连接到交易所

至此，我们对如何编写交易系统和编写所有关键组件的代码有了很好的理解，也详细了解了创建账本、创建交易信号和获得市场响应的方法。

在本章中，我们将介绍负责与外界和网关通信的组件，研究组件的不同功能，并描述不同类型的协议。最后，实现一个可连接到真实流动性提供者的网关。

本章将介绍以下主题。

- 使交易系统可与交易所进行交易。

- 审查通信 API。

- 接收价格更新。

- 发送订单和接收市场响应。

8.1 使交易系统可与交易所进行交易

正如我们在第 7 章中看到的，交易系统是能够收集金融数据并向市场发送指令的软件。交易系统有很多功能组件，负责处理交易和风险，以及监控发生在一个或多个交易所的交易过程。当你编写交易策略时，它们将成为交易系统的组成部分。你将需要输入价格信息和交易策略作为输出，这将发送交易指示。为了完成这个流程，我们需要网关，因为网关是主要组件。

图 8-1 显示了交易系统的功能组件、网关的接口以及外界与交易系统的联系。网关收集价格和市场响应并发送指令。它的主要作用是发起连接，并将外界发来的数据转换成交易系统中要用到的数据结构。

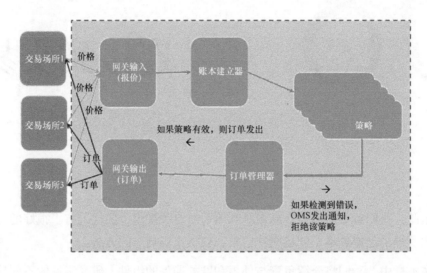

图 8-1

图 8-1 中显示了以下内容。

- 当你实施交易策略时，该交易策略位于你的计算机上，交易所账本位于另一台计算机上。

- 由于这两台计算机位于不同的地点，因此它们需要通过网络进行通信。

- 根据系统的位置，用于通信的方式可能会有所不同。

- 如果交易系统是合用的（计算机位于同一设施内），则会使用单根网线，这样可以减少网络延迟。

- 如果使用云解决方案，则互联网可能是另一种通信方式。在这种情况下，通信速度会比直接连接的慢很多。

请看图 8-2，该图描述了网关之间的通信情况。

图 8-2 中显示了以下内容。

- 当仔细查看网关所处理的通信时，我们可以观察到不同的场所可以有不同的协议。

- 网关需要处理众多的协议，以便将它们转换为交易系统的数据结构。

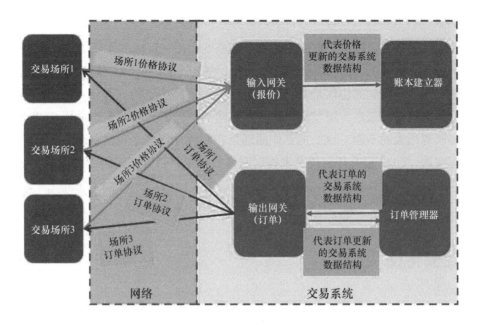

图 8-2

8.2 审查通信 API

网络协议定义了计算机之间的通信规则，也定义了如何在网络上识别这些计算机以及它们如何进行交互。在金融交易中，我们使用 UDP 和 TCP 的 IP。此外，还使用一种软件协议来定义如何与订单通信并获得价格更新。该通信 API 将在软件层面设置通信规则，通信 API 由你想交易的实体提供。

在这之前，我们需要解释一下网络基础知识。

8.2.1 网络基础知识

网络负责使计算机之间实现相互通信。网络需要一个物理层来共享信息。选择正确的介质对于网络达到给定的速度或可靠性，甚至安全性都是至关重要的。在金融交易中，我们使用以下几种方式。

- **同轴线**：带宽有限。
- **光纤**：更大带宽。

- **微波**：易于安装，带宽大，但会受到风暴等的影响。

具体使用哪种方式，取决于你使用的交易策略的介质，正确的介质是 ISO 模型中网络第一层的一部分所需完成的，这一层被称为物理层。在这一层之上，还有 6 层描述通信的类型。我们在金融交易中要用到的协议是 IP，这是 ISO 模型中网络层的一部分。IP 规定了网络中网络数据包的路由规则。最后一层我们要讲的是传输层，较著名的两个协议是 TCP 和 UDP，但这两个协议有很大的不同。TCP 的工作原理是在两台计算机之间建立通信，所有先发送的消息都会先到达。UDP 没有任何机制来确定网络数据包是否已经被网络接收。

所有的交换都会通过使用 TCP 或 UDP 来选择自己的协议。在 8.2.2 小节中，我们将介绍通过网络发送的内容。

8.2.2 交易协议

要想让两个实体相互通信，它们需要使用相同的语言。在网络中，我们使用的是一种协议。在交易中，这个协议可用于任何场所。有些场所可以有许多协议，虽然协议不同，但是这些协议建立连接和开始交易所经历的步骤是相似的。

（1）它们首先发起一个登录，描述谁是交易发起者，谁是接收者，以及如何保持通信的活跃。

（2）接着，询问对不同实体的期望，例如交易或订阅价格更新。

（3）之后，会收到订单和价格更新。

（4）然后，通过发送"心跳"来保持通信。

（5）最后，关闭通信。

我们在本章中将使用的协议叫作金融信息交换（Financial Information Exchange，FIX）协议。该协议创建于 1992 年，用于国际实时交易，处理富达投资公司和所罗门兄弟公司之间的证券。该协议扩展到外汇（FX）、固定收益（Fixed Income，FI）、衍生工具和清算。这个协议是一个基于字符串的协议，这意味着它可以阅读。它与平台无关，是一个开放的协议，具有很多版本。广泛使用的版本是 4.2、4.4、5 和 1 版本。这里有两种类型的消息：

- 管理消息：不携带任何财务数据。

- 应用程序消息：用于获取价格更新和订单。

这些消息的内容就像 Python 字典，是键值对列表。键是预定义的标签，每个标签都对应一个特定特征的数字。与这些标签相关联的是值，它可以是数字或字符串。我们来看一个例子。

- 如果要发送一个价格为 1.23 美元的订单，那么对应订单价格的标签的值是 44。因此，在订单消息中将有 44=1.23。

- 所有的键值对都是字符–1 分隔的。这意味着，如果在前面的例子中添加 100000 的数量（标签 38）来创建一个订单，将有 44=1.23|38=100000。符号"|"代表字符–1。

- 所有的消息都以前缀开头，即 8=FIX.X.Y，这个前缀表示修订版本号。X 和 Y 代表版本号。

- 当 10=nn 对应于校验和时，它们都会终止。

- 校验和是消息中所有二进制值的总和。它可以帮助我们识别传输问题。

下面是一个 FIX 消息的例子：

```
8=FIX.4.2|9=76|35=A|34=1|49=DONALD|52=20160617-23:11:55.884|56=VENUE1|98=0|
108=30|141=Y|10=134
```

FIX 报文有以下必填字段。

- 标签 8，与值 4.2 有关。这与 FIX 协议的版本相关。

- 版本号低于 FIX4.4 的版本：8（BeginString）、9（BodyLength）和 35（MsgType）。

- 版本号高于 FIX4.4 的版本：8（BeginString）、9（BodyLength）、35（MsgType）、49（SnderCompID）和 56（TargetCompID）。

- 消息类型由标签 35 定义。

- 标签类消息体长度，对应从标签 35 开始一直到标签 10 的字符数量。

- 字段 10 是校验和。该值是通过将除了校验字段（即最后一个字段）的所有字节的 ASCII 表示法的十进制值相加来计算的，并返回计算和（256）的模数。

8.2.3 FIX 协议

一个交易系统必须使用两个连接才能进行交易：一个连接接收价格更新，另一个连接接收订单。FIX 协议通过为以下连接提供不同的消息来满足这一要求。

1. 价格更新

交易系统需要交易者选择交易的流动价格。为此，它发起了与交易所的连接，以订阅流动性更新。

图 8-3 描述了接收者（交易所）和发起者（交易系统）之间的通信。

图 8-3

图 8-4 表示接收者和发起者之间交换的 FIX 消息。

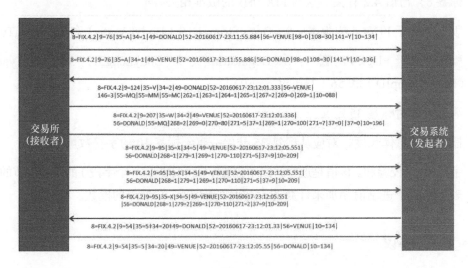

图 8-4

在收到这些价格更新后，交易系统会更新账本，并根据给定的信号下单。

2. 订单

交易系统将通过与交易所建立一个交易会话，将订单传达给交易所。当这个活跃的交易会话保持开放时，订单信息将被发送到交易所。交易所将通过使用 FIX 消息来传达这些订单的状态，如图 8-5 所示。

图 8-5

图 8-6 表示发起者和接收者之间交换的 FIX 消息。

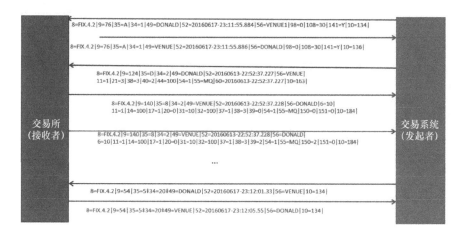

图 8-6

8.3　接收价格更新

实现 FIX 解析器和 FIX 合成器的过程极为烦琐和耗时。如果你选择从头开始实现这些部分，将需要处理网络连接、解析操作和创建 FIX 消息的部分。因为我们要专注于创建一个能够快速工作的交易系统，所以希望使用一个所有功能都已经实现的库。有很多商业 FIX 库可以使用，包括 NYFIX、Aegisfot - Aethna、Reuters - Traid 和 Financial Fusion - Trade Force。我们将使用的库叫作 quickfix 库。

该库创建于 2000 年，支持 Java、C++和 Python。该库通过使用回调简化了开发人员的工作。回调是一个计算机工程术语。如果我们有一个可能需要一些时间才能完成的任务，就会用到回调。在 naive 代码（没有回调的代码）中，我们等待这个任务的执行结束。

如果使用回调，可能会发生以下情况。

- 启动一个任务，然后继续执行其他任务，而这个任务一直在运行。

- 一旦这个任务结束，它将调用一个函数离开程序，处理这个任务的结果。假设我们有一个交易系统，有很多任务。

- 如果其中一个任务是接收交易所的价格更新，我们只需要使用一个回调，一旦系统接收到价格更新并进行解析，这个回调就会被触发。

- 一旦回调被调用，就可以通过使用这个新的价格来读取我们所需要的特定字段，以便进行系统的其他部分。

quickfix 库为开发者提供了为交易系统接收到的任何消息实现特定任务的能力。下面的代码描述了一段使用 quickfix 库的 Python 代码的一般结构：

```python
import sys
import time
import quickfix as fix
import quickfix42 as fix42

class Application(fix.Application):
    def onCreate(self, sessionID): return
    def onLogon(self, sessionID):
            self.sessionID = sessionID
            print ("Successful Logon to session '%s'." %
sessionID.toString())
            return
    def onLogout(self, sessionID): return
    def toAdmin(self, sessionID, message):return
    def fromAdmin(self, sessionID, message):return
    def toApp(self, sessionID, message):
        print "Sent the following message: %s" % message.toString()
        return
    def fromApp(self, message, sessionID):
        print "Received the following message: %s" % message.toString()
        return
```

这段代码导入了 quickfix 库，并创建了一个名为 Application 的类，该类是从 fix.Application 对象派生出来的。

- 函数 onLogon 和 onLogout 是回调函数，当系统收到登录或注销消息（35=A）并解析后，就会调用这两个函数。函数 onLogon 的参数是 session ID。当接收者和发起者之间成功建立连接时，就会收到这个消息。

- 函数 onCreate 在创建新的会话时被调用，以初始化一个交易会话。

- 函数 toAdmin 和 toApp 用于修改发送给接收者的消息。

- 函数 fromAdmin 和 fromApp 是在我们收到接收者的消息时调用的。

- 传入的代码是通过 Python 编写一个 FIX 应用程序所需的代码。

每个 FIX 应用程序都有自己的 config 文件。通过阅读 quickfix 库的文档，你将学会如何配置应用程序。我们将通过一个简单的配置例子进行说明。quickfix 配置文件分为几个部分。DEFAULT 部分配置应用程序的主要属性。

- 连接类型：Initiator 或 acceptor。

- 重新连接的时间：60s（在此配置文件中）。

- SenderCompIT：发起者的标识。

SESSION 部分描述了 FIX 消息的格式。在本例中，使用的 FIX 版本是 4.1，对应接收者标识的 TargetCompID 是 ARCA。在这个文件中设置了心跳间隔，这样可以检查接收者是否还活跃并已经发送。网络连接是通过使用套接字建立的。这个套接字是根据 IP 地址（SocketConnectHost）和端口（SocketConnectPort）创建的。

我们使用一个字典来定义所有消息类型的所有强制和可选标签：

```
# default settings for sessions
[DEFAULT]
ConnectionType=initiator
ReconnectInterval=60
SenderCompID=TW
# session definition

[SESSION]
# inherit ConnectionType, ReconnectInterval and SenderCompID from default
BeginString=FIX.4.1
TargetCompID=ARCA
StartTime=12:30:00
EndTime=23:30:00
```

```
HeartBtInt=20
SocketConnectPort=9823
SocketConnectHost=123.123.123.123
DataDictionary=somewhere/FIX41.xml
```

对于接下来的代码示例，我们将使用一些 GitHub 上的免费的开源代码。在价格更新和订单方面，这段代码是一个用于发起者和接收者的 Python 代码的很好的例子。

1. 启动器代码示例

启动器开始与交易所进行通信。一个启动器将负责获取价格更新，而另一个启动器将负责处理订单。

2. 价格更新

启动器的作用是启动与接收者的连接。当连接建立后，启动器将向接收者订阅并请求价格更新。我们将回顾的第一个函数是订阅函数。连接建立后，这个函数将被调用。

函数 subscribe 将在固定的时间间隔后被调用。调用函数时，我们需要检查是否有一个活动的会话。而函数将通过遍历符号列表来建立市场数据请求。让我们来看看下面的代码块：

```
8=FIX.4.4|9=78|35=V|146=1|55=USD/RUB|460=4|167=FOR|262=2|263=1|264=0|265=0|267=2|269=0|269=0|10=222|
```

我们可以看到，该消息的消息类型为 35=V。标签及其对应的字段和值如表 8-1 所示。

表 8-1

标签	字段	值
8	BeginString	FIX.4.4
9	BodyLength	78
35	MsgType	V
146	NoRelatedSym	1
55	Symbol	USD/RUB
460	Product	4
167	SecurityType	FOR
262	MDReqID	2
263	SubscriptionRequestType	1
264	MarketDepth	0
265	MDUpdateType	0
267	NoMDEntryTypes	2
269	MDEntryType	0
269	MDEntryType	1
10	CheckSum	222

我们可以在表 8-1 中看到以下内容。

- 对于每一个交易符号（你想交易的股票），这个函数将创建一个新的市场数据请求消息。

- 每个市场数据请求必须有一个唯一的标识符（市场数据请求 ID，即 MDReqID），它与一个给定的交易符号相关联。在下面的例子中，我们使用 USD/RUB。

```
def subscribe(self):
    if self.marketSession is None:
        self.logger.info("FIXSIM-CLIENT Market session is none,
skip subscribing")
        return

    for subscription in self.subscriptions:
        message = self.fixVersion.MarketDataRequest()
        message.setField(quickfix.MDReqID(self.idGen.reqID()))
message.setField(quickfix.SubscriptionRequestType(quickfix.Subscrip
tionRequestType_SNAPSHOT_PLUS_UPDATES))
message.setField(quickfix.MDUpdateType(quickfix.MDUpdateType_FULL_REFRESH))
        message.setField(quickfix.MarketDepth(0))
        message.setField(quickfix.MDReqID(self.idGen.reqID()))

        relatedSym =
self.fixVersion.MarketDataRequest.NoRelatedSym()
relatedSym.setField(quickfix.Product(quickfix.Product_CURRENCY))
relatedSym.setField(quickfix.SecurityType(quickfix.SecurityType_FOR
EIGN_EXCHANGE_CONTRACT))
        relatedSym.setField(quickfix.Symbol(subscription.symbol))
        message.addGroup(relatedSym)

        group = self.fixVersion.MarketDataRequest.NoMDEntryTypes()
group.setField(quickfix.MDEntryType(quickfix.MDEntryType_BID))
        message.addGroup(group)
group.setField(quickfix.MDEntryType(quickfix.MDEntryType_OFFER))
        message.addGroup(group)

        self.sendToTarget(message, self.marketSession)
```

我们可以在代码中了解到以下内容。

- 一旦我们订阅了所有需要的交易符号（在这个例子中为货币对），接收者就会开始发送市场更新。

- 函数 onMarketDataSnapshotFullRefresh 将接收每次进入系统的价格更新的完整快照。

价格更新网关接收的消息类型如下：

```
8=FIX.4.4|9=429|35=W|34=1781|49=FIXSIM-SERVER-
MKD|52=20190909-19:31:48.011|56=FIXSIM-CLIENT-
```

```
    MKD|55=EUR/USD|262=74|268=4|269=0|270=6.512|15=EUR|271=2000|276=A|299=a23de46d-6309
-4783-a880-80d6a02c6140|269=0|270=5.1|15=EUR|271=5000|276=A|299=1f551637-20e5-4d8b-85d9
-1870fd49e7e7|269=1|270=6.512|15=EUR|271=2000|276=A|299=445cb24b-8f94-47dc-9132-75f4c09
ba216|269=1|270=9.49999999999999|15=EUR|271=5000|276=A|29
    9=3ba6f03c-131d-4227-b4fb-bd377249f50f|10=001|
```

onMarketDataSnapshotFullRefresh 函数是一个回调函数。当接收到完整快照消息并进行解析时会调用该函数。参数 message 将包含消息。让我们来看看这段代码：

```python
def onMarketDataSnapshotFullRefresh(self, message, sessionID):

    fix_symbol = quickfix.Symbol()
    message.getField(fix_symbol)
    symbol = fix_symbol.getValue()

    group = self.fixVersion.MarketDataSnapshotFullRefresh.NoMDEntries()
    fix_no_entries = quickfix.NoMDEntries()
    message.getField(fix_no_entries)
    no_entries = fix_no_entries.getValue()

    for i in range(1, no_entries + 1):
        message.getGroup(i, group)
        price = quickfix.MDEntryPx()
        size = quickfix.MDEntrySize()
        currency = quickfix.Currency()
        quote_id = quickfix.QuoteEntryID()

        group.getField(quote_id)
        group.getField(currency)
        group.getField(price)
        group.getField(size)

        quote = Quote()
        quote.price = price.getValue()
        quote.size = size.getValue()
        quote.currency = currency.getValue()
        quote.id = quote_id.getValue()

        fix_entry_type = quickfix.MDEntryType()
        group.getField(fix_entry_type)
        entry_type = fix_entry_type.getValue()
```

如我们所见，可以通过使用方法 getField 访问该字段。

8.4 发送订单和接收市场响应

交易系统的主要目标是发送订单和接收市场对这些订单的响应。在本节中，我们将介绍如何发送订单以及如何获得这些订单的更新。

启动器的作用是启动发起者与接收者的连接。当连接建立后，交易会话就会被激活。从这一刻起，交易系统就可以向交易所发送订单。订单将有以下类型的消息：

```
8=FIX.4.4|9=155|35=D|11=3440|15=USD|21=2|38=20000|40=D|44=55.945|54=1|55=USD/RUB|59
=3|60=20190909-19:35:27|64=SP|107=SPOT|117=b3fc02d3-373e-4632-80a0-e50c2119310e|167=FOR
|10=150|
```

启动器通过使用消息类型 35=D（代表单个订单）创建订单。这些订单的所有字段都将由 quickfix 库的函数来填写。让我们来看看这段代码：

```
def makeOrder(self, snapshot):
    self.logger.info("FIXSIM-CLIENTSnapshotreceived %s", str(snapshot))
    quote = snapshot.getRandomQuote()

    self.logger.info("FIXSIM-CLIENT make order for quote %s", str(quote))
    order = self.fixVersion.NewOrderSingle()
    order.setField(quickfix.HandlInst(quickfix.HandlInst_AUTOMATED_EXECUTION_ORDER_
PUBLIC_BROKER_INTERVENTION_OK))
    order.setField(quickfix.SecurityType(quickfix.SecurityType_FOREIGN_EXCHANGE_CONTRACT))

    order.setField(quickfix.OrdType(quickfix.OrdType_PREVIOUSLY_QUOTED))
    order.setField(quickfix.ClOrdID(self.idGen.orderID()))
    order.setField(quickfix.QuoteID(quote.id))

    order.setField(quickfix.SecurityDesc("SPOT"))
    order.setField(quickfix.Symbol(snapshot.symbol))
    order.setField(quickfix.Currency(quote.currency))
    order.setField(quickfix.Side(quote.side))

    order.setField(quickfix.OrderQty(quote.size))
    order.setField(quickfix.FutSettDate("SP"))
    order.setField(quickfix.Price(quote.price))
    order.setField(quickfix.TransactTime())
order.setField(quickfix.TimeInForce(quickfix.TimeInForce_IMMEDIATE_OR_CANCE L))
```

交易所收到订单后就会进行处理，交易所会给这个订单回复一个特定的 FIX 消息。该消息的性质是执行报告消息 35=8。

该消息将使用执行报告消息 35=8、ExecType 标签 150=0、OrdStatus 39=0 来确认订单：

```
8=FIX.4.4|9=204|35=8|34=4004|49=FIXSIM-
SERVER|52=20190909-19:35:27.085|56=FIXSIM-
CLIENT|6=55.945|11=3440|14=20000|15=USD|17=3440|31=55.945|32=20000|37=3440|38=20000
|39=0|44=55.945|54=1|55=USD/RUB|64=20190910|150=0|151=0|10=008|
```

该订单将被执行，服务器将发送执行报告消息，表明 150=2 和 39=2 在执行：

```
8=FIX.4.4|9=204|35=8|34=4005|49=FIXSIM-
SERVER|52=20190909-19:35:27.985|56=FIXSIM-
CLIENT|6=55.945|11=3440|14=20000|15=USD|17=3440|31=55.945|32=20000|37=3440|38=20000
|39=2|44=55.945|54=1|55=USD/RUB|64=20190910|150=2|151=0|10=008|
```

一旦交易系统收到这些消息，代码中的回调 onExecutionReport 将被调用：

```
def onExecutionReport(self, connectionHandler, msg):
    codec = connectionHandler.codec
    if codec.protocol.fixtags.ExecType in msg:
        if msg.getField(codec.protocol.fixtags.ExecType) == "0":
            side = Side(int(msg.getField(codec.protocol.fixtags.Side)))
            logging.debug("<--- [%s] %s: %s %s %s@%s" %
(codec.protocol.msgtype.msgTypeToName(msg.getField(codec.protocol.fixtags.MsgType)),
msg.getField(codec.protocol.fixtags.ClOrdID),
    msg.getField(codec.protocol.fixtags.Symbol), side.name,
    msg.getField(codec.protocol.fixtags.OrderQty),
    msg.getField(codec.protocol.fixtags.Price)))
        elif msg.getField(codec.protocol.fixtags.ExecType) == "2":
            logging.info("Order Filled")
    else:
        logging.error("Received execution report without ExecType")
```

如前面的代码所示，我们已经解析了需要从执行报告消息中获取所需信息的字段。我们还测试了订单是否已被确认或执行。

8.4.1　接收器代码示例

接收器的作用是接收来自发起者的连接。作为一个自动交易员，你很少会编写这部分的代码。然而，如果你知道启动器如何发送交换处理消息，将会提高你的知识水平。

接收器有两个主要的功能。

- **市场数据请求处理**：这是服务器收到市场数据请求时调用的功能。

- **订单处理**：这是在收到订单信息时被调用的功能。

1. 市场数据请求处理

市场数据请求处理允许接收器（交易所）处理来自愿意交易特定符号的启动器的请求。一旦收到请求，接收器就会开始向启动器发送价格更新流。让我们来看看下面的代码：

```
def onMarketDataRequest(self, message, sessionID):
requestID = quickfix.MDReqID()
try:
message.getField(requestID)
except Exception as e:
raise quickfix.IncorrectTagValue(requestID)

try:
relatedSym = self.fixVersion.MarketDataRequest.NoRelatedSym()
```

```
symbolFix = quickfix.Symbol()
product = quickfix.Product()
message.getGroup(1, relatedSym)
relatedSym.getField(symbolFix)
relatedSym.getField(product)
if product.getValue() != quickfix.Product_CURRENCY:
self.sendMarketDataReject(requestID, " product.getValue() !=
quickfix.Product_CURRENCY:", sessionID)
return

# bid
entryType = self.fixVersion.MarketDataRequest.NoMDEntryTypes()
message.getGroup(1, entryType)

# ask
message.getGroup(2, entryType)

symbol = symbolFix.getValue()
subscription = self.subscriptions.get(symbol)
if subscription is None:
self.sendMarketDataReject(requestID, "Unknown symbol: %s" % str(symbol),
sessionID)
return

subscription.addSession(sessionID)
except Exception as e:
print e,e.args
self.sendMarketDataReject(requestID, str(e), sessionID)
```

如前面的代码所示，正在处理市场数据请求的回调 onMarketDataRequest 执行了以下操作。

- **获取请求** ID：交易所将检查该请求 ID 是否尚未被处理。

- **获取符号** ID：与该符号相关联的符号更新将被发送到启动器。

- **获取产品**：交易所检查请求的产品是否在系统中。如果产品不在，将向启动器发送拒绝消息。

2. 订单处理

订单处理是启动器的主要功能之一。交易所必须能够处理以下内容：

- **新订单**（35=D）：这条信息是为交易指示而发送的。该消息可以描述多种类型的订单，如限价订单、补仓或减仓订单和市价订单。

- **取消订单**（35=F）：这条信息是用来表示一个订单被取消了。

- **修改订单**（35=G）：这条消息用于修改订单。

函数 onNewOrderSingle 是处理发起者发送的订单的函数，这个函数需要获取主要的订单特征。

- 符号(股票代码)。

- 某一侧（买或卖）。

- 类型（市价、限价、止损、止盈等）。

- 数量（交易数量）。

- 价格(交易价格)。

- 客户订单 ID（订单的唯一标识符）。

- 报价 ID（要交易的报价标识符）。

交易所会检查订单 ID 是否已经存在。如果存在，则应发送拒绝消息，以表明不可能用相同的订单 ID 创建新订单。如果交易所正确地接收了订单，则会向发起者发送执行报告消息，表明交易所已经收到了订单。

在 GitHub 的 fixsim 代码中，作者选择了拒绝随机接收订单。当我们在本书后文谈到回测时，会提到可以引入不同的选项来模拟市场的行为。引入随机拒绝是模拟市场行为的一种方法。如果没有拒绝，交易所将通过发送一个执行报告 35=8，并以订单状态表示订单已被执行，从而完成订单。

函数 onNewOrderSingle（回调）分为两部分。第一部分收集来自新订单（35=D）消息的信息。第二部分为发起者创建一个响应，这个响应将是一个执行报告（35=8）的消息。

该代码将创建 quickfix 对象（symbol、side、ordType 等），并通过函数 getField 从标签中获取值。这段代码选择接收一个订单，但前提是这个订单已经有报价。这意味着该订单将基于交易系统已经收到的价格更新：

```python
def onNewOrderSingle(self, message, beginString, sessionID):
    symbol = quickfix.Symbol()
    side = quickfix.Side()
    ordType = quickfix.OrdType()
    orderQty = quickfix.OrderQty()
    price = quickfix.Price()
    clOrdID = quickfix.ClOrdID()
    quoteID = quickfix.QuoteID()
    currency = quickfix.Currency()

    message.getField(ordType)
```

```
    if ordType.getValue() != quickfix.OrdType_PREVIOUSLY_QUOTED:
        raise quickfix.IncorrectTagValue(ordType.getField())

    message.getField(symbol)
    message.getField(side)
    message.getField(orderQty)
    message.getField(price)
    message.getField(clOrdID)
    message.getField(quoteID)
    message.getField(currency)
```

以下代码将创建执行报告（35=8）的消息。这段代码的第一行将创建一个代表该消息的对象执行报告。之后的行会为这个消息创建所需的标题：

```
executionReport = quickfix.Message()
executionReport.getHeader().setField(beginString)
executionReport.getHeader().setField(quickfix.MsgType(quickfix.MsgType_ExecutionReport))
executionReport.setField(quickfix.OrderID(self.idGen.orderID()))
executionReport.setField(quickfix.ExecID(self.idGen.execID()))
```

以下代码负责构建代码，使其模拟拒绝。它将通过考虑 reject_chance（一个百分比）来拒绝代码：

```
try:
    reject_chance = random.choice(range(1, 101))
    if self.rejectRate > reject_chance:
        raise FixSimError("Rejected by cruel destiny %s" %
str((reject_chance, self.rejectRate)))
```

下面的代码将对执行规模和价格进行一些检查：

```
    execPrice = price.getValue()
    execSize = orderQty.getValue()
    if execSize > quote.size:
        raise FixSimError("size to large for quote")

    if abs(execPrice - quote.price) > 0.0000001:
        raise FixSimError("Trade price not equal to quote")
```

该代码将通过填充 Execution Report 的消息中的所需字段来完成：

```
executionReport.setField(quickfix.SettlDate(self.getSettlementDate()))
executionReport.setField(quickfix.Currency(subscription.currency))
executionReport.setField(quickfix.OrdStatus(quickfix.OrdStatus_FILLED))
executionReport.setField(symbol)
executionReport.setField(side)
executionReport.setField(clOrdID)
executionReport.setField(quickfix.Price(price.getValue()))
executionReport.setField(quickfix.AvgPx(execPrice))
executionReport.setField(quickfix.LastPx(execPrice))
executionReport.setField(quickfix.LastShares(execSize))
```

```
executionReport.setField(quickfix.CumQty(execSize))
executionReport.setField(quickfix.OrderQty(execSize))
executionReport.setField(quickfix.ExecType(quickfix.ExecType_FILL))
executionReport.setField(quickfix.LeavesQty(0))
```

下面的代码将在发生错误时建立拒绝信息。它的做法与构建消息以表明订单已被执行的方法相同。我们在执行报告的消息的 Order Status 中指定拒绝值：

```
except Exception as e:
    self.logger.exception("FixServer:Close order error")
    executionReport.setField(quickfix.SettlDate(''))
    executionReport.setField(currency)
executionReport.setField(quickfix.OrdStatus(quickfix.OrdStatus_REJECTED))
    executionReport.setField(symbol)
    executionReport.setField(side)
    executionReport.setField(clOrdID)
    executionReport.setField(quickfix.Price(0))
    executionReport.setField(quickfix.AvgPx(0))
    executionReport.setField(quickfix.LastPx(0))
    executionReport.setField(quickfix.LastShares(0))
    executionReport.setField(quickfix.CumQty(0))
    executionReport.setField(quickfix.OrderQty(0))
executionReport.setField(quickfix.ExecType(quickfix.ExecType_REJECTED))
    executionReport.setField(quickfix.LeavesQty(0))
```

最后，我们将把消息发回给发起者：

```
self.sendToTarget(executionReport, sessionID)
```

这就结束了接收器特有的那部分代码。接收器的作用比我们用最低限度的代码实现的作用更加丰富。接收器的主要作用是匹配交易者之间的订单。如果要实现交换，我们就需要创建一个匹配引擎（来匹配可以成交的订单）。在这个简单的例子中，我们选择无论市场的状态如何，都要完成订单。主要目标只是建立一个模拟，即通过完成和拒绝订单来模仿市场的行为。

8.4.2 其他交易 API

FIX 协议从 1992 年开始使用。通过了解 FIX 这个基于字符串的协议，你将能够理解其他协议。纳斯达克交易所使用的是直接数据传输的 ITCH 和直接交易的 OUCH 协议。这些协议比 FIX 协议快得多，因为它们有开销限制。这些协议使用固定的偏移量来指定标签值。例如，OUCH 协议将不使用 39=2，而是使用偏移量为 20 的值 2。

纽约证券交易所使用 UTP Direct，它与 OUCH 协议类似。加密货币世界使用 HTTP 请求，同时使用 RESTful API 或 Websocket 方式进行通信。所有这些协议都为我们提供了不同的方式来表示金融交易信息，它们都有相同的目标——价格更新和订单处理。

8.5　总结

在本章中，我们了解到交易系统的通信是交易的关键。交易系统负责收集所需的价格以做出明智的决策。如果这个组件很慢，就会使交易决策变得更慢。网关在技术上比其他任何一个组件都更具挑战性，因为它们需要处理通信。通信意味着各层都要在计算机层面上完美处理，即计算机架构（网络层）、操作系统（系统调用、与网卡通信的驱动程序等）和软件本身。在所有这些层面都必须进行优化，这样才能拥有一个快速的交易系统。由于它们的技术复杂程度，因此如果你需要高频交易的策略，则不太可能实施这种通信。相反，你会使用这个领域的专家提供的系统。然而，如果你的交易策略对时间不敏感，你将能够利用从本章获得的信息来实现与交易所通信。

我们还谈到了交易系统和交易所之间的通信，学习了如何使用 Python 的 quickfix 库来简化通信系统的实现时间。我们在 quickfix 库中使用一些软件来模拟发起者和接收器之间的交流，这样我们了解了交易通信系统的工作流程。现在我们已经知道如何创建一个交易系统，以及如何让这个系统与外界进行通信。最后，需要做的是确保策略在这个交易系统上能够很好地执行。

在第 9 章中，我们将讨论测试交易策略时的关键步骤之一：回测。

09

第 9 章

在 Python 中
创建回测器

到目前为止，我们知道了如何实现交易策略，学会了如何编写代码，使其在交易系统中运行。在实施交易策略之前的最后一步是回测。无论你是想对策略的表现更有信心，还是想向你的经理展示交易理念，你都必须使用一个利用大量历史数据的回测器。

在本章中，你将学习如何创建回测器。你将通过使用大量数据在不同的场景来验证交易策略的性能，从而改进交易算法。一旦实现了模型，就需要测试交易机器人在交易基础设施中的行为是否符合预期。

在本章中，我们将了解回测的工作原理，然后讨论在创建回测器时需要考虑的假设。最后，将通过使用动量交易策略提供一个回测器的例子。

本章将介绍以下主题。

- 学习如何构建回测器。

- 学习如何选择正确的假设。

- 评估时间价值。

- 回测双移动平均线交易策略。

9.1 学习如何构建回测器

回测是创建交易策略的关键之一,它通过使用历史数据评估交易策略的赢利能力。它有助于在面临任何资本损失的风险之前,通过运行模拟产生显示风险和赢利能力的结果来优化回测。如果回测的结果良好(高利润与合理的风险),它将鼓励将该策略付诸实践。如果结果不理想,回测人员可以帮助寻找问题。

交易策略定义了进入和退出资产组合的规则。回测有助于我们决定是否值得采用这些交易规则,它让我们了解一个策略在过去的表现。最终的目标是在分配任何实际资本之前,过滤掉不良的策略规则。

回测可以利用过去的市场数据来健全交易策略。大多数情况下,我们认为回测器就像一个现实的模型,我们会根据经验做出假设。但如果模型与现实不够接近,交易策略最终的表现就会不尽如人意,从而导致经济损失。

首先是获取数据。数据将以许多不同的形式存储,根据形式的不同,需要调整回测器。

回测器使用大量数据。在交易中,每天获取 1TB 的数据是很常见的。硬盘读取这些数据可能需要几分钟的时间。如果你正在寻找一个特定的日期范围,或者正在寻找特定的符号,有日期、符号或其他属性的性能指标将是非常重要的。金融学中的数据是与特定时间相关联的数值,称为时间序列。常规的关系数据库在读取这些时间序列时效率不高。我们将回顾几种处理时间序列的方法。

9.1.1 样本内数据与样本外数据的比较

当建立一个统计模型时,我们使用交叉验证来避免过度拟合。交叉验证要求将数据分为 2 个或 3 个不同的集合,其中一个将用于创建模型,而其他的将用于验证模型的准确性。由于尚未使用其他数据集创建该模型,我们将对其性能有更好的了解。

在用历史数据测试交易策略时,使用一部分数据进行测试是很重要的。在统计模型中,我们称训练数据为创建模型的初始数据。对于交易策略,我们会说处于样本数据中。测试数据将被称为样本外数据。至于交叉验证,它提供了一种通过在新数据上进行测试,尽可能地与真实交易相似的方式来测试交易策略的性能。

图 9-1 表示如何将历史数据分为两组不同的数据。我们将使用样本内数据建立交易策略,

然后通过样本外数据来验证我们的模型。

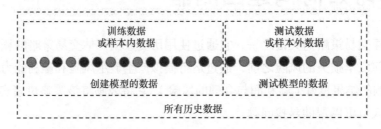

训练数据
或样本内数据

测试数据
或样本外数据

创建模型的数据

测试模型的数据

所有历史数据

图 9-1

当我们建立一个交易策略时，要留出 70%～80%的比例来建立模型。当模型建立后，将通过样本外数据（20%～30%的数据）检验这个模型的性能。

9.1.2 模拟交易

模拟交易（也称前向性能测试）是测试阶段的最后一步。我们将交易策略加入系统的实时环境，并发送虚拟订单。在一天的交易之后，我们将拥有所有订单的日志，并将它们与预期进行比较。这一步很有用，因为它允许我们能够测试策略并使用整个交易系统。

这个阶段是在投入真金白银之前对交易策略进行最后测试的一种方式。这个阶段的好处是没有任何金融风险，交易策略的创建者可以在无压力的环境中获得信心和实践，同时建立新的数据集，用于进一步分析。遗憾的是，模拟交易获得的业绩与市场没有直接关联。很难保证一个订单是否能被执行，以及以什么价格执行。事实上，在市场高度波动的时期，大多数订单都可能被拒绝。此外，订单可能以较差的价格（负滑点）得到执行。

9.1.3 单纯的数据存储

存储数据最直观的方法之一是在硬盘上使用平面文件。这种方法的问题是，硬盘需要遍历广阔的区域才能到达想用于回测的数据相对应的文件部分。而索引对查找、读取正确的文件有很大的帮助。

9.1.4 HDF5 文件

分层数据格式（Hierarchical Data Format，HDF）是一种用于存储和管理大量数据的文件格式。它是在 20 世纪 90 年代美国国家超级计算应用中心（National Center for Supercomputing Application，NCSA）设计的，然后美国国家航空航天局（National Aeronautics ancl Space Administration，NASA）决定使用此格式。时间序列存储的可移植性和效率是该格式的关键。交易界迅速采用了这种格式，特别是高频交易（High-Frequency Trading，HFT）公司、对冲基金公司和投资银行。这些金融公司依靠庞大的数据量进行回测、交易和其他类型的分析。

这种格式允许金融领域的 HDF 用户处理非常大的数据集，以获得对整个部分或分节的 tick 数据的访问。此外，由于它是一种免费的格式，所以开源工具的数量非常多。

HDF5 的层次结构使用了两大类型。

- **数据集**：特定类型的多维数组。

- **组**：其他组和数据集的容器。

图 9-2 所示为 HDF5 的层次结构。

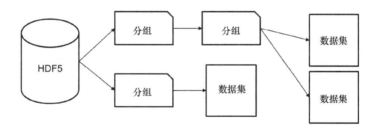

图 9-2

为了获得数据集的内容，我们可以像访问普通文件一样，使用 POSIX 语法的/path/file 来访问 HDF5。元数据也存储在分组和数据集中。HDF5 使用 Btrees 索引数据集，这使它成为时间序列，是金融资产价格序列的良好存储格式。

后文的代码将描述一个如何在 Python 中使用 HDF5 文件的例子。我们将使用在本书中用过的函数 load_financial_data 来获取 GOOG 价格，而数据框存储在一个名为 goog_data 的 HDF5 文件中。接着，我们使用 h5py 库来读取这个文件，并读取文件的属性。然后将显示这个文件的数据内容。

在这段代码中会得到 GOOG 的财务数据。我们将这些数据存储到数据框 goog_data 中：

```python
!/bin/python3
import pandas as pd
import numpy as np
from pandas_datareader import data
import matplotlib.pyplot as plt
import h5py
```

```
def load_financial_data(start_date, end_date,output_file):
    try:
        df = pd.read_pickle(output_file)
        print('File data found...reading GOOG data')
    except FileNotFoundError:
        print('File not found...downloading the GOOG data')
        df = data.DataReader('GOOG', 'yahoo', start_date, end_date)
        df.to_pickle(output_file)
    return df

goog_data=load_financial_data(start_date='2001-01-01',
                    end_date = '2018-01-01',
                    output_file='goog_data.pkl')
```

在这部分代码中，我们将把数据帧 goog_data 存储到文件 goog_data.h5 中：

```
goog_data.to_hdf('goog_data.h5','goog_data',mode='w',format='table',dat a_co lumns=
True)
```

然后将从文件 goog_data.h5 中加载这个文件，并创建一个数据框 goog_data_from_h5_file：

```
goog_data_from_h5_file = h5py.File('goog_data.h5')
print(goog_data_from_h5_file['goog_data']['table'])
print(goog_data_from_h5_file['goog_data']['table'][:])
for attributes in goog_data_from_h5_file['goog_data']['table'].attrs.items():
    print(attributes)
```

尽管 HDF5 文件具有可移植性和开源性，但也有一些重要的注意事项。

- 获得损坏数据的可能性很大。当处理 HDF5 文件的软件崩溃时，有可能丢失位于同一文件中的所有数据。
- 它的功能有限，无法删除数组。
- 它提供的性能很低，没有使用操作系统的缓存。

许多金融公司仍然使用这种标准化文件，它将在市场上继续存在。接下来，我们将谈论文件存储的替代方案——数据库。

9.1.5 数据库

数据库是为存储数据而生的。财务数据是时间序列数据，而大多数数据库并不能以最有效的方式处理时间序列数据。与存储时间序列数据相关的最大挑战是可伸缩性，重要的数据流来得很快。我们有两大类数据库：关系数据库和非关系数据库。

1. 关系数据库

关系数据库的表可以用许多不同的方式编写和访问，而无须重新组织数据库结构。关系数据库通常使用结构化查询语言（Structured Query Language，SQL），较广泛使用的数据库有 Microsoft SQL Server、PostgreSQL、MySQL 和 Oracle 等。

Python 有许多库能够使用这些数据库。以 PostGresSQL 库为例，Python 使用 PostGresSQL 库的 Psycopg2 处理 SQL 查询：

（1）我们将使用 GOOG 数据价格来创建 GOOG 数据的数据库：

```
goog_data.head(10)
                 High       Low        Open       Close
Volume    Adj Close
Date
2014-01-02  555.263550  550.549194  554.125916  552.963501
3666400.0  552.963501
2014-01-03  554.856201  548.894958  553.897461  548.929749
3355000.0  548.929749
2014-01-06  555.814941  549.645081  552.908875  555.049927
3561600.0  555.049927
2014-01-07  566.162659  556.957520  558.865112  565.750366
5138400.0  565.750366
2014-01-08  569.953003  562.983337  569.297241  566.927673
4514100.0  566.927673
2014-01-09  568.413025  559.143311  568.025513  561.468201
4196000.0  561.468201
2014-01-10  565.859619  557.499023  565.859619  561.438354
4314700.0  561.438354
2014-01-13  569.749329  554.975403  559.595398  557.861633
4869100.0  557.861633
2014-01-14  571.781128  560.400146  565.298279  570.986267
4997400.0  570.986267
2014-01-15  573.768188  568.199402  572.769714  570.598816
3925700.0  570.598816
```

（2）你需要在计算机上安装好 PostGresSQL 库。要在 SQL 中创建一个表，将使用以下命令：

```sql
CREATE TABLE "GOOG"
(
    dt timestamp without time zone NOT NULL,
    high numeric NOT NULL,
    low numeric NOT NULL,
    open numeric NOT NULL,
    close numeric NOT NULL,
    volume numeric NOT NULL,
    adj_close numeric NOT NULL
    CONSTRAINT "GOOG_pkey" PRIMARY KEY (dt)
);
```

该命令将创建一个名为 GOOG 的 SQL 表，这个表的主键将是时间戳 dt。

（3）以 2016-11-08 至 2016-11-09 的数据为例，我们将运行以下查询来获取 GOOG 数据。

```
SQL = '''SELECT
    dt,high,low,open,close,volume, adj_close
 FROM "GOOG"
 WHERE dt BETWEEN '2016-11-08' AND '2016-11-09'
 ORDER BY dt
 LIMIT 100;'''
```

Python 代码如下：

```
import psycopg2
conn = psycopg2.connect(database='name_of_your_database')  # set
the appropriate credentials
cursor = conn.cursor()
def query_ticks():
    cursor.execute(SQL)
    data = cursor.fetchall()
    return data
```

函数 query_ticks 将返回 GOOG 数据。

关系数据库的主要问题是速度较慢，它们不是为了处理按时间索引的大量数据而设计的。为了加快速度，我们将需要使用非关系数据库。

2．非关系数据库

非关系数据库的应用非常广泛。由于数据的性质越来越以时间序列为基础，所以这类数据库近年来发展迅速。较好的时间序列的非关系数据库叫作 KDB，这种数据库是为了实现时间序列的性能而设计的。还有很多其他类似的数据库，包括 InfluxDB、MongoDB、Cassandra、TimescaleDB、Graphite 和 OpenTSDB。这些数据库都有各自的优点和缺点，如表 9-1 所示。

表 9-1

	优点	缺点
KDB	高性能	价格较高；由于使用非 SQL，使用起来非常困难
InfluxDB	免费、高性能、快速入门	社区小、分析工具性能差、安全性不高
MongoDB	比关系数据库快	无数据连接操作；速度慢
Cassandra	比关系数据库快	性能不可预测
TimescaleDB	支持 SQL	性能一般
Graphite	免费，支持广泛	性能一般
OpenTSDB	比关系数据库快	功能少

从表 9-1 可知，很难选择 KDB 的替代品。我们将使用 KDB 的库 pyq 编写一段 Python 代码为例。下面创建一个类似于我们为 PostGresSQL 创建的例子：

```
from pyq import q
from datetime import date

# This is the part to be run on kdb
#googdata:([]dt:();high:();low:();open:();close:();volume:(),adj_close:())

q.insert('googdata', (date(2014,01,2), 555.263550, 550.549194, 554.125916,
552.963501, 3666400.0, 552.963501))
q.insert('googdata', (date(2014,01,3), 554.856201, 548.894958, 553.897461,
548.929749, 3355000.0, 548.929749))

q.googdata.show()
                High        Low         Open        Close       Volume
Adj Close
 Date
 2014-01-02  555.263550  550.549194  554.125916  552.963501  3666400.0
552.963501
 2014-01-03  554.856201  548.894958  553.897461  548.929749  3355000.0
548.929749

# This is the part to be run on kdb
# f:{[s]select from googdata where date=d}

x=q.f('2014-01-02')
print(x.show())

 2014-01-02  555.263550  550.549194  554.125916  552.963501  3666400.0
552.963501
```

这段代码结束了关于数据存储的这一节内容，这部分在回测器的设计中是至关重要的，因为回测运行时间将帮你节省时间，以便能够运行更多的回测来验证你的交易策略。在介绍关于金融数据的不同存储方式之后，我们将介绍回测器的工作原理。

9.2 学习如何选择正确的假设

回测是部署交易策略的必要步骤，是指我们利用数据库中存储的历史数据来重现交易策略的行为。基本的假设是，任何在过去有效的方法论都可能在未来发挥作用。任何在过去表现无效的策略，在未来很可能会表现不佳。本节研究在回测中可利用哪些应用，可获得什么样的信息，以及如何利用它们。

回测器可以是一个 for 循环或事件驱动的回测系统。考虑要花费多少时间才能获得更高的精度始终很重要。我们不可能得到一个与现实一致的模型，回测器只是现实的一个模型。然而，为了尽可能地接近真实的市场，应遵循以下规则。

- **训练或测试数据**：与任何模型一样，不应该使用创建这个模型的数据来测试你的模型。你需要在未见过的数据上进行验证，以限制过拟合。当我们使用机器学习技术时，很容易过度拟合一个模型。这就是为什么使用交叉验证来提高模型的准确性是至关重要的。

- **无生存偏差的数据**：如果你的策略是一个长期头寸策略，那么使用无生存偏差的数据是很重要的。这将防止你只关注赢家而不考虑输家。

- **Look-ahead 数据**：当你制定策略时，不应该提前做出交易策略。有时，使用整个样本计算得出的数字很容易犯这个错误，因为你仅使用下订单前获得的价格来计算平均值。

- **市场制度变化**：建模股票分配参数在时间上并不是恒定的，因为市场制度是变化的。

- **交易成本**：重要的是要考虑你的交易成本。这是非常容易忘记的，而在真实的市场上也是很难赚到钱的。

- **数据质量和数据来源**：由于有很多金融数据来源，因此数据构成有很大的不同。例如，当你使用 OHLC 数据时，它是许多交易所源的聚合，将很难与你的交易系统获得相同的高点和低点。事实上，为了让模型和现实能够匹配，你所使用的数据形态必须尽可能地接近。

- **资金的约束**：始终要考虑到你交易的资金量不是无限的。此外，如果使用信用或保证金账户，你将受到所采取的头寸的限制。

- **日均交易量**（Average Daily Volume，ADV）：某一特定股票一天内的平均交易量。你选择交易的股票数量将基于这个数字，以避免对市场造成任何影响。

- **基准测试**：为了测试交易策略的表现，你会和另一种策略进行比较，或者只是和一些指数的回报率进行比较。如果交易的是期货，就不要与标普 500 指数进行测试。如果交易的是航空公司，应该检查整个航空业的表现是否优于你的模型。

- **初始条件假设**：为了有一个稳健的赚钱方式，你不应该依赖于开始回测的日期或月份。一般来说，你不应该假设初始条件总是相同的。

- **心理学**：从心理学的角度来说，即使是在打造一个交易机器人，当进行真实交易的时候，总是有办法推翻算法。从统计学的角度来说，根据回测，一个交易策略可能会有很大的跌幅，但是在几天之后，如果我们维持一个给定的仓位，这个策略还可以带来很多利润。对于计算机来说，承担这个风险是没有问题的，但是对于人来说，就比较困难了。因此，心理学对策略的表现会起到很大的作用。

在之前的规则之上，还需要假设预期市场会如何表现。当你向其他人介绍交易策略时，明确这些假设是什么是很重要的。

你需要考虑的第一个假设是填充率。下单时，根据策略类型的不同，得到订单执行的变化也不同。如果你使用高频交易策略进行交易，可能有95%的订单被拒绝。如果在市场上有重要消息（如FED公告）时进行交易，可能会有大部分订单被拒绝。因此，你需要多考虑回测器的填充率。

另一个重要的考虑因素是当你创建做市策略时。与市场交易策略不同的是，做市策略不是从市场中消除流动性，而是增加流动性。因此，重要的是要创建一个假设，即关于你的订单何时会被执行（或者可能不会被执行）。这个假设会给回测器添加一个条件，而我们可能会得到额外的数据。例如，在某一特定时间内市场上已经完成的交易，这些信息将帮助我们决定一个给定的做市单是否应该执行特定的做市订单。

我们可以添加额外的延迟假设。事实上，由于一个交易系统依赖于许多组件，所有的组件都有延迟，它们在通信时也会增加延迟。我们可以对交易系统的任何组件进行延迟，例如可以添加网络延迟，也可以添加订单执行、确认的延迟。

与假设相关的列表可能会相当长，但是展示这些假设对解释你的交易策略在真实市场上的表现可能会非常重要。

9.2.1　for 循环回测系统

for 循环回测系统是一个非常简单的基础结构。它逐行读取价格更新，并从这些价格中计算出更多的指标（如收盘时的移动平均线）。然后它对交易方向做出决定，计算赢利和亏损并显示在这个回测系统。这个设计非常简单，可以快速判断出一个交易思路是否可行。

这里展示了一个算法来描绘这种回测器的工作原理：

```
for each tick coming to the system (price update):
    create_metrics_out_of_prices()
    buy_sell_or_hold_something()
    next_price()
```

1. 优势

for 循环回测器是非常简单易懂的，它可以在任何编程语言中轻松实现。这种类型的回测器的主要功能是读取文件并仅根据价格计算新的指标。因为复杂度和对计算能力的需求都很低，所以，执行不需要太长的时间，并且可以快速获得有关交易策略性能的结果。

2. 劣势

for 循环回测器的主要弱点是相对于市场的准确性。它忽略了交易成本、交易时间、买卖价格和交易量，通过提前读取一个值而犯错（产生预见偏差）的可能性相当高。

虽然 for 循环回测器的代码很容易写，但还是应该用这种类型的回测器来淘汰低性能的策略。如果一个策略在 for 循环回测器上表现不佳，这意味着它在更现实的回测器上表现会更差。

既然拥有一个尽可能真实的回测器是很重要的，那么我们将在 9.2.2 小节学习事件驱动的回测器是如何工作的。

9.2.2 事件驱动的回测系统

事件驱动的回测器几乎使用了交易系统的所有组件。大多数情况下，这种类型的回测器包含所有的交易系统组件（如订单管理系统、头寸管理系统和风险管理系统）。由于涉及更多的组件，所以这种回测器更符合实际情况。

事件驱动的回测器与第 7 章中实现的交易系统很接近。我们暂时先不编号 Trading Simulation.py 的代码。在这一小节中，我们将看到如何编写这些缺失的代码。

我们将用一个循环逐一调用所有的组件。这些组件将一个接一个地读取输入，然后在需要时生成事件。所有这些事件将被插入一个队列（使用 Python deque 对象）。当我们对交易系统进行编码时，可能遇到的事件如下：

- tick 事件——当我们读取一行新的市场数据时；

- 账本事件——当账本的顶部被修改时；

- 信号事件——当可以做多或做空时；

- 订单事件——当订单被发送到市场时；

- 市场响应事件——当市场响应进入交易系统时。

事件驱动的回测器的伪代码如下：

```python
from chapter7.LiquidityProvider import LiquidityProvider
from chapter7.TradingStrategy import TradingStrategy
from chapter7.MarketSimulator import MarketSimulator
from chapter7.OrderManager import OrderManager
from chapter7.OrderBook import OrderBook
```

```python
from collections import deque

def main():
    lp_2_gateway = deque()
    ob_2_ts = deque()
    ts_2_om = deque()
    ms_2_om = deque()
    om_2_ts = deque()
    gw_2_om = deque()
    om_2_gw = deque()

    lp = LiquidityProvider(lp_2_gateway)
    ob = OrderBook(lp_2_gateway, ob_2_ts)
    ts = TradingStrategy(ob_2_ts, ts_2_om, om_2_ts)
    ms = MarketSimulator(om_2_gw, gw_2_om)
    om = OrderManager(ts_2_om, om_2_ts, om_2_gw, gw_2_om)

    lp.read_tick_data_from_data_source()
    while len(lp_2_gateway)>0:
        ob.handle_order_from_gateway()
        ts.handle_input_from_bb()
        om.handle_input_from_ts()
        ms.handle_order_from_gw()
        om.handle_input_from_market()
        ts.handle_response_from_om()
        lp.read_tick_data_from_data_source()
if __name__ == '__main__':
    main()
```

我们可以看到，交易系统的所有组件都被调用了。如果有一个检查头寸的服务，这个服务就会被调用。

1. 优势

因为我们使用了所有的组件，所以会有一个更接近现实的结果。其中一个关键的组件是市场模拟器（MarketSimulator.py），这个组件必须具有相同的市场假设。我们可以在市场模拟器中添加以下参数：

- 发送确认的延迟；

- 发送填充的延迟；

- 订单填写条件；

- 波动性填充条件；

- 做市预估。

基于事件的回测器的优点如下。

- 前瞻性偏差消除——因为接收的是事件，所以无法查看前面的数据。

- 代码封装——因为使用对象来处理交易系统的不同部分，可以通过改变对象来改变交易系统的行为。市场模拟对象就是这样的例子。

- 我们可以插入头寸或风险管理系统，并检查是否超过限制。

2. 劣势

即使优点很多，我们也需要考虑到这种基于事件的系统很难编码。事实上，如果交易系统中有线程，我们需要让这个线程具有确定性。例如，假设交易系统在 5s 内没有得到响应的订单，对这个功能进行编码的最佳方法是让一个线程计数 5s，然后超时。如果在回测中使用该线程，时间不应该是真实时间，因为当我们读取 tick 时，时间将是模拟时间。

此外，它还需要很多的处理，比如日志管理、单元测试和版本控制，这个系统的执行速度可能非常慢。

9.3 评估时间价值

正如我们在本章前面部分所看到的，当建立交易策略时，回测器的准确性是至关重要的。在你的交易策略的模拟交易和实际表现之间产生差异的两个主要因素如下：

- 当交易策略上线时，我们所面临的市场行为；

- 你用来交易的交易系统。

我们可以通过对市场的响应方式进行假设来弥补市场影响。这一部分是非常具有挑战性的，因为它只基于假设。至于造成差异的第二个原因，即交易系统本身，可以找到一个简单的解决方案。我们将能够使用交易系统作为回测器，将所有的主要交易组件集中在一起，让它们之间像在生产中一样相互沟通。

在生产中使用时间时，我们可以从计算机的时钟中获取时间。例如，我们可以通过从 Python 中的 datetime 模块的函数 now 来获取时间，并作为交易策略的时间戳。再举个例子，假设我们下了订单，因为不确定市场是否会对这个订单做出反应，所以会使用一个超时系统。如果交易系统没有收到市场的确认，这个超时系统会在给定的时间后调用一个函数。为了完成这个操作，我们通常会生成一个线程，计算超时时间的秒数。在计数的时候，如果订单的状态没有改变，也没有确认订单，这个线程会调用一个回调函数 onTimeOut。这个回调函数的作用是处理市场上订单超时时发生的情况。如果要在回测器中模拟超时系统，这将是一个比较大的挑战。因为我们不能用计算机的实时时钟来计算超时时间，所以需要在整个过程中使用模拟时钟。

图 9-3 显示了回测器如何使用新的模拟时钟组件处理时间。每次组件需要获取时间的时候，都会调用一个函数 getTime。这个函数将返回模拟时间（即 LiquidityProvider 类读取的最后一个 tick 的时间）。

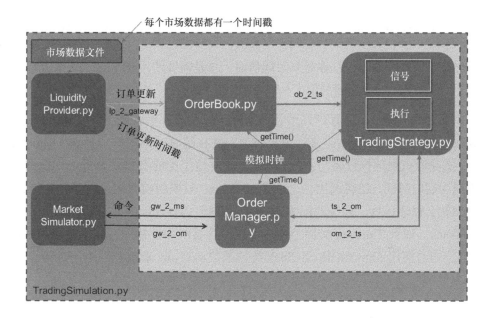

图 9-3

（1）我们将实现**模拟时钟**功能（SimulatedRealClock 类）。每次交易系统在回测模式下启动时，都将使用 SimulatedRealClock 类，参数为 simulated=True。如果交易系统在市场上实时运行下单，SimulatedReal Clock 类将在没有参数或使用 simulated=False 参数的情况下被创建。当时间由模拟时间给出时，该时间将来自订单时间戳的顺序：

```
from datetime import datetime

class SimulatedRealClock:
    def __init__(self,simulated=False):
        self.simulated = simulated
        self.simulated_time = None
    def process_order(self,order):
```

```
        self.simulated_time= \
            datetime.strptime(order['timestamp'], '%Y-%m-%d %H:%M:%S.%f')
    def getTime(self):
        if not self.simulated:
            return datetime.now()
        else:
            return self.simulated_time
realtime=SimulatedRealClock()
print(realtime.getTime())
# It will return the date/time when you run this code
simulatedtime=SimulatedRealClock(simulated=True)
simulatedtime.process_order({'id' : 1, 'timestamp' : '2018-06-29
08:15:27.243860'})
print(simulatedtime.getTime())
# It will return 2018-06-29 08:15:27.243860
```

当对交易系统进行编码，且你需要时间值时，总是需要使用对 SimulatedRealClock 类的引用，并使用函数 getTime 返回的值。

（2）在下面的代码中，将看到订单管理系统实现发送订单后 5s 超时。我们将首先向大家展示如何创建一个 TimeOut 类来计数超时值，并在超时时调用一个函数。TimeOut 类是一个线程，意味着该类的执行将与主程序并发。建立这个类的参数是 SimulateRealClock 类，该时间被视为超时时间，还将调用一个回调函数 fun。只要当前时间不大于停止倒计时的时间，这个类就会循环运行。如果时间大于倒计时时间，且 TimeOut 类没有被禁用，则会调用函数 callback。如果 TimeOut 类因为响应命令到达系统而被禁用，则不会调用回调函数。可以观察到，通过使用 SimulatedRealClock 类的函数 getTime 来比较停止计时器的时间和当前时间：

```
class TimeOut(threading.Thread):
    def __init__(self,sim_real_clock,time_to_stop,fun):
        super().__init__()
        self.time_to_stop=time_to_stop
        self.sim_real_clock=sim_real_clock
        self.callback=fun
        self.disabled=False
    def run(self):
        while not self.disabled and\
                self.sim_real_clock.getTime() < self.time_to_stop:
            sleep(1)
        if not self.disabled:
            self.callback()
```

（3）下面我们要实现的 OMS 类只是订单管理器服务的一小部分子集。这个 OMS 类将负责发送订单，每次发送订单时，都会创建一个 5s 的超时。这意味着，如果 OMS 没有收到市场上下单的响应，就会调用函数 onTimeOut。可以观察到，我们通过使用 SimulatedRealClock 类的函数 getTime 来建立 TimeOut 类。

```python
class OMS:
    def __init__(self,sim_real_clock):
        self.sim_real_clock = sim_real_clock
        self.five_sec_order_time_out_management=\
            TimeOut(sim_real_clock,
                sim_real_clock.getTime()+timedelta(0,5),
                    self.onTimeOut)
    def send_order(self):
        self.five_sec_order_time_out_management.disabled = False
        self.five_sec_order_time_out_management.start()
            print('send order')
    def receive_market_reponse(self):
        self.five_sec_order_time_out_management.disabled = True
    def onTimeOut(self):
        print('Order Timeout Please Take Action')
```

当我们运行下面的代码来验证是否有效时会创建两个案例。

- **案例 1**：在实时交易模式下使用 SimulatedRealClock 来使用 OMS。

- **案例 2**：在模拟交易模式下使用 SimulatedRealClock 来使用 OMS。

（4）在下面的代码中，案例 1 会在 5s 后触发超时，案例 2 会在模拟时间大于触发超时的时间后触发超时。

```python
if __name__ == '__main__':
    print('case 1: real time')
    simulated_real_clock=SimulatedRealClock()
    oms=OMS(simulated_real_clock)
    oms.send_order()
    for i in range(10):
        print('do something else: %d' % (i))
        sleep(1)

    print('case 2: simulated time')
    simulated_real_clock=SimulatedRealClock(simulated=True)
    simulated_real_clock.process_order({'id' : 1, 'timestamp' : '2018-06-29
08:15:27.243860'})

    oms = OMS(simulated_real_clock)
    oms.send_order()
    simulated_real_clock.process_order({'id': 1, 'timestamp': '2018-06-29
08:21:27.243860'})
```

当我们将回测器应用于交易系统时，使用能够处理模拟模式和实时模式的类是非常重要的。通过使用交易系统，你将能够达到更好的准确性，并对交易策略建立更好的信心。

9.4 回测双移动平均线交易策略

双移动平均线交易策略在短期移动平均线与长期移动平均线向上交叉时下达买单，当交叉发生在另一侧时将下达卖单。本节将介绍双移动平均线交易策略的回测实现。我们将介绍一个 for 循环回测器和一个基于事件的回测器的实现。

9.4.1 for 循环回测器

（1）关于这个回测器的实现，我们将通过之前使用的函数 load_ financial_data 来检索 GOOG 数据。这也将遵循我们在 9.3 节中提出的伪代码：

```
for each price update:
    create_metrics_out_of_prices()
    buy_sell_or_hold_something()
    next_price();
```

我们将创建一个 ForLookBackTester 类。该类将逐行处理数据框的所有价格。我们需要有两个捕获价格的列表来计算两条移动平均线，并将存储损益、现金和持股的历史记录，用以绘制图表，来了解将会赚多少钱。

函数 create_metrics_out_of_prices 可计算长期移动平均线（100 天）和短期移动平均线（50 天）。当短期移动平均线高于长期移动平均线时，我们将产生一个多头信号，函数 buy_sell_or_hold_something 将下订单。当有空头头寸或无头寸时，买单将被下达。当有多头头寸或无头寸时，卖单将被下达。这个函数将跟踪头寸、持有量和利润。

这两个功能对于 for 循环回测器来说就足够了。

（2）现在导入以下库，如下代码所示：

```
#!/bin/python3
 import pandas as pd
 import numpy as np
 from pandas_datareader import data
 import matplotlib.pyplot as plt
 import h5py
 from collections import deque
```

（3）接下来如下代码所示，我们将调用本书之前定义的函数 load_financial_data。

```
goog_data=load_financial_data(start_date='2001-01-01',
                    end_date = '2018-01-01',
                    output_file='goog_data.pkl')
```

```
# Python program to get average of a list
 def average(lst):
     return sum(lst) / len(lst)
```

（4）现在让我们定义 ForLoopBackTester 类，如下代码所示。这个类将用数据结构来支持构造函数中的策略。我们将存储损益、现金、头寸和持有量的历史值。我们还将保留实时的损益、现金、头寸和持有量：

```
class ForLoopBackTester:
    def __init__(self):
        self.small_window=deque()
        self.large_window=deque()
        self.list_position=[]
        self.list_cash=[]
        self.list_holdings = []
        self.list_total=[]

        self.long_signal=False
        self.position=0
        self.cash=10000
        self.total=0
        self.holdings=0
```

（5）如下代码所示，我们将编写函数 create_metrics_out_of_prices 来更新交易策略所需的实时指标，以便做出决策：

```
def create_metrics_out_of_prices(self,price_update):
    self.small_window.append(price_update['price'])
    self.large_window.append(price_update['price'])
    if len(self.small_window)>50:
        self.small_window.popleft()
    if len(self.large_window)>100:
        self.large_window.popleft()
    if len(self.small_window) == 50:
        if average(self.small_window) >\
            average(self.large_window):
            self.long_signal=True
        else:
            self.long_signal = False
        return True
    return False
```

（6）函数 buy_sell_or_hold_something 将根据之前函数的计算结果来负责下单：

```
        def buy_sell_or_hold_something(self,price_update):
            if self.long_signal and self.position<=0:
                print(str(price_update['date']) + " send buy order for 10 shares price=" +
str(price_update['price']))
                self.position += 10
                self.cash -= 10 * price_update['price']
            elif self.position>0 and not self.long_signal:
```

```
                    print(str(price_update['date'])+" send sell order for 10 shares price=" +
str(price_update['price']))
                    self.position -= 10
                    self.cash -= -10 * price_update['price']

            self.holdings = self.position * price_update['price']
            self.total = (self.holdings + self.cash)
            print('%s total=%d, holding=%d, cash=%d' % (str(price_update['date']),
self.total, self.holdings, self.cash))
            self.list_position.append(self.position)
            self.list_cash.append(self.cash)
            self.list_holdings.append(self.holdings)
            self.list_total.append(self.holdings+self.cash)
```

（7）我们将通过使用 goog_data 数据框来供给这个类，如下代码所示：

```
naive_backtester=ForLoopBackTester()
for line in zip(goog_data.index,goog_data['Adj Close']):
    date=line[0]
    price=line[1]
    price_information={'date' : date, 'price' : float(price)}
    is_tradable = naive_backtester.create_metrics_out_of_prices(price_information)
    if is_tradable:
        naive_backtester.buy_sell_or_hold_something(price_information)
```

运行这段代码，我们将得到图 9-4 所示的曲线。该曲线显示了在我们使用的回测年限范围内，这个策略的回报率约为 50%。这个结果是通过假设一个完美的填充率得到的。此外，我们没有任何机制来防止亏损或者大额头寸。当研究交易策略的表现时，这是最乐观的方法。

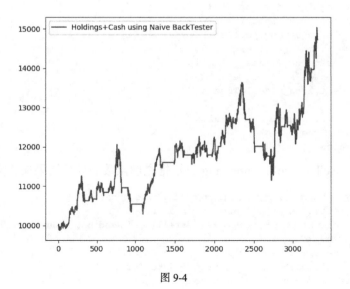

图 9-4

要实现提高对策略在市场上的表现的信心，就意味着要有一个考虑到交易系统的特征（一般来说，是你工作的公司交易策略的特殊性）和市场假设的回测器。为了使事情更接近现实生活中的场景，将需要通过使用大多数交易系统组件来回测交易策略。此外，我们将在市场模拟器中加入市场假设。

接下来将实现一个基于事件的回测器，处理相同的 GOOG 数据，我们将能够体会到其中的差异。

9.4.2　基于事件的回测器

基于事件的回测器是为了在交易领域实现更好的准确性。我们将利用前文建立的交易系统来考虑交易系统的内部结构，并使用市场模拟器来模拟市场的外部约束。

在本小节中，我们将创建一个 EventBasedBackTester 类。这个类将在交易系统的所有组件之间建立队列。就像编写第一个 Python 交易系统时一样，这些队列的作用是在两个组件之间传递事件。例如，网关将通过队列向账本发送行情数据。每个报价（价格更新）都将被视为一个事件。我们在账本中实现的事件将在每次订单账本顶部发生变化时被触发。如果账本顶部有变化，账本将传递一个账本事件，表示有变化。这个队列将使用集合库中的 deque 来实现。所有的交易对象组件将通过这些队列相互链接。

我们系统的输入将是由 pandas DataReader 类收集的雅虎财务数据，由于这些数据不包含任何订单，我们将用函数 process_data_from_yahoo 来改变数据。这个函数将使用一个价格并将这个价格转换为一个订单。

这个订单将在 lp_2_gateway 队列中排队。因为我们需要伪造这个订单在每次迭代后都会消亡的事实，所以也会删除这个订单。函数 process_events 将通过调用函数 call_if_not_empty 来确保一个 tick 产生的所有事件都得到处理，这个函数有两个参数。

- **一个队列**：检查队列是否为空，如果这个队列不空，它将调用第二个参数。
- **一个函数**：这是一个函数的引用，当队列不为空时，它将被调用。

现在将描述我们将采取的步骤来构建基于事件回测器：

（1）在下面的代码中，将导入在第 7 章中创建的对象。我们将使用建立的交易系统作为一个回测器：

```
from chapter7.LiquidityProvider import LiquidityProvider
from chapter7.TradingStrategyDualMA import TradingStrategyDualMA
```

```
from chapter7.MarketSimulator import MarketSimulator
from chapter7.OrderManager import OrderManager
from chapter7.OrderBook import OrderBook
from collections import deque
import pandas as pd
import numpy as np
from pandas_datareader import data
import matplotlib.pyplot as plt
import h5py
```

（2）为了读取 deque 中的所有元素，我们将实现函数 call_if_not_empty。这个函数将帮助我们在 deque 不为空的情况下调用函数：

```
def call_if_not_empty(deq, fun):
    while (len(deq) > 0):
        fun()
```

（3）在代码中实现 EventBasedBackTester 类。这个类的构造函数将构建所有组件通信所需的所有 deque。我们还将在 EventBasedBackTester 的构造函数中实例化所有对象：

```
class EventBasedBackTester:
    def __init__(self):
        self.lp_2_gateway = deque()
        self.ob_2_ts = deque()
        self.ts_2_om = deque()
        self.ms_2_om = deque()
        self.om_2_ts = deque()
        self.gw_2_om = deque()
        self.om_2_gw = deque()
        self.lp = LiquidityProvider(self.lp_2_gateway)
        self.ob = OrderBook(self.lp_2_gateway, self.ob_2_ts)
        self.ts = TradingStrategyDualMA(self.ob_2_ts, self.ts_2_om, self.om_2_ts)
        self.ms = MarketSimulator(self.om_2_gw, self.gw_2_om)
        self.om = OrderManager(self.ts_2_om, self.om_2_ts,\
        self.om_2_gw, self.gw_2_om)
```

（4）函数 process_data_from_yahoo 将 pandas 的 DataReader 类创建的数据转换为交易系统可以实时使用的订单。在这段代码中，我们将创建一个新的订单，然后将其删除：

```
def process_data_from_yahoo(self,price):

    order_bid = {
        'id': 1,
        'price': price,
        'quantity': 1000,
        'side': 'bid',
        'action': 'new'
    }
    order_ask = {
```

```
            'id': 1,
            'price': price,
            'quantity': 1000,
            'side': 'ask',
            'action': 'new'
        }
        self.lp_2_gateway.append(order_ask)
        self.lp_2_gateway.append(order_bid)
        self.process_events()
        order_ask['action']='delete'
        order_bid['action'] = 'delete'
        self.lp_2_gateway.append(order_ask)
        self.lp_2_gateway.append(order_bid)
```

（5）只要有新的订单，函数 process_events 就会调用所有的组件。只要我们没有刷新 deque
中的所有事件，每个组件都会被调用：

```
def process_events(self):
    while len(self.lp_2_gateway)>0:
        call_if_not_empty(self.lp_2_gateway, self.ob.handle_order_from_gateway)
        call_if_not_empty(self.ob_2_ts, self.ts.handle_input_from_bb)
        call_if_not_empty(self.ts_2_om, self.om.handle_input_from_ts)
        call_if_not_empty(self.om_2_gw, self.ms.handle_order_from_gw)
        call_if_not_empty(self.gw_2_om, self.om.handle_input_from_market)
        call_if_not_empty(self.om_2_ts, self.ts.handle_response_from_om)
```

（6）下面的代码将通过创建 eb 实例来实例化基于事件的回测器。因为我们要加载相同的
GOOG 金融数据，所以将使用函数 load_financial_data。然后，我们将创建一个 for 循环回测
器，将价格更新逐一反馈给基于事件的回测器：

```
eb=EventBasedBackTester()

def load_financial_data(start_date, end_date,output_file):
    try:
        df = pd.read_pickle(output_file)
        print('File data found...reading GOOG data')
    except FileNotFoundError:
        print('File not found...downloading the GOOG data')
        df = data.DataReader('GOOG', 'yahoo', start_date, end_date)
        df.to_pickle(output_file)
    return df

goog_data=load_financial_data(start_date='2001-01-01',
                    end_date = '2018-01-01',
                    output_file='goog_data.pkl')

for line in zip(goog_data.index,goog_data['Adj Close']):
    date=line[0]
```

```
        price=line[1]
        price_information={'date' : date,
                           'price' : float(price)}
eb.process_data_from_yahoo(price_information['price'])
eb.process_events()
```

（7）在这段代码的最后，我们将显示代表交易期内现金金额的曲线：

```
plt.plot(eb.ts.list_total,label="Paper Trading using Event-Based BackTester")
plt.plot(eb.ts.list_paper_total,label="Trading using Event-Based BackTester")
plt.legend()
plt.show()
```

接下来将介绍的新代码是交易策略的代码。我们在交易系统中实现的第一个交易策略是统计套利交易策略，这次将继续以双移动平均线交易策略为例。

这段代码显示交易策略的逻辑使用了与 for 循环回测器相同的代码。函数 create_metrics_out_of_prices 和 buy_sell_or_hold_something 没有被触发。主要的区别是关于类的执行部分，执行部分负责处理市场响应。我们将用一组与模拟交易模式相关的变量来展示实际交易和模拟交易的区别。模拟交易意味着每次策略发出订单时，这个订单都会以交易策略要求的价格成交。另外，函数 handle_market_response 会考虑市场的响应以更新头寸、持有量和损益。

（8）我们将对 TradingStrategyDualMA 类进行编码，其灵感来自 TradingStrategy 类，我们在第 7 章中进行了编码，这个类将负责跟踪两个系列的值，即模拟交易的值和回测的值：

```
class TradingStrategyDualMA:
    def __init__(self, ob_2_ts, ts_2_om, om_2_ts):
        self.orders = []
        self.order_id = 0

        self.position = 0
        self.pnl = 0
        self.cash = 10000
        self.paper_position = 0
        self.paper_pnl = 0
        self.paper_cash = 10000
        self.current_bid = 0
        self.current_offer = 0
        self.ob_2_ts = ob_2_ts
        self.ts_2_om = ts_2_om
        self.om_2_ts = om_2_ts
        self.long_signal=False
        self.total=0
        self.holdings=0
```

```
        self.small_window=deque()
        self.large_window=deque()
        self.list_position=[]
        self.list_cash=[]
        self.list_holdings = []
        self.list_total=[]
        self.list_paper_position = []
        self.list_paper_cash = []
        self.list_paper_holdings = []
        self.list_paper_total = []
```

（9）对于每一个收到的行情，我们将创建一个指标来进行决策。在这个例子中，使用的是双移动平均线交易策略。因此，将使用两条移动平均线来逐个建立。函数 create_metrics_out_of_prices 计算短期和长期移动平均线。

```
def create_metrics_out_of_prices(self,price_update):
    self.small_window.append(price_update)
    self.large_window.append(price_update)
    if len(self.small_window)>50:
        self.small_window.popleft()
    if len(self.large_window)>100:
        self.large_window.popleft()
    if len(self.small_window) == 50:
        if average(self.small_window) > average(self.large_window):
            self.long_signal=True
        else:
            self.long_signal = False
        return True
    return False
```

（10）函数 buy_sell_or_hold_something 会检查是否有多头信号或空头信号。根据信号，我们将下单，并对纸质交易的头寸、现金和损益进行跟踪记录，这个函数也会记录头寸、现金和损益的回测值。我们将跟踪这些值来创建交易执行图表。

```
def buy_sell_or_hold_something(self, book_event):
    if self.long_signal and self.paper_position<=0:
        self.create_order(book_event,book_event['bid_quantity'],'buy')
        self.paper_position += book_event['bid_quantity']
        self.paper_cash -= book_event['bid_quantity'] * book_event['bid_price']
    elif self.paper_position>0 and not self.long_signal:
        self.create_order(book_event,book_event['bid_quantity'],'sell')
    self.paper_position -= book_event['bid_quantity']
    self.paper_cash -= -book_event['bid_quantity'] * book_event['bid_price']

    self.paper_holdings = self.paper_position * book_event['bid_price']
```

```python
    self.paper_total = (self.paper_holdings + self.paper_cash)

    self.list_paper_position.append(self.paper_position)
    self.list_paper_cash.append(self.paper_cash)
    self.list_paper_holdings.append(self.paper_holdings)
    self.list_paper_total.append(self.paper_holdings+self.paper_cash)

    self.list_position.append(self.position)
    self.holdings=self.position*book_event['bid_price']
    self.list_holdings.append(self.holdings)
    self.list_cash.append(self.cash)
    self.list_total.append(self.holdings+self.cash)
```

（11）如下代码所示，函数 signal 将调用之前的两个函数：

```python
def signal(self, book_event):
    if book_event['bid_quantity'] != -1 and book_event['offer_quantity'] != -1:
        self.create_metrics_out_of_prices(book_event['bid_price'])
        self.buy_sell_or_hold_something(book_event)
```

（12）以下函数与我们在第 7 章中实现的原始函数 execution 不同，这个函数将跟踪头寸、现金和损益。

```python
def execution(self):
    orders_to_be_removed=[]
    for index, order in enumerate(self.orders):
        if order['action'] == 'to_be_sent':
            # Send order
            order['status'] = 'new'
            order['action'] = 'no_action'
            if self.ts_2_om is None:
            print('Simulation mode')
        else:
            self.ts_2_om.append(order.copy())
        if order['status'] == 'rejected' or order['status']=='cancelled':
            orders_to_be_removed.append(index)
        if order['status'] == 'filled':
            orders_to_be_removed.append(index)
            pos = order['quantity'] if order['side'] == 'buy' else -order['quantity']
            self.position+=pos
            self.holdings = self.position * order['price']
            self.pnl-=pos * order['price']
            self.cash -= pos * order['price']

    for order_index in sorted(orders_to_be_removed,reverse=True):
        del (self.orders[order_index])
```

（13）如下代码所示，以下函数将处理市场响应：

```python
def handle_market_response(self, order_execution):
    print(order_execution)
    order,_=self.lookup_orders(order_execution['id'])
    if order is None:
        print('error not found')
        return
    order['status']=order_execution['status']
    self.execution()
```

（14）以下函数将返回该策略的损益情况：

```python
def get_pnl(self):
    return self.pnl + self.position * (self.current_bid +
self.current_offer)/2
```

当我们运行这个例子时，将得到图 9-5 所示图形，可以观察到这个曲线和之前的曲线是一样的。这意味着我们创建的交易系统和模拟交易具有相同的真实性。

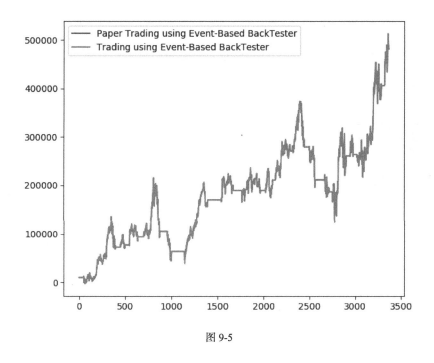

图 9-5

现在我们将修改市场假设，改变市场模拟器使用的填充率。我们得到的填单比例是 10%，可以看到盈亏受到了较大的影响，如图 9-6 所示。因为我们的大部分订单都没有成交，所以不会在交易策略应该赚钱的地方赚钱。

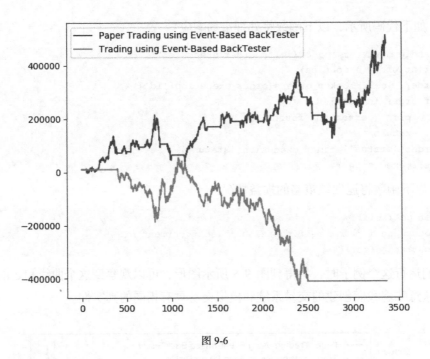

图 9-6

图 9-6 提醒我们系统反应速度快的重要性。如果我们下单，在大多数情况下订单会被拒绝，这将对交易策略的损益产生负面影响。

9.5　总结

在本章中，我们强调了回测的重要性。我们谈到了两种回测器：一种是 for 循环回测器，另一种是基于事件的回测器。我们展示了两者的主要区别，并且实现了两种回测器的示例。本章总结了交易策略的创建路径，最初介绍了如何创建一个交易策略的想法，然后介绍了如何实现一个交易策略。紧接着，我们解释了如何在交易系统中使用交易策略，然后通过展示如何测试交易策略来完成了我们的学习。

在第 10 章中，我们将通过讨论在算法交易世界中的后续步骤来结束本书。

第 5 部分
算法交易的挑战

本部分介绍在算法交易策略被部署到市场后所面临的挑战，提供一些市场参与者面临的常见的陷阱的例子，并提供潜在的解决方案。

本部分包括以下内容。

- 第 10 章　适应市场参与者和环境

10

第 10 章

适应市场
参与者和环境

到目前为止，我们已经介绍了算法交易涉及的所有概念和思想。从介绍算法交易生态系统的不同组件和市场参与者，到介绍交易信号的实际例子，将预测分析加入算法交易策略中，并实际构建了几种常用的基本以及复杂的交易策略。我们还开发了在交易策略的演变过程中控制风险和管理风险的系统。最后，我们还介绍了运行这些交易策略所需的基础架构组件，以及分析交易策略行为所需的模拟器和回测研究环境。读完本章，你应该能够深入地理解构建、改进和安全部署算法交易策略业务堆栈的所有组件和复杂性。

本章的目标是研究超越算法交易策略的部署和操作，考虑在实际市场中可能出现的问题或者是随着时间的推移慢慢恶化的问题，或是交易信号边缘消失，以及新的市场参与者如何加入，或者更多的知情者加入市场，而少量的知情者离开市场。金融市场和市场参与者都处于不断发展的状态。因此，能够随着时间的推移和市场环境的变化，适应新的环境并持续带来赢利的算法交易业务，才是能够长期生存的。这是一个极富挑战性的问题，在本章中，将介绍通常会遇到的问题，并就如何解决这些问题提供一些指导。我们将讨论为什么策略在实际交易市场中部署时表现得不如预期，并举例说明如何在策略本身或基本假设中解决这些问题。我们还将讨论为什么表现良好的策略性能会缓慢下降，然后会看一些简单的例子来说明如何解决这些问题。

本章将介绍以下主题。

- 回测器与实际市场的策略表现。

- 算法交易的持续赢利能力。

10.1　回测器与实际市场的策略表现

在本节中，我们先来解决很多算法交易市场参与者遇到的一个很常见的问题——回测器或模拟器缺乏先进性。因为无论持仓时间长短，回测器都是建立、分析、比较算法交易策略的基石。如果在实际交易市场中未实现回测结果，就很难下手或继续交易。通常情况下，持仓时间越短，交易规模越大，模拟结果与实际交易市场中实际表现结果不同的可能性就越大。在很多高频交易业务中，由于需要非常精确地进行模拟，因此回测器往往是较复杂的软件组件。此外，交易模型越复杂或越不直观，就越需要模拟器。正是因为不直观，所以通常很难在实际市场中使用复杂的交易信号、预测和策略来进行非常快速的自动交易。

基本的问题归结为算法交易策略的交易价格和交易规模在回测器和实际市场中并不相同。由于交易策略的表现取决于其执行的交易价格和交易规模的直接函数，所以不难理解为什么这个问题会导致回测结果和实时交易结果的差异，这种情况称为模拟交易与实时交易的错位。有时候，回测器在判给交易策略执行时是"悲观"的，或者在比实时交易中取得的价格更差的情况下，回测器也会这样做。这种回测器是悲观的，实时交易结果可能比回测结果好很多。

有时，回测器在授予交易策略执行时是"乐观"的，或者在比实时交易中取得的价格更好的情况下也是这样做的。这样的回测器是乐观的，虽热实时交易结果可能比回测结果差。回测器有可能始终是悲观的，也有可能始终是乐观的，也有可能根据交易策略类型、市场状况、时间等因素而变化。具有一致"偏见"的回测器比较容易处理，因为在经过几次实战部署后，你可以了解并量化悲观或乐观的情况，并以此从历史结果来调整预期。不幸的是，更多的时候，回测器会出现错位，造成结果的差异，这种差异并不是持续的偏差，而且这种差异更难量化和说明。来看看图 10-1，它代表了悲观的回测器。

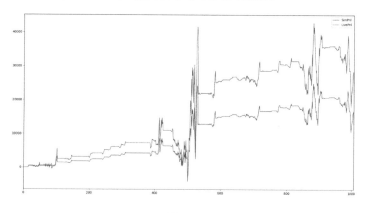

图 10-1

使用悲观的回测器，实时结果与模拟结果会有偏差，但总体上，趋势是实时 PnL 仍然高于模拟结果。现在来看看图 10-2，它代表了乐观的回测器。

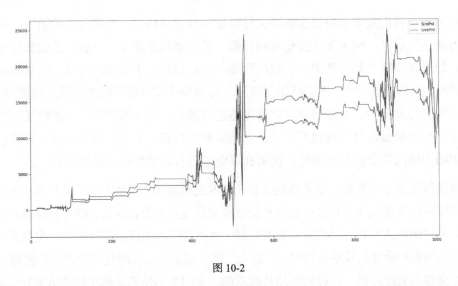

图 10-2

使用乐观的回测器，实时结果与模拟结果有偏差，但总体而言，趋势是实时 PnL 仍低于模拟结果。

10.1.1　回测器失调的影响

没有一个好的回测器，会导致算法交易策略的历史研究和实时部署出现各种问题。我们来仔细看看这些问题。

1. 信号验证

我们在研发交易信号的时候，可以根据历史数据，将价格变动中的预测与市场中实现的实际价格变动进行比较。当然，这不一定需要成熟的回测器，但一定需要一个历史数据回放软件。这个组件虽然没有回测器那么复杂，但仍然相当复杂，必须准确地同步不同的市场数据源，并以准确的时间戳和事件同步来回放市场数据。如果历史研究平台回放的市场数据与实时交易策略中接收到的数据不一致，那么在历史研究中观察到的信号预测和表现就无法在实时交易中实现，可能会"扼杀"交易策略的赢利能力。

2. 策略验证

策略性能在回测器中的表现，对回测器的复杂度要求更高，而不仅仅是能够在历史可用的市场数据上正确地同步和回放多个交易工具的市场数据，这是我们在前文讨论的信号验证的要求。在这里，我们需要更进一步建立一个回测器，通过像交易所一样进行匹配，实际模拟交易策略在历史数据上的行为和表现，就像它在实际市场上交易一样。

　　我们在第 9 章中介绍了所有的这些内容，大家应该很清楚构建一个好的回测器是多么复杂。当回测器不是很准确的时候，验证策略行为和性能就是很困难的，因为不可能根据回测器的结果对策略性能充满信心。这使交易策略的设计、开发、改进和验证变得困难且不准确。

3．风险估计

　　在第 6 章中，我们介绍了使用回测器对交易策略及其参数中不同的风险度量进行量化和测量，以便在部署到实际市场之前了解预期的风险。同样，这一步也需要一个准确的回测器，缺少回测器会导致策略部署到实际市场时，对预期风险极限的测量不准确。

4．风险管理系统

　　与没有非常准确的回测器的情况进行量化和测量交易策略的风险估计的问题类似，建立最佳的风险管理系统也很困难。另外，我们在第 6 章讨论过，不仅要建立一个风险管理系统，还要再建立一个系统，该系统在业绩良好之后慢慢增加交易风险和风险限额，在业绩不好之后降低交易风险和风险限额。如果没有一个好的回测器，在交易策略的制定和部署方面就会受到影响，在部署到实际市场的时候就会因为偏离历史预期而产生问题。

5．选择部署策略

　　当我们拥有不同的交易策略、不同的交易信号组合和不同的交易参数集合时，通常情况下，会使用回测器建立一个策略组合，以最小化整个组合风险的方式部署到实际市场。因为缺少回测器会导致实时交易策略组合表现不佳，并且承担的风险比历史模拟交易策略的要大，所以这一步依赖于有一个好的回测器。

　　同样，由于一个好的回测器是这一步的核心，如果没有回测器，实时交易策略和投资组合的表现就不能达到预期。当对于不同交易策略和不同交易参数，回测器的实际交易结果的偏差不同时，这个问题可能会更加严重。不仅在模拟中看似可带来赢利的策略在实际市场中可能表现不佳，而且还可能会因为回测器对这些特定的交易策略或参数持悲观态度，而错过一些在模拟中看似不那么能带来赢利，但实际上在实际市场中可能表现相当不错的策略。

6．预期表现

很明显的是，一个回测器如果受到实盘交易的大量干扰，主要的问题就是由模拟结果得出的表现预期在实时交易中不成立。虽然这抛开了信号验证、策略验证、风险估计、风险管理和风险调整策略，但也抛开了风险收益预期。由于交易策略达不到预期的模拟表现，因此往往会导致整个算法交易业务的失败。

10.1.2　仿真失调的原因

现在我们已经介绍了在开发、优化和部署算法交易策略和算法交易业务方面，不准确的回测器可能导致的所有问题，让我们来探讨一下仿真失调的常见原因。

1．滑点

滑点指的是模拟交易中的预期交易价格和实时交易中的实际交易价格可能不同。这显然会对算法交易策略的预期性能造成损害，因为实际市场的交易价格有可能，而且通常很可能比模拟的预期价格更差。这可能是由于历史市场数据回放问题，交易策略内部延迟的基本假设，或者交易策略和交易所之间的延迟，我们很快就会探讨这个问题。

另一个原因可能是由于市场影响，在模拟交易中，我们试图在不造成市场影响以及不煽动其他市场参与者反应的情况下，进行更大规模的交易（如消除可用的流动性），与模拟相比，这会加剧实际市场的交易价格。

2．费用

交易费用是主要的交易成本之一，这通常是交易所和经纪人对每份交易股票或期货合同或期权合同征收的费用。了解这些费用是什么，并在交易策略业绩分析中加以说明是很重要的，否则可能会导致对预期风险与收益的错误估计。

重要的是要考虑每份交易合约的 PnL，以确保该策略能够覆盖交易费用和费用后的利润，这对于高交易量的交易策略（如 HFT 或做市算法交易策略）尤为重要，因为这些策略通常会涉及很多交易合约，并且每份交易合约的 PnL 比其他一些策略的更低。

3．运营问题

当把算法交易策略部署到实际市场时，重要的是尽可能地在接近模拟条件的实际市场中执行策略。关键的目标是尽量在实际市场中实现回测或模拟中观察到的性能。要尽可能少手动中断或干预实时交易策略，因为这可能会干扰和偏离其预期的模拟生命周期期望，从而扼杀算法交易策略。

在操作上，如果实时交易策略赚钱了就提前关闭，如果亏损了就"吓得"关闭，这是很难抵抗的诱惑。对于经过大量回测的自动交易算法而言，人工干预是个坏主意，因为无法实现模拟结果，会影响交易策略的预期与赢利。

4. 市场数据问题

如果交易策略在实盘交易中观察到的市场数据与模拟交易中观察到的数据不同，那么将历史市场数据回放到交易策略中就会成为一个问题。这可能是因为历史市场数据采集与实时交易所用的服务器不同，市场数据在历史存档过程中与实时数据程序中的解码方式不同，而数据是如何被打上时间戳并存储的，甚至是如何读取历史数据并回放给交易策略的回测器的都是问题。

很明显，如果市场数据时间序列在模拟交易与实时交易中是不同的，那么算法交易策略的各个方面都会受到影响或偏离历史预期，因此，实时交易的表现并不能达到模拟预期。

5. 延时差异

在算法交易设置中，从市场数据首次到达交易服务器与响应新数据的订单流到达交易所之间会有很多次跳转。首先，读取市场数据源处理程序并解码，交易策略接收规范化的市场数据。然后，策略本身根据新的市场数据更新交易信号，并发送新的订单或修改现有订单。接下来，订单流就会被订单网关接收，转换成交易所订单输入协议，并写入与交易所的 TCP 连接。

订单最终到达交易所时，产生的延迟等于从交易服务器到电子交易所匹配引擎的传输延迟。在回测交易策略时，其中的每一个延迟都需要被计算在内，但这往往是一个复杂的问题。这些延迟很可能不是静态的延迟，而是根据很多因素的变化而变化，比如交易信号和交易策略软件的实现、市场状况和网络流量高峰期等。如果这些延迟没有在历史模拟中正确建模并核算，那么实时交易策略的表现就会与预期的历史模拟结果有很大的差异，导致模拟失调、实时交易中出现意外的损失、交易策略的赢利能力受损，甚至可能使策略无法获利。

6. 线位估计

由于电子交易所具有不同的匹配算法模型（如先进先出和按比例匹配），因此如果一个交易策略的表现取决于在线位有一个好的位置，即在相同的价格水平下，其他市场参与者的规模领先于该策略的订单，那么准确地模拟这一点就很重要。一般来说，如果与其他市场参与者相比回测器对限价订单簿中的交易策略的订单估计的，优先级过于乐观，也就是说，它假设我们的订单领先于更多的市场参与者，而不是在实际市场中的实际情况，这将导致对交易策略性能的错误和夸大的预期。

当这样的交易策略部署到实际市场时，往往不能实现预期的模拟交易表现，这会损害交易策略的赢利能力。模拟一个准确的线位往往是一个难题，需要大量的研究和精心的软件开发才能得到正确的结果。

7. 市场影响

市场影响是指当我们的交易策略被部署到实际市场时，与没有部署时相比会有什么不同。这基本上是为了量化和了解其他市场参与者对订单流的反应。市场影响是很难预测和模拟的，而且交易策略的规模越大，影响就越大。虽然这在算法交易策略刚开始部署、风险敞口很小的情况下不是问题，但随着时间的推移和策略规模的扩大，这就成了问题。

赢利能力不会随着风险的增加而线性增加。相反，随着规模的增加，赢利能力的增加速度会放缓，但风险却在不断增加，这是市场影响的原因。最终，策略的规模达到一定程度，风险的大幅增加仍然只能略微提高了赢利能力，表明这时策略的规模已经达到了极限。当然，这是我们在分析预期风险与收益时考虑到市场影响的情况。因此，不准确性总是会导致交易策略以很少的额外利润来承担更多的风险，最终可能会导致一个看似可带来赢利的交易策略在实时部署和扩大规模时表现得大打折扣。

10.1.3 根据实时交易调整回测和策略

现在，我们已经讨论了模拟交易与实时交易表现失调的原因和影响，接下来探讨一下，如果部署到实际市场的算法交易策略与预期表现不一致时，可能的方法或解决方案。

1. 历史市场数据的准确性

在这一点上，比较明显的是，可用的历史市场数据的质量和数量是能够建立可带来赢利的算法交易业务的关键。出于这个原因，大多数市场参与者都会投入大量的资源来建立极其准确的市场数据采集和规范化流程，以及"没有缺陷"的软件实现，并能够在历史模式下忠实地采集和回放实际市场数据，以完全匹配算法交易策略在实际市场中部署时观察到的数据。通常情况下，如果交易策略在实际市场中的表现不如预期，这就是开始。通过在市场数据更新交易策略观察到的内容中加入大量的工具或记录，并比较模拟交易和实盘交易中观察到的内容，就可以比较直观地发现潜在的问题。

在历史市场数据记录设置中，实际市场数据解码或交付设置中存在问题，或者两者都存在问题。有时，延迟敏感的交易策略在实时交易中，可通过精简传递给实时交易策略的市场数据信息，使其尽可能地紧凑和快速，从而使实盘交易中的市场数据格式与历史记录中的数据格式不同。在这种情况下，这可能是实际市场数据更新与历史市场数据更新不同的另一个原因。如果在这一步骤中发现了问题，首先修复历史或实际市场数据协议中的这些问题。之后，重新计算交易策略结果，必要时重新校准，然后重新部署到实际市场，观察修复这些问题是否有助于减少模拟失调。

2．测量和建模延迟

在确认没有悬而未决的市场数据问题后，下一步就是研究回测器中潜在的延迟假设。在现代算法交易设置中，从生成市场数据的交易所匹配引擎到接收解码和规范化市场数据的交易策略之间，再到决定向交易所发送订单流的交易策略之间，以及到实际被交易所匹配引擎接收，这中间有很多跳转。随着现代服务器硬件、网络交换机、网卡和内核旁路技术的改进，已经可以非常精确地以纳秒为单位记录这些跳动之间的时间戳，然后用这些测量值来测试回测器中使用的潜在的延迟假设或估计。

此外，现代电子交易所还提供了很多不同的时间戳，这些时间戳也可以在自己的匹配引擎设置中的各个跳跃环节中非常精确地进行测量。这些测量结果包括交易所何时接收到订单请求，何时被匹配引擎接收到以进行匹配或添加到限价订单簿中，何时产生私人订单通知和公共市场数据更新，以及相应的网络数据包何时离开交易所基础设施。正确记录交易所提供的这些时间戳，并利用这些测量结果来深入了解订单得到匹配的相关情况，并在此基础上对回测器进行校准，可以帮助解决模拟失调问题。不同跃点间的每一次延迟测量都是一个可能的数值分布，这些数值因时间、交易工具、交易所和交易策略的不同而不同。

通常情况下，大多数模拟器都是从每一个测量值的静态延迟参数开始的，也就是分布的平均值或中位数。如果特定的延迟测量的方差非常高，那么单一的静态参数已经不能满足需要了，这时必须使用更复杂的延迟建模方法。一种方法是可以使用在实时交易中观察到的平均延迟，但要根据实时交易中观察到的情况，在延迟中添加一个误差项。而另一种更复杂的方法是实现能够捕获较高或较低延迟的周期或条件的功能，并在回测器中动态调整这些功能。一些直观的功能是使用市场数据更新的频率、交易频率或价格变动的幅度和动量作为代替增加的延迟。

这背后的想法是，在活跃度较高的时期，或者由于繁忙的市场条件和较大的价格变动，或者当许多市场参与者向交易所发送高于正常水平的订单流，从而产生高于正常水平的市场数据时，许多延迟度量可能高于正常水平，并且实际上是市场活跃度增加的一个函数。这也是有道理的。因为在这些时期，交易所要处理更多的订单流，对每一个订单流进行更多的匹配，对每一个订单流产生和分发更多的市场数据，所以会有更多的延迟。同样，在算法交易策略方面，更多的市场数据意味着花更多的时间来读取、解码和规范化传入的市场数据更新，花更多的时间来更新限价订单簿和更新交易信号，有更多的订单流产生来处理增加的市场活跃度，也意味着订单网关需要做更多的工作来处理增加的订单活动。

在回测器中，动态延迟的建模是一个很难解决的问题，并且大多数复杂的市场参与者除了尝试构建具有较低延迟变异的交易基础结构和交易策略外，还投入了大量的资源，试图使其正确无误。总的来说，如果模拟失调与延迟假设或建模中的错误有关，那么第一步就是要尽可能多地收集交易系统和交易所中每个跃点间的准确测量值，并智能、真实地重现历史模拟中的这些测量值。

3．提高回测的复杂性

在前文中，我们探讨了在回测交易策略时，正确理解和建模算法交易设置中的延迟的重要性。如果在历史模拟中仔细理解、核算和建模算法交易设置中的延迟差异之后，再将算法交易策略重新部署到实际市场中，我们仍然会发现模拟失调，这会导致策略在实际市场的表现与预期有偏差，这就要进一步研究回测的复杂性。

现代电子交换器除了提供准确的时间戳外，还提供了很多关于匹配过程中各个方面的信息。在匹配事件中会发生很多交易，如果在回测器中没有考虑到这些交易，就会造成很多模拟失调，因为这些交易参与了匹配事件，并且从根本上改变一个策略何时可以期望其订单得到执行。不符合规定的交易，如自我匹配预防取消、匹配事件中的止损单发布、具有隐藏流动性的冰山单超额执行或在完全执行后被补充，以及拍卖事件中的匹配、隐含或按比例匹配的考虑，如果没有在模拟器中正确地检测和解决，就会造成模拟失调。

不同的资产类别都有自己的一套匹配规则和复杂因素。暗池、隐藏的流动性、价格改进、隐藏的交易方以及很多其他因素最终都会造成模拟失调，并最终导致算法交易策略失败。理解所有这些规则，在软件中实现这些规则，并在此基础上建立准确的模拟是一个非常难以解决的问题，但往往可能是算法交易业务成功与失败的关键。

4．调整预期性能以应对后测偏差

我们已经研究了很多可能的途径，用来寻找和解决在模拟交易和历史市场数据回放框架中的问题。如果我们仍然观察到实际市场中的交易策略表现与模拟交易的表现相比存在差异，那么另一个可能探索的解决方案就是，调整从模拟中获得的预期表现结果，以考虑到回测器的偏差。

正如我们之前所讨论的，回测器的偏差可以是乐观的，也可以是悲观的；可以是一个恒定的偏差，也可以是一个因交易策略类型、策略参数或市场条件而变化的偏差。如果可以将特定策略类型和策略参数的偏向隔离设置为恒定的，那么它就能够从实时交易结果中收集模拟失调结果，并按策略和每个策略参数集进行整理。然后，这些预期的失调值可以与模拟结果一起用于估计真实的实时交易结果。例如，如果一个具有特定参数的算法交易策略，它在实时交易中的表现总是因为模拟失调而比模拟结果差 20%，那么就可以对此进行核算，将其模拟结果减少 20%，然后重新评估。我们可以将这种估计方法再进一步，尝试将回测器乐观或悲观程度的大小作为交易量和市场条件的函数来建模，比如市场繁忙程度或价格变化的多少。

通过这种方式，可以建立一个系统。该系统先获取交易策略的模拟结果，再获取相同策略的实时交易结果，尝试量化模拟失调，并对真实的预期实时交易表现进行估计。这些调整预期实时交易表现的方法并不理想，它们需要在实时交易中运行交易策略的反馈，这可能会造成损失，而且到最后，也只是一种估计。理想情况下，我们希望有一个能够提供准确模拟结果的回测器，但由于这是一个极其困难的任务，有时甚至是不可能完成的任务，所以这种估计方法是处理模拟失调、继续建立和管理算法交易业务的一个很好的中间地带。

5. 实时交易策略分析

另一个处理实时交易表现偏离预期模拟表现的解决方案是对实时交易策略进行复杂的分析。这是另一种说法，即不要完全依赖回测表现和行为，你也可以投资在直接为实时交易策略添加足够的智能和复杂性，以减少模拟失调破坏算法交易业务的可能性。这同样是一个不完善的解决问题的方法，但可以作为一个很好的选择，以帮助解决回测器的局限性和错误。这样做的想法是将交易策略部署到风险敞口非常小的实际市场，收集每个策略行动的统计数据，并适当地检测和收集关于支撑这些决策的统计数据。

然后，我们应用大规模的交易后分析（Post Trade Analytics，PTA）框架来挖掘这些策略行动记录，并对胜负头寸进行分类，以及对导致这些胜负头寸的策略行动进行统计。通常情况下，对实时交易中的交易表现进行这种 PTA 可以揭示出很多关于该特定交易策略的问题或限制的见解。这些见解可以用来指导算法交易策略的开发和改进，并随着时间的推移提高其赢利能力。在很多方面，这归结为在风险敞口非常小的情况下用直观的参数开始交易策略，并利用实时交易的反馈来改善策略表现的方法。

这并不是一个完美的方法，因为它要求交易策略必须足够简单，以便可以在实时交易条件下使用易于理解的参数运行它。此外，我们可能不得不在短时间内运行一个在实际市场无法带来赢利的交易策略，同时产生我们不希望看到的损失。

10.2　算法交易的持续赢利能力

在本章的前文，我们探讨了在部署模拟交易中已建立和校准的算法交易策略（这些策略看起来是赢利的）时，你可以预期哪些常见的问题，并讨论了模拟失调的影响和常见原因，模拟失调会导致交易策略表现在部署到实时交易市场时出现偏差。然后，我们探讨了处理这些问题的可能解决方案，以及如何让算法交易策略付诸实践，并开始安全地扩大规模，以建立可带来赢利的算法交易业务。现在，让我们来看看算法交易策略在实时交易市场启动并运行后的下一步。正如之前所提到的，当市场参与者进入和退出市场，并调整和改变他们的交易策略时，实时交易市场处于不断发展的状态。

除了市场参与者本身，还有许多全球经济和政治条件可以影响全球和（或）当地资产类别和交易工具的价格变动。仅仅能够建立算法交易业务是不够的，还必须能够适应所有这些可能变化的条件和市场风险，并持续保持可带来赢利。这是一个极其艰难的目标。随着时间的推移，之前可带来赢利的成熟市场参与者不得不关闭交易业务并退出市场，这使得算法和量化交易成为目前最具挑战性的业务之一。在本节中，让我们来探讨一下是什么原因导致成功的交易策略在首次带来赢利后消亡。

我们将探索能够帮助在最初部署到实时交易市场后，保持和提高交易策略的赢利能力的解决方案。之后，将通过讨论来适应不断变化的市场条件和市场参与者，也就是应对算法交易业务不断发展的本质，以及如何致力于建立一个能长期生存的算法交易业务。

10.2.1　算法交易策略中的利润衰减

首先，我们需要了解是什么因素导致最初可带来赢利的交易策略在赢利能力上慢慢衰减，并最终完全不再带来赢利。充分了解哪些可能的因素会导致目前可带来赢利的算法交易业务随着时间的推移而恶化，这可以帮助我们建立检查和再评估机制，及时发现这些情况并进行处理，以保持算法交易业务的赢利能力。现在来看看算法交易策略的利润衰减的一些因素。

1. 由于缺乏优化而导致的信号衰减

交易策略中使用的信号显然是推动交易策略表现的关键方面之一。交易信号需要维护，需要不断地对其进行重新评估和调整，以保持相关性或赢利性。在一定程度上这是因为参数恒定的交易信号无法在不同的市场条件下有同样的表现，并且需要随着市场条件的变化而进行调整。

复杂的市场参与者通常都有精心设计的优化或重装设置，旨在不断调整和适应交易信号参数，以提供最大的交易性能和优势。重要的是，不仅要找到最近几天表现良好的交易信号，还要建立一个系统的优化管道，使交易信号适应不断变化的市场条件，以保持赢利。

2．缺少主要市场参与者而导致的信号衰减

很多交易信号都能捕捉到特定的市场参与者行为，并预测未来的市场价格走势。一个简单的例子是交易信号试图检测来自高频交易市场参与者的订单流，并使用该信号来了解哪些部分的可用流动性是来自速度非常快的市场参与者，这些市场参与者有能力非常快地增加价格和移除流动性，有时比其他市场参与者的反应和交易速度更快。

另一个例子是交易信号试图捕捉相关市场（如现金市场或期权市场）的市场参与者行为，以便在其他相关市场（如期货市场）中获得类似交易工具的优势。有时候，如果这些交易信号捕捉和利用的大量市场参与者退出市场（变得更加知情，或者能够更好地掩饰自己的意图），那么依赖这些参与者的交易信号就不再保留其预测能力和赢利能力。由于市场参与者和市场状况随时都在变化，因此，市场参与者的缺失而导致的信号衰减是一个非常现实和非常普遍的现象，也是所有可带来赢利的市场参与者必须要考虑和处理的问题。

这就涉及让量化研究人员团队始终寻找与现有交易信号不同的新的预测性交易信号，以抵消当前赢利的交易信号衰减的可能性。我们在前文介绍的信号参数优化也有助于缓解这个问题，利用现有的信号但用不同的参数从新的市场参与者那里获得信息，因为从现有市场参与者那里收集的信息会随着时间的推移而衰减。

3．其他市场参与者的信号发现

我们在不断优化现有的交易信号参数以及寻找新的交易信号的同时，所有的市场参与者也在寻找新的交易信号。通常其他市场参与者也会发现我们的交易策略所使用的交易信号是赢利的。这可能会导致市场参与者做出几种不同的反应。一种可能的反应是改变他们交易策略的下单流程，以掩盖他们的意图，使交易信号不再为我们带来赢利。

另一种可能的反应是，这些参与者开始使用相同的交易信号来运行与我们类似的交易策略，从而用相同的交易策略挤占市场，降低我们扩大交易策略的能力，导致我们的赢利能力降低。其他市场参与者也有可能利用更好的基础设施或更好的资本，因此我们也可能完全失去交易优势，被挤出市场。虽然没有真正的办法可以禁止其他市场参与者发现我们算法交易策略中使用的交易信号相同的信息，但随着时间的推移，行业实践不断发展，也

反映出该业务的极度保密性，公司通常会让员工很难去为竞争对手工作。这是通过保密协议（Non-Disclosure Agreements，NDA）、竞业禁止协议（Non-Compete Agreements，NCA），以及严格监控专有交易源码的开发和使用等来实现的。

另一个因素是交易信号的复杂性。通常交易信号越简单，越容易被多个市场参与者发现。更复杂的交易信号被竞争的市场参与者发现的可能性更小，但也需要大量的研究和努力去发现、实施、部署、货币化和维护。总的来说，当其他市场参与者发现对我们有用的相同信号时，我们失去交易优势是很正常的，但除了尽力让自己不断发现新的交易信号以保持赢利外，没有直接解决这个问题的办法。

4. 亏损市场参与者退出导致的利润衰减

交易是一个零和游戏，要想让一些市场参与者赚钱，就必须有不太了解情况的市场参与者将钱亏给获胜的市场参与者。这样做的问题在于，亏损的市场参与者要么变得更聪明，即更快就不再亏损，要么继续亏损，最后完全退出市场，这将会影响交易策略的持续赢利能力，甚至会到根本赚不到钱的地步。如果我们的交易策略通过与这些信息不灵通的市场参与者进行交易赚钱，要么他们变得更灵通而不再亏钱，要么他们离开市场而我们失去了依赖他们行为的交易信号优势，要么竞争者获得了对我们的优势，而导致我们的交易策略从赢利变成亏损。直观地说，既然没有一个连续亏损的市场参与者有可能继续交易，那么对于大家来说，这似乎很有可能是一个最终要消亡的行业。

实际上这种情况是不会发生的，因为大型市场是由非常多的市场参与者组成的，他们有不同的交易策略、不同的交易期限和不同的信息。另外，每天都有市场参与者退出市场，也有新的市场参与者进入市场，这就为所有市场参与者创造了可以利用的新机会。综上所述，由于市场参与者是不断发展的，新的市场参与者进入市场，现有的市场参与者退出市场，所以我们有可能失去那些提供我们交易策略中使用的交易信号的市场参与者。为了应对这种情况，我们必须不断寻找新的交易信号，并使交易信号和策略多样化，以捕捉更多市场参与者的意图并预测市场价格走势。

5. 由于其他市场参与者的发现而导致的利润衰减

我们讨论了其他市场参与者发现我们的交易信号，并利用我们交易策略所利用的相同信号来赚钱的可能性和影响。与其他市场参与者发现我们的交易策略所利用的同样的交易信号并损害我们的赢利能力类似，其他市场参与者也有可能发现我们的订单流和策略行为，然后找到方法来预测，并利用我们交易策略的订单流进行交易的方式，使我们的交易策略亏损。

其他市场参与者可以通过其他方式发现我们的订单流，并预测不同资产类别或其他交易工具的市场价格走势，也许是为了统计套利交易策略、配对交易策略或交叉资产交易策略。这可能会导致赢利能力降低，或者恶化到无法继续运行特定算法交易策略的地步。精明的市场参与者通常会投入大量的思考、设计和资源，以确保算法交易策略行为不会立即泄露策略，从而被其他市场参与者利用来损害我们的交易赢利能力。

这通常涉及使用 GTC 订单在 FIFO 市场中建立队列优先权，使用冰山来掩盖订单背后的真实流动性，使用止损订单提前在特定的价格上触发，使用立刻成交订单或立刻全部成交订单来掩盖订单发送到交易所背后的真实流动性，以及复杂的订单执行策略来隐藏交易策略的真实意图。显然，试图向其他市场参与者隐藏意图可能会太过。正如我们在欺骗的案例中看到的那样，这是一种非法的算法交易行为。综上所述，要想在竞争激烈且拥挤的市场中使用复杂的交易策略，策略的实施往往会比减少信息泄露和赢利能力降低要复杂很多。

6. 由于基本假设或关系的变化而导致的利润下降

所有的交易信号和交易策略都是建立在某些基本假设之上的，比如关于市场参与者行为的假设，以及关于不同资产类别和不同交易工具之间的相互作用和关系的假设。在建立基本的交易策略时，我们依靠的是基本假设，即 20 天或 40 天等参数对于我们的交易工具是正确的。对于复杂的交易策略，如波动率调整交易策略，基于经济发布的交易策略，配对交易策略和统计套利交易策略等，则对波动率测算与交易工具之间的关系，经济发布与对经济影响的关系，交易工具的价格走势有更多的基础假设。

配对交易策略和统计套利交易策略也会对不同交易工具之间的关系及其如何随时间的推移而演变做出假设。正如我们在介绍统计套利交易策略时所讨论的那样，当这些关系被打破时，策略就不再继续带来赢利。当我们建立交易信号和算法交易策略时，理解并注意特定交易信号和特定交易策略所依赖的基本假设是非常重要的。市场条件和市场参与者随时都在变化，因此，当这些交易策略首次建立并部署到实际市场时，假设有可能在某些时候不再适用，或者在未来可能不再适用。

当这种情况发生时，重要的是要有能力检测、分析和理解哪些策略无法按照预期执行。因此，拥有一套多样化的交易信号和交易策略也很重要。如果我们没有足够多样的交易信号和策略，且基本假设不重叠，那么交易就有可能被完全关闭。而如果之后假设永远不成立，那可能就是算法交易策略业务的终结。综上所述，应对交易策略的基础假设不再成立的情况的唯一的办法，就是要有能力检测和理解这种时期，并拥有一套多样化的交易信号和策略，能够在不同类型的市场条件和不断变化的市场参与者中运行。

7. 季节性利润衰减

在前文中，我们谈到了算法交易策略如何具有许多基本假设的。季节性（这是我们在第 3 章中介绍过的概念）是决定交易策略赢利能力的一个假设。对于很多资产类别来说，它们的价格走势、波动性、与其他资产类别的关系以及预期行为都有相当大的可预测性。交易信号和交易策略需要考虑到这些由于季节性因素造成的差异，并进行相应的调整和适应；否则，赢利能力会随着时间的推移而变化，并且可能达不到预期的表现。在建立和运营长期算法交易策略业务时，正确理解其中的季节性因素及其对交易策略表现的影响是非常重要的。

为了避免季节性利润衰减，经验丰富的市场参与者都有特殊的交易信号和策略，以检测和适应季节性的市场状况和不同合约之间的关系，并通过所有不同的季节性趋势进行赢利性的交易。季节性利润衰减是交易策略的正常组成部分，这些交易策略处理的资产类别或交易工具的行为和跨资产关系具有季节性趋势，并且重要的是收集大量数据并建立分析方法来理解和管理季节性趋势，以最大限度地提高赢利能力。

10.2.2 适应市场条件和不断变化的市场参与者

现在，我们已经讨论了导致算法交易策略的赢利能力随着时间的推移，或由于市场参与者的行为或市场条件的变化而衰减的所有不同因素。在本小节中，将介绍处理这些问题和保持算法交易策略长期赢利能力的可能方法和解决方案。

1. 建立交易信号字典或数据库

在 10.2.1 小节中，我们讨论了导致带来赢利的交易策略消亡的因素，其中包括因为交易信号的预测能力随着时间的推移而消亡，原因可能是缺乏参数优化，或是被其他市场参与者发现，或是违反基本假设，或是季节性趋势。在我们探讨优化交易信号以及该管道是什么样的之前，有一个组件是所有量化研究平台的重要组成部分之一，该组件叫作交易信号字典或数据库。这个组件是一个大型数据库，其中包含了多年的不同交易信号和不同交易信号参数集的统计数据。

这个数据库所包含的统计数据主要是用来捕捉这些信号在其预测范围内的预测能力的统计信息。这些指标的一些简单例子可以是交易信号值与该交易信号所针对的交易工具的价格变动的相关性。其他的统计指标可以是预测能力在天数上的方差，也就是说，是此交易信号在设定的天数上的一致性是怎样的，以检查交易信号是否随着时间的推移而变化很大。

在这个数据库中，每一个由信号、信号输入工具、信号参数构成的元组，每天可以有一个条目，也可以每天有多个不同时间段的条目。你可以想象，这个数据库可能变得非常大。复杂的算法交易市场参与者通常拥有数年前的数千种交易信号变量以及复杂的系统用于追溯的数据库结果，系统需要每天记录更多的市场数据来计算并添加条目到这个数据库。拥有这样一个数据库的主要好处是，随着市场条件的变化，我们可以非常容易地查询这个数据库，并了解和分析在不同的市场条件下，哪些交易信号、信号输入和信号参数集比其他的表现得更好。这有助于分析为什么某些信号在当前市场条件下可能表现不佳，看看哪些信号会表现得更好，并根据这些观察结果建立新的多样化的交易策略。

在很多方面，能够访问一个全面的交易信号字典或数据库，可以使我们能够通过比较全部交易信号在训练和测试历史记录的表现，从而快速发现不断变化的市场条件或市场参与者，看看是否偏离了历史预期。它还可以帮助适应不断变化的市场条件或市场参与者，让我们快速查询数据库中的历史信号表现，看看哪些其他信号会有帮助或效果更好。它还回答了这样一个问题：同样的交易信号，同样的交易工具输入，但使用不同的交易信号参数，是否会比当前在实时交易中使用的参数集做得更好。

投资建立一个研究平台组件，该组件可以计算不同交易信号、信号工具输入、信号参数、信号预测范围、时间段内多年的行情数据的结果，然后有组织地存储这些结果，用以帮助你理解和处理很多部署到实际市场的算法交易策略中，面对不断变化的市场环境与导致交易信号利润衰减的因素。

2. 优化交易信号

静态输入的交易信号无法持续提供赢利，因为市场条件和市场参与者会随着时间的推移而变化。在前文中，我们看到了一个大型的量化系统，可以随着时间的推移不断计算和存储不同交易信号的结果，能帮助我们解决这个问题。一个复杂的算法交易业务的工具库中应该有的另一个组件是一个数据挖掘或优化系统，它能够获取现有的交易信号，并建立非常多的输入工具和参数组合，然后尝试对非常多的类似的（但略有不同的）不同预测范围的交易信号在一定的时间段内进行优化，并总结结果，以找到最好的一个。本质上，这类似于之前讨论过的交易信号字典或数据库的设置，但这里的目的是建立和尝试研究人员不需要手动提供信号的变体，然后找到比研究人员直观或手动能想到的更好的变体。

这通常是弥补研究人员认为直观上应该起作用的与最优的交易信号和参数之间的差距所必需的，同时也帮助我们发现可能被忽视的交易信号、输入和参数组合。这个系统可以涉及相对简单的方法，比如在不同信号和参数值的排列组合上进行网格搜索，或者也可以是相当先进的，并涉及优化技术，比如线性优化、随机梯度下降、凸优化、遗传算法，甚至可能是非线性优化技术。这是一个非常复杂的系统，它有许多子组件，如交易信号和参数置换生成器、信号评估器、信号预测能力的定量测量、信号性能汇总算法、网格搜索方法、可能的高级优化实现，以及分析和可视化交易信号性能汇总统计的组件。

然而，这是一个重要的优化平台或系统，在部署到实时交易市场后，通过让我们主动调整和适应不断变化的市场环境并保持赢利能力，有助于防止交易信号在部署到实时交易市场后的衰减，并且往往可以通过帮助我们找到比一开始更好的交易信号变种来增加赢利能力。先进的市场参与者会投资于大规模可扩展的云或集群计算系统，全天候地运行这些优化以寻找更好的信号。

3．优化预测模型

现代电子交易市场中的大多数交易策略都采用了不止一个交易信号。一般来说，一个交易策略里面少则几个交易信号，多则数百个交易信号。这些交易信号之间以许多复杂的方式交互，要理解、分析和优化这些交互往往是很困难的。有时，这些交易信号之间可通过复杂的机器学习模型进行交互，这就更难以直观地理解所有可能的不同交互。

与我们如何利用线性代数、微积分、概率和统计学的复杂原理和方法在更大的搜索空间中分析交易信号类似，这也需要一个类似的交易策略系统。这个系统必须能够在一个巨大的空间内测试不同交易信号之间可能的交互，并对这些交互进行优化，从而找到最优的交易信号组合模型。很多可能用于优化交易信号的技术，有时也可以直接用于优化交易信号的组合。但是，唯一需要理解的是，这里的搜索空间的大小是最终交易模型中交易信号组合数量多少的函数。

另一个考虑因素是用于优化预测模型的优化方法，该方法是各个交易信号的组合。对于具有大量交易信号的复杂方法，这种复杂性会成倍增加，并很快变得难以为继。先进的量化交易公司会使用大型云或集群计算系统，智能并行化管道和超高效的优化技术相结合的方式，通过大型数据集不断优化预测模型。同样，这都是为了应对不断变化的市场环境和市场参与者，并始终拥有可能的最优信号和信号组合，以实现交易赢利最大化。

4．优化交易策略参数

请记住，交易信号有控制其输出或行为的输入参数。同样，预测模型是交易信号的组合，也具有控制交易信号如何相互作用的权重、系数或参数。最后，交易策略也有许多参数来控制交易信号，预测模型和执行模型如何协同工作，以响应传入的市场数据向交易所发送订单流，如何启动和管理头寸，以及实际交易策略的行为。这是最终完成的交易策略，会被回测并部署到实时交易市场。

让我们在已经相当熟悉的交易策略中来讨论这个问题。例如，在第 5 章的交易策略中，有静态参数，也有波动率调整后的动态参数。这些参数控制买入或卖出条目的阈值，控制过度交易的阈值，锁定利润或亏损的阈值，控制头寸增减的参数，以及控制策略整体交易行为的参数或阈值。可想而知，即使交易信号或预测模型本身没有变化，不同的交易策略参数集可以在 PnL 方面，以及在交易策略愿意承担的风险敞口方面，产生截然不同的交易结果。

另一种思路是，单个交易信号提供了对未来市场价格走势的观点，而预测模型则将许多不同的交易信号与不同的观点结合在一起，得出对未来或预期市场价格走势的最终观点。最后，交易策略将这些预测观点转化为输出订单流，发送到交易所执行交易，并对头寸和风险进行管理，从而将预测的价格走势转化为实际的赢利，这是所有算法或量化交易策略的最终目标。

使用类似的基础结构、组件和方法来优化交易策略参数，以优化交易信号和预测模型，唯一不同的是，这里的优化目标是 PnL 和风险，而不是预测能力，预测能力是用来评估交易信号和预测模型的。不断评估和优化交易策略参数是适应不断变化的市场条件或市场参与者并保持持续赢利能力的另一个重要步骤。

5. 研究新的交易信号

我们已经详细地讨论了现有交易信号的利润衰减的影响和原因，以及在研究和建立新的交易信号方面不断寻找新的交易优势或优势来源的重要性。如前文所述，很多市场参与者都有整个量化研究团队，这些团队全职实施和验证新的交易信号来实现上述目标。寻找新的交易信号，或者说 alpha，是一项极其困难的任务，并且不是一个结构完善或众所周知的过程。

交易信号的概念是通过实时交易分析，通过检查亏损时期，或通过检查市场数据与在市场数据、市场参与者、交易信号和交易策略之间的相互作用，集思广益得出的。根据从这种检查或分析中观察到的和理解到的东西，基于看起来会有助于避免亏损头寸，减少亏损头寸的幅度、帮助产生更多的赢利头寸或增加赢利头寸的幅度，来概念化新的交易信号。此时，新的交易信号只是一个想法，没有量化研究或证明来支持它。下一步是实现交易信号，然后对交易信号输出的数值进行调整和验证，以了解其预测能力，类似于我们在本节前面讨论的内容。

如果新开发的交易信号似乎显示出一些潜在或预测能力，它就会通过原型阶段，并被转入交易信号优化管道。大多数交易信号永远无法通过原型阶段，这也是开发新交易信号极具有挑战性的部分原因。这往往是因为直观意义上的东西不一定能转化为有用的或预测性的交易信号。或者新概念化的交易信号在预测能力上与已经开发的信号十分相似。在这种情况下，由于它没有提供任何新的预测能力，所以会被放弃。如果新的交易信号能进入优化步骤，那么我们就会找到新开发的交易信号的最佳变体，并将它转入添加至预测模型的步骤。在这里，它与其他已经存在的交易信号进行交互。在我们找到正确的方法将新的交易信号与其他预测交易信号结合起来之前，可能需要一些时间和许多次的迭代，以找到一个比任何其他模型都要好的最终的预测模型。在这之后，新的交易信号会被用于最终的交易策略中，策略参数在最终评估之前又会进行一轮评估和优化，在此我们试图确定新交易信号的加入是否提高了交易策略的赢利能力。

我们看到了从头脑风暴一个新的交易信号，一直到使它成为最终的交易策略（能够提高赢利能力），需要投入许多的时间和资源。显而易见，新的交易信号要经过很多中间的验证和优化阶段，与其他已有的知名交易信号进行竞争，然后与其他交易信号进行交互，通过增加新的价值来提高交易策略的交易赢利能力，从而提高 PnL。在很多方面，新的交易信号必须经过一个与进化和自然选择非常相似的生存管道——只有最好的、最合适的交易信号才能存活下来，才能进入实时交易策略，而其他信号则会消亡。这就是为什么开发新的交易信号如此困难，而且是一项成功率很低的任务。然而，研究新的交易信号是所有算法交易业务竞争和保持赢利的必修课，这使得最优秀的量化交易员成为行业内所有算法或量化交易业务中最抢手的人才。

6. 拓展新的交易策略

与为什么要不断研究和产生新的交易信号？与保持竞争力并建立一个能长期保持赢利的算法交易业务一样，必须努力建立新的交易策略，以增加目前存在的并在实际市场中运行的交易策略的价值。这里的想法是，由于交易策略的赢利能力受到很多因素的影响，包括交易信号和交易策略的衰减，竞争市场参与者所做的改进，以及市场条件的变化，影响某些策略的基本假设可能不再成立。除了不断优化现有的交易策略信号和执行参数外，还需要投入资源增加新的、不相关的交易策略，这些策略从长期来看是赚钱的，但表现却有所不同。这些新策略应该可以抵消一些交易策略因市场条件或季节性因素而经历赢利能力降低或赢利能力递减的时期的可能性。

类似于研究和建立与其他交易信号相互作用以增加非重叠的预测能力的新交易信号，我们需要建立新的交易策略，并与其他已有的交易策略相互作用以增加非重叠的利润来源。重要的是，在其他交易策略可能亏损的时期，新开发的交易策略要赚钱，而在其他交易策略微亏损的时候，新开发的交易策略也不会亏损。这有助于我们建立一个多样化的交易策略库，这些策略依赖于不同的交易信号、市场状况、市场参与者、交易工具之间的关系以及季节性因素。关键是建立一个多样化的可用交易策略库，并且可以部署到实际市场，其目标是运行足够智能的交易策略。这有助于应对不断变化的市场参与者或条件，因为交易策略基于不同的信号、条件或假设，所以不太可能所有的策略同时衰减，从而降低了利润大幅衰减和算法交易业务完全关闭的概率，因此可以更好地应对。

我们在前几章中介绍过相辅相成的交易策略，包括趋势跟踪交易策略与均值回归交易策略相结合的策略，因为它们对趋势或突破的市场往往有相反的看法。稍微不那么直观的配对是配对交易策略和统计套利交易策略，因为一个是依赖于不同交易工具之间的共线关系，另一个是依赖于不同交易工具之间的相关领先或滞后关系。对于基于事件的交易策略，最好与其趋势跟踪以及均值回归对策同时部署。经验更丰富的市场参与者通常将所有这些交易策略进行组合，并将不同的交易信号和参数部署到多个交易所的不同资产类别中。

因此，经验丰富的市场参与者在任何时候都保持着极其多样化的交易风险范围。这有助于处理交易信号和交易策略中的利润衰减问题，并优化风险与回报，我们将在后文进一步探讨。

7. 投资组合优化

在前文中，我们讨论了拥有依赖不同的交易信号的多样化的交易策略的优势。在这里，每个交易策略本身都是有利可图的，但每个策略的表现都因市场条件、市场参与者、资产类别和时间段的不同而略有不同，而这些因素在很大程度上是互不相关的。概括来说，这样的好处是对市场条件或市场参与者的适应性更强，整个投资组合的风险与收益状况更好。因为所有的策略不会同时亏损，这将导致整个部署到实时交易市场的交易策略组合出现非常大的缩水。假设有一套多样化的交易策略，我们如何决定给每个交易策略分配多少风险？这是一个被称为投资组合优化的研究领域，可有整整一本书专门用来讲解其中的不同方法。

投资组合优化是算法或量化交易的一种高级技术，这里简要介绍。投资组合优化是指将不同的交易策略与不同的风险回报率组合在一起，形成交易策略的投资组合，当这些策略一起运行时，可以为整个投资组合提供最优的风险回报的技术。所谓最佳风险回报，是指在提供最大回报的同时，尽量将承担的风险降到最低。显然，风险与收益是成反比的，所以我们试图找到愿意承担的风险量的最佳收益，然后使用组合配置，在尊重整个组合中愿意承担的最大风险的同时，使组合的总收益最大化。我们来看看一些常见的投资组合优化方法，并观察不同的配置方法的分配情况。

请注意，为了简洁起见，这里省略了不同投资组合分配技术的实现细节，但如果你有兴趣，那么你应该查看 GitHub 上的 stratandport 项目，以获取实现和比较这些不同方法的项目。

它使用均值回归、趋势跟踪、统计套利和配对交易策略应用于 12 种不同的期货合约，然后使用我们在这里讨论的方法建立最佳投资组合。它使用带有 cvxopt 包的 Python 3 对 mar kowitz 配置进行凸优化，使用 scikit learn 进行状态预测性配置优化，并使用 Matplotlib 进行可视化。

8. 统一风险分配

统一风险分配是较容易理解的投资组合分配或优化方法。它基本上是说，我们把整个投资组合中允许或愿意承担的风险总量，平均分配到所有可用的交易策略中。直觉上，当我们没有任何一个交易策略的历史表现记录时，这是一个很好的起点或基线分配方法，因为没有将任何东西部署到实时交易市场上，但在实践中这很少使用这一方法。

9. 基于 PnL 的风险分配

基于 PnL 的风险分配可能是较直观的投资组合分配或优化技术。它说的是，当我们没有实时交易历史时，以相等的风险量开始所有可用的交易策略。然后，随着时间的推移，根据每个交易策略的平均表现来重新平衡投资组合的分配金额。

比方说，我们想每个月重新平衡交易策略组合。那么在每个月末，我们看一下投资组合中每个交易策略的月平均 PnL；在下个月，每个交易策略都会得到与其月平均表现成正比的风险，表现最好的策略得到的风险最大，表现最差的策略得到的风险分配最小。这是很直观的道理，通常也是投资组合分配的方式。该方法使用历史表现作为未来表现的代理，这显然并不总是正确的，但却是一个好的开始。

然而，它并没有考虑到不同的交易策略可能会承担不同的风险，一个较安全的交易策略可能会得到较少的风险分配，风险反而倾向于波动较大的交易策略。这种分配方法在给不同交易策略分配风险的同时，也没有考虑到不同策略之间收益的相关性，最终可能会造成组合收益的波动性非常大。

这里有趣的一点是，最终历史表现最好的策略最终会获得大部分的风险分配。另外，那些表现不如同行的策略，其风险会逐渐被削减到非常小的程度，而且往往无法从中恢复。

10. 基于 PnL-sharpe 的风险分配

基于 PnL-sharpe 的风险分配比基于 PnL 的风险分配更胜一筹。它利用按历史收益标准偏差归一化的平均 PnL 来惩罚那些 PnL 波动较大的交易策略，也就是所谓的极高波动性收益。

这种分配方法解决了避免构建高波动率组合的问题。但它仍然没有考虑到不同交易策略之间收益的相关性，最终仍然会导致构建的投资组合中，各个交易策略的风险调整后的 PnL

都很好，但投资组合整体波动很大。

表现最好的交易策略仍然能赚到最多的钱，这与我们看到的基于单个 PnL 的配置类似。然而其他交易策略仍然获得了总分配金额的相当一部分。这是因为当我们在分配方法中考虑到风险因素时，即使是赚了很多钱的策略，最终也不一定能获得大额的分配，因为它们的收益波动性也会随着它们的 PnL 增加。

11. Markowitz 分配

Markowitz 分配是现代算法或量化交易中最著名的投资组合分配方法之一，它基于现代投资组合理论。这里的思想是使用我们投资组合中所有交易策略的收益之间的协方差，并在对各个交易策略进行风险分配时考虑到这一点，以使投资组合方差最小化，同时使投资组合收益最大化。它是一个凸优化问题，有很多著名的、熟知的技术可以解决。对于给定的投资组合方差水平，它可以通过建立所谓的有效前沿曲线（即投资组合中各交易策略在不同风险水平下的最优配置曲线）来找到使投资组合收益最大化的最佳配置方案。从而随着风险偏好的增长或缩小，随着交易日的增多，以及策略结果的增多，就可以直接利用重新调整后的有效前沿来重新平衡投资组合。

对于 Markowitz 配置，我们可以说明如下。

- 分配的目的是通过确保将风险分配给具有不相关收益的策略，使投资组合中不同的交易策略的多样性最大化。

- 在其他的分配方法中，业绩差的策略的风险分配会降到接近 0，而在这里，即使是亏损的策略也会分配一些。这是因为这些亏损策略赚钱的时期抵消了投资组合中其他策略亏损的时期，从而使投资组合的整体差异最小化。

12. 体制预测分配

体制预测分配是近年来一些先进市场参与者使用的技术，目前仍在积极研究中。该技术研究不同交易策略的表现作为不同经济指标的函数，然后建立机器学习预测模型，可以预测在当前的市场条件下，什么样的交易策略、什么样的产品组最有可能表现良好。综上所述，这种配置方法将经济指标作为模型的输入特征，预测交易策略在当前市场体制下的预期表现，然后利用这些预测来平衡地分配给组合中不同交易策略的配置。

需要注意的是，这种方法仍然能够将最大的风险分配给表现最好的策略，而减少对表现不佳的策略的分配。当我们将这种方法与图 10-3 中所涉及的所有不同的分配方法进行比较时，这将更有意义。

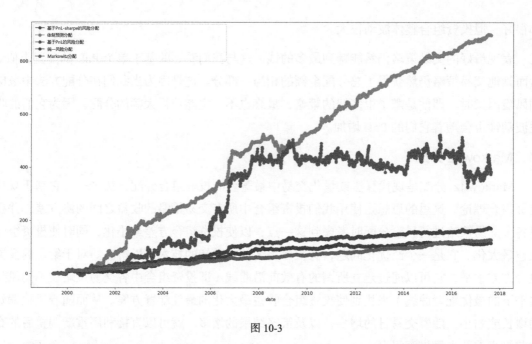

图 10-3

当我们把不同的分配方法放在一起比较时，可以有一些发现。首先是 Markowitz 分配似乎是方差最小的一种，并且稳步上升。统一分配表现最差。基于独立的 PnL 的风险分配方法其实表现非常好，累计 PnL 约为 4 亿美元。但是，直观上我们可以观察到，它的方差非常大，因为投资组合的表现波动很大，这是我们直观预期的，因为它没有以任何方式考虑方差或风险。基于体制的分配方法远远超过了其他所有的分配方法，累计 PnL 约为 9 亿美元。基于体制的分配方法似乎也具有非常低的方差，因此为投资组合实现了非常好的风险调整后的业绩。

我们通过比较日均投资组合表现与图 10-4 中日均投资组合表现的每日标准偏差，来观察不同配置方法的投资组合表现。这样做是为了查看每种策略分配方法在风险与收益曲线上的位置，我们还可以扩展以寻找有效前沿，如图 10-4 所示。

我们可以从图 10-4 中得出以下结论。

- 日均 PnL 和每天的风险都是以 1000 美元为单位。

- 可以立即看到，Markowitz 分配的组合风险或方差最小，avg-PnL 为 25000 美元，风险为 30 万美元。

- 统一风险分配的投资组合的 avg-PnL 最低，约为 2 万美元，但风险较高，为 50 万美元。

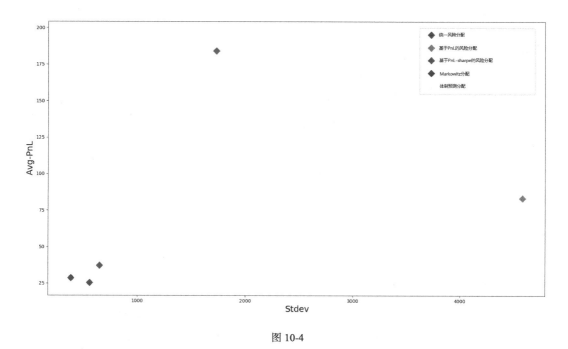

图 10-4

- 独立的 PnL 分配的 avg-PnL 非常大，为 8 万美元，但风险大得多，为 470 万美元，这很可能使其在实践中无法使用。

- 体制预测分配的 avg-PnL 非常高，为 18 万美元，风险相对较低，为 180 万美元，是实践中可用的最佳配置方法，因此这也验证了为什么它是目前活跃的研究领域。

13. 融入技术进步

现在我们进入最后的讨论，关于最佳实践和跟上竞争市场参与者和变化的市场条件的方法。正如我们所讨论的，算法或量化交易主要是一种技术业务，多年来技术进步对算法交易业务有很大影响。技术的进步是让现代电子交易首先得以实现的原因，从喊价交易池开始，到大部分自动化和技术辅助交易。这也促进了更快的交易服务器的进步，能够实现更高吞吐量和更低交换延迟的专用网络交换机、网卡技术和内核旁路机制的进步，甚至 FPGA 技术的进步。这使得电子交易业务发展成为高频、全天候的交易业务，在这种情况下，主要是自动交易机器人与其他自动交易机器人进行交易。

随着时间的推移，不仅在硬件上有所提升，甚至连软件开发实践也不断发展。现在，大批有才华的软件工程师团队已经知道如何建立可扩展的、极低延迟的交易系统和交易策略。这得益于编程语言（如 C、C++ 和 Java）的发展，以及能够产生高度优化代码的编译器的改进，两者都显著提高了可以部署到实际交易市场的交易系统和交易策略的可扩展性和速度。

许多市场参与者现在也可以使用微波网络，这种网络在不同地点之间传输数据的速度比物理光纤快得多，从而带来了潜在套利机会。一次又一次，那些保持技术优势并跟上竞争者技术进步的市场参与者都是生存者。拥有优势技术的大型算法或 HFT 交易公司甚至在某些交易上垄断了市场，使其他公司无法与其竞争。

总的来说，算法交易公司必须不断发展其交易业务的技术应用，以保持竞争力。如果其他市场参与者获得了突破性的技术，那些不适应的市场参与者就会被淘汰。

10.3 总结

本章探讨了算法交易系统和算法交易策略在经过几个月（通常是数年）的开发和研究后，部署到实际市场可能会发生什么。本章也讨论了实际交易策略的许多常见问题，如行为或表现不符合预期，并提供了常见的原因和可能的解决方案或方法来补救这些问题。这应该有助于任何希望在实际市场上建立和部署算法交易策略的人做好准备，并使他们具备在情况没有按照预期进行时改进交易策略组件的知识。

一旦初始交易策略按照预期部署并在实际市场中运行，就要讨论算法交易业务和全球市场总体上不断发展的本质。这涵盖了很多不同的因素，这些因素导致可带来赢利的策略由于各种原因而慢慢衰减，这些原因既有交易策略本身的内部原因，也有其他市场参与者和外部条件的外部原因。本章探讨了不同的因素在起作用，以及为了保持持续赢利能力而需要不断进行的大量工作。

后记

至此，你已经了解了现代算法交易业务所涉及的所有组件。你应该熟悉交易所之间端到端算法交易设置中涉及的所有不同组件，以及交易所与不同市场参与者之间的交互。此外，你应该能够了解市场参与者如何通过交易所匹配引擎和可用的市场数据进行交互。

本书研究了使用传统技术分析以及先进的机器学习方法将智能融入交易信号的所有不同方法。本书还讨论了交易策略的细节，以及它们如何将交易信号中的智能转化为订单流，用以管理头寸和风险，从而带来赢利；然后讨论了一些复杂的交易策略，这些策略结合了更多可用的智能。本书介绍了严格的风险管理原则的重要性，介绍了如何建立风险管理系统，以及如何随着时间的推移与交易策略的表现来调整它。

本书研究了完整的算法交易设置所涉及的所有基础设施组件。不要忘记，交易策略位于基础设施组件之上。因此，强大、快速和可靠的市场数据处理程序、市场数据规范化程序和订单网关是赢利的算法交易业务的关键，不可忽视。

本书用了整整一章来介绍回测器的内部工作原理，并探讨了构建、维护和调整回测器带来的所有挑战，这是量化自动数据驱动交易策略的另一个关键要素。最后，你现在应该知道，当交易策略最终被实际市场采用时会有什么期待，以及如何应对这一切。

请记住，算法交易是极具竞争力和回报率的业务，吸引了一些世界上的聪明人。交易中也有风险，而且它处于不断进化的状态，所以这段旅程需要大量的奉献、努力工作、分析思考、坚持不懈和不断创新。祝愿你在踏上现代算法交易的征程时，能够一帆风顺！